# 恐龙全书

# 恐龙全书

## 恐 龙 复 活 与 科 学 家 探 秘 失 落 的 世 界

[英]迈克尔·本顿 著　　邢立达　朱天乐 译

华中科技大学出版社
http://press.hust.edu.cn
中国·武汉

有书至美
BOOK & BEAUTY

图书在版编目(CIP)数据

恐龙复活：与科学家探秘失落的世界 / (英) 迈克尔·本顿 (Michael J. Benton) 著；邢立达，朱天乐译. -- 武汉：华中科技大学出版社，2020.6（2024.5重印）
ISBN 978-7-5680-6159-9

Ⅰ.①恐… Ⅱ.①迈… ②邢… ③朱… Ⅲ.①恐龙－普及读物 Ⅳ.①Q915.864-49

中国版本图书馆CIP数据核字(2020)第067714号

Published by arrangement with Thames & Hudson Ltd, London,
*The Dinosaurs Rediscovered* © 2019 Thames & Hudson Ltd, London
Text © 2019 Michael J. Benton
This edition first published in China in 2020 by Huazhong University of Science and Technology Press, Wuhan City
Chinese edition © 2020 Huazhong University of Science and Technology Press

简体中文版由 Thames & Hudson Ltd，London 授权华中科技大学出版社有限责任公司在中华人民共和国境内（但不含香港、澳门和台湾地区）出版、发行。
湖北省版权局著作权合同登记 图字：17-2020-066号

出版发行：华中科技大学出版社（中国·武汉）　　　　电话：　(027) 81321913
　　　　　华中科技大学出版社有限责任公司艺术分公司　　(010) 67326910－6023
出 版 人：阮海洪

责任编辑：莽　昱　李　鑫
责任监印：赵　月　姚　春
装帧设计：北京利维坦广告设计工作室

印　　刷：北京兰星球彩色印刷有限公司
开　　本：720mm×1020mm　　1/16
印　　张：20
字　　数：400千字
版　　次：2024年5月第1版第2次印刷
定　　价：198.00元

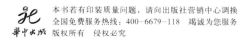

# 目 录

# 地质年代表

| 宙 | 代 | |
|---|---|---|
| | | 0 |
| | 新生代 | 66 |
| 显生宙 | 中生代 | |
| | | 252 |
| | 古近纪（旧称早第三纪） | |
| | | 541 |
| 元古代 | | |
| | | 2500 |
| 太古代 | | |
| | | 4000 |
| 冥古代 | | |
| | | 4540 |

地质年代表是200多年来在全球地质学家的共同努力下形成的一种用于记录地球岩层年代的国际通用参考。在此，我们用它来划分年代。恐龙存在于中生代，它们起源于三叠纪，在侏罗纪和白垩纪间达到鼎盛时期，并在大约6600万年前白垩纪向早第三纪过渡期间灭绝。图表中的数字单位为百万年。

| 代 | 纪 | |
|---|---|---|
| | | 0 |
| 新生代 | 新第三纪 | |
| | | 23 |
| | 古近纪（旧称早第三纪） | |
| | | 66 |
| 中生代 | 白垩纪 | |
| | | 145 |
| | 侏罗纪 | |
| | | 201 |
| | 三叠纪 | |
| | | 252 |
| 古生代 | 二叠纪 | |
| | | 299 |
| | 石炭纪 | |
| | | 359 |
| | 泥盆纪 | |
| | | 419 |
| | 志留纪 | |
| | | 444 |
| | 奥陶纪 | |
| | | 485 |
| | 寒武纪 | |
| | | 541 |

# 科学发现是怎么来的

## 发现

我记得那一天是2008年11月27日，接到布里斯托（Bristol）扫描电子显微镜实验室的帕迪·奥尔（Paddy Orr）的电话，他说："我们在羽毛（化石）里发现了一些排列规则的细胞器，你要不要过来看一下？"于是我赶了过去。帕迪·奥尔、我以及该实验室的负责人斯图尔特·吉恩斯（Stuart Kearns），我们一起仔细观察那些小化石碎片，它们来自中国的某种披羽恐龙。我们看着屏幕，上面显示羽毛组织深处有一排排轻微扭曲的球形。随着斯图尔特转动控制手柄，观察的区域也随之改变，但它们始终都在。

它们是黑色素体。

这是一块1.25亿年前的羽毛化石。

中华龙鸟羽毛化石中的球形黑色素体。

黑色素体呈空心囊状，内含黑色素，存在于羽毛或头发中。黑色素是一种让头发和羽毛呈现黑色、棕色、灰色和橘色等颜色的色素。我们是首次看到有证据证明恐龙身上有黑色素体的人，至少从有公开记载来说是首次。我们找到了恐龙羽毛颜色的证据，换句话说，我们首次确定了一种恐龙的颜色。

那个时刻，我们欣喜若狂。我们当时最想做的事情是狂奔出去告诉全世界，立刻向媒体公布，让所有的人知道！然而，作为科学家，我们所受的专业训练告诉我们要谨慎，而且我们也不能在没有确切的证据之前贸然发表声明，那样太愚蠢了。在发表科学成果之前还有一个完整的过程，就是所谓的"同行评审"。这个过程要求你提供所有的证据，详细且完整，通过两到三名其他同行的独立审查，然后在科学期刊上发表之后，才可以向主流媒体公布你的发现。于是，我们只是一起出去喝了杯啤酒，并且计划对更多标本进行观察和测量。

在2008年，这种发现的争议性是很大的。我们认为在显微镜下看到的是黑色素体，但是假如不能进行重复实验，并排除其他可能的解释，那么一定会招致激烈的批评。

在过去的三十年间，对于羽毛组织中这些微小结构一直没有明确的解释，有人说是细菌，有人说是黑色素体，还有人认为是假象（artefacts）。有时候它们看起来呈微小的球状，就像我们现在看到的；有时候则像微小的香肠。它们的直径只有大约1微米甚至0.5微米（1微米等于百万分之一米，即千分之一毫米），我们的观察已经接近当前扫描式电子显微镜所能观测到的极限。是不是真的有可能它们只是某种无机物，或者只是在化石形成过程中进入羽毛中的矿物晶体？

2008年年初，一个出生于丹麦的耶鲁大学博士生雅各布·温瑟尔（Jakob Vinther）发表了一篇重磅论文，他指出那些微小的球状和香肠状结构都只出现在化石的深色部位，从而得出结论，它们是黑色素体而不是细菌。他的理由很有说服力，他认为如果这些是在羽毛化石形成过程中侵入羽毛组织内部的以矿物质为生的细菌的话，它们应该均匀分布在整个表面，包括深色和浅色的条状带。

我们认可他的这一观点，并且立即把他这绝妙的思路运用到化石标本研究上。我们此前一直在和北京的中国科学院古脊椎动物与古人类研究所（IVPP，俗称北古所）的张福成博士共同开展工作。2005年，张博士在布里斯托做过博士后研究，他带来过一些恐龙和鸟类的羽毛化石标本，这些标本对我们的研究很有帮助。

这些化石样本来自中华龙鸟（*sinosauropteryx*），这是一种体长约1米，尾巴很长，前肢很短的恐龙，但不是鸟。虽然不是鸟，但是中华龙鸟化石完美保存了其背部的鬃毛状羽毛和延伸到尾部的簇状毛。我们知道，黑色素体是羽毛中角蛋白里的空心囊，当羽毛生长的时候会产生黑色素。我们看到的标本中的球状黑色素体告诉我们中华龙鸟的身体是橘色的，它还有一条橘色和白色相间的尾巴。

现在，有客观的证据可以证明这种恐龙的颜色和颜色分布模式，而一个星期前这还只是猜测，知识的边界被再次扩大。


# 科学战胜猜测

这就是下面故事的主题：在恐龙研究中科学是如何战胜猜测的。就在不久前，在古生物学研究的恐龙领域里，对于诸如"恐龙能跑多快？""恐龙能咬断骨头吗？""恐龙是什么颜色？"等问题，回答基本上都是猜测，再博学的人也没有准确答案。现在，这些问题已经可以用证据来检验，这就是科学。从猜测到科学是一个巨大的进步。

从20世纪70年代左右开始，恐龙学研究发生了巨大改变，我很幸运，可以全程亲历这一革命性的变革。关于恐龙的一系列猜测，如演化、运动、掠食、生长、繁殖、生理机能，一直到最后的颜色，在变革过程中被逐一破解。新一代的恐龙古生物学家代替了老一辈，对于以前的那些猜测，他们早已有了很敏锐的审视。聪颖的横向思维、新化石以及新的运算方法已经在整个领域流行。

# 我与恐龙的结缘

和很多人一样，我很小的时候就对恐龙产生了强烈的兴趣。在7岁时，我收到了一本很经典的小书《化石，带我们走进史前世界》(*Fossils, a Guide to Prehistoric Life*)，作者是弗兰克·罗德斯（Frank Rhodes）、赫伯特·金（Herbert Zim）和保罗·谢弗（Paul Shaffer）。让我很激动的是，书里的插图都是彩色的！这在20世纪60年代还很少见。而且，书中不仅有化石图片，还有重新复原的图片。书中的内容反映了那个年代流行的知识，比如，书里根据美国自然历史博物馆（American Museum of Natural History）的亨利·奥斯本（Henry Osborn）教授的经典研究，描述了暴龙（*Tyrannosaurus*）的模样。再比如，书中也回答了恐龙是如何在相当长的一段时间里慢慢走向灭绝的，依据芝加哥大学利·范·瓦伦（Leigh Van Valen）教授的观点，即或许是因为长期的寒冷气候（或许仅仅是因为恐龙蠢笨到无法适应外部环境的改变）。

这些断言很明确，而决定我们是接受还是反对这些断言的唯一理由，却是看它们是否出自那些在著名机构工作的著名教授之口（有一些著名教授的胡须看起来也相当威严）。

不过，对于那时才7岁的我来说，这些内容已经足够了。我从未想过要质疑书中内容的权威性，当时罗德斯、金和谢弗的主要观点早已广为传播，而且奥斯本和范·瓦伦也无法验证暴龙的速度和恐龙的灭绝过程。恐龙早已灭绝，现在能看到的只有人工复原重建的骨架和零落的骨头化石。这场灭绝发生在6600万年前，所以，我们应该对科学家们的恐龙研究抱以多高的期望？

# 什么是科学？

"所有的科学，除了物理，就是集邮。"这是著名的新西兰裔英国物理学家欧内斯特·卢瑟福（Ernest Rutherford）爵士在20世纪20年代的表述。

欧内斯特·卢瑟福爵士，物理学家，诺贝尔奖获得者。
他对如何定义真正的科学持坚定不移的态度。

卢瑟福在剑桥大学时提出了放射性物质半衰期的概念，并因此成名。即便现在，很多死硬派物理学家也还是赞同他的这一观点。在他看来，化学、生物学、地质学以及在医学和农学等方面的应用科学都是不科学的。

我相信卢瑟福是用整体的标准来评判的，他将诸多领域一字排开，从左到右贴上从"强"到"弱"的科学标签。最强的那一端是数学和物理，也就是他眼中的科学，在这里可以设计实验，并且通过无数次的验证得到相同的结果。这些科学理论中包含了可以被证明为宇宙普遍法则的等式，比如引力定律和光的电磁理论。另外一端则是所谓的"软科学"，比如社会学、经济学和心理学等。

我猜卢瑟福应该也考虑到维多利亚时代人们对自然的热爱，那些业余植物学家和化石搜寻者们经常会在周末四处寻找搜集。单纯出于对美丽标本的热爱，或者是完成一个心愿单（比如，我要见到某一本小册子上列出的所有的鸟），而搜集当然算不上是科学，但是假如他们记录下了新的信息，比如建立了一种罕见的蝴蝶的档案记录，这至少没有缩小科学的边界吧？

那些和历史相关的科学，比如地质学和古生物学又如何呢？它们研究很古老的事件，比如地球的起源、人类的起源、恐龙的起源，以及化石证据显示有大量生物突然出现的"寒武纪大爆发"等。这些都是无法重复的单一事件，而且我们也不可能乘坐时光机器回到那些年代去证实究竟发生了什么。

当然还有其他的历史科学，比如考古学、研究气候与地貌历史的自然地理学、研究宇宙起源与功能的宇宙天文学，以及探究动植物的起源、生态、行为、遗传和独特的适应性等方面的生物学。

1934年，伟大的科学哲学家卡尔·波普尔（Karl Popper）在他著名的《科学发现的逻辑》（*The Logic of Scientific Discovery*）一书中回答了这个问题。他提出假说是没有限制的，但是假说必须要无条件接受"假说—演绎法"的检验。假说只能被证伪，永远无法被证实。因此，假如某个教授说："我的假说是，暴龙是紫色的，身上还有黄色的斑点。"这其实不能算是假说，因为他没有给出任何证据，所以既不能被证实也不能被证伪，这只是他个人的观点。这与我们所做的科学研究有明显区别，我们说中华龙鸟是橘色的，并且有一条橘色和白色条纹相间的尾巴，这是在科学方法下得出的结论，而且如果其他科学家无法根据我们的方法找到黑色素体的话，就可以推翻我们的结论。

不过，波普尔还解释，虽然证据的不断积累可以巩固一个假说，但是只要有一个反面的事实就可以将这个假说推翻。他以黑天鹅为例，曾经人们认为（或者提出假说）天鹅都是白色的，因为用基本的生物演化理论解释，这是为便于在雪地中生存而演化出来的伪装色。但是随着17世纪欧洲的自然学家在澳大利亚发现了黑天鹅，这个假说就被证伪了，或者至少需要再增加一个条件："不是所有的天鹅都是白色的，伪装色模型在澳大利亚黑天鹅身上不适用"。波普尔的主要观点是，所有能够通过一系列可以证伪（使用假说—演绎法）的假说建立起来的东西都可以称之为科学。因此假如能够正确设定的话，社会学、经济学、心理学都是科学，当然古生物学也是。

这么说似乎对卢瑟福不太公平，但我想他应该会比较赞同波普尔的观点，因为波普尔只是对普遍规律做了一个比较苛刻的限定。长期以来，地质学家和生物学家们一直努力在为各自的学科建立普遍规律。比如，演化是一个普遍法则，或者说普遍过程，贯穿生命历史的始终，目前我们看到的病菌和害虫对于药物和农药产生的抗药性便是例证。因此，演化是普遍的、实在的，并且包含了极其广泛的内容，吸引了无数科学家花费毕生精力研究。但是，我们可以根据电磁理论这样的普遍法则作出引力与光的准确预测，在演化领域却无法做到。不管环境如何改变，引力和光都是可以预测的，但是演化的基础是生物和环境等各种无法预测的因素。

## 古生物学家使用什么样的证据和方法？

1976年，我正在阿伯丁大学读生物学，那时候我还没有考虑过这个问题，当时我心里想的是，成为一名古生物学家，就能做我喜欢做的事情，去野外找化石、重建原始动物的模样，还可以一直读我喜欢的恐龙书籍，而且还拿工资。在校期间，我学习了与生物学相关的所有课程，包括动植物的生长、演化、生态以及习性等。

就在那时，我听了几场特殊的讲座，讲课的是一位满脸皱纹，看起来饱经沧桑的老派教授（也有可能他当时并不是教授），名叫菲尔·奥尔金（Phil Orkin）。我查了一下学校档案记载，菲尔出生于1908年，于2004年去世，给我们授课的时候是68岁。他一直是阿伯丁地区一个小犹太社团的负责人。他说，我们现在学习的所谓事实很可能是错的，它们将会在未来被不断完善、修正甚至抛弃。他的这番话对我产生了很大影响。

奥尔金教授没有给我们划重点，也不发讲义，所以他的讲座对我们来说非常困难。不过，他成功地让我们明白了一点，就是我们现在学到的所有知识都是暂时的，而且我们必须努力作出准确的观察，因为如果有一天我们的观察能够推翻现有的已被普遍接受的假说，那我们必须确保该观察是准确无误的。

古生物学家的研究依靠什么？化石、化石所在的岩层以及用来寻找化石中微小结构（比如我们发现的那些黑色素体）的显微镜等。来自工程学、物理学、生物学和化学等方面的技术应用为古生物学提供了研究方法，而大量的野外实地工作则是基础数据的来源。

举例而言，那是在20世纪90年代，我和一些俄罗斯同事一起在奥伦堡（Orenburg）附近的二叠纪和三叠纪的红层进行发掘工作，那里地处欧亚大陆的交界处。之所以叫红层，是因为该处的岩层主要为红色的泥岩和砂岩。这些红层绵延数百千米，记录下了漫长的历史，其中包括发生在2亿5200万年前的二叠纪—三叠纪大灭绝。

在搜寻化石的同时，我们也对不同阶段的沉积物进行了仔细记录，每隔一米左右采集化石样本进行实验室分析。我们希望从这些样本中找到相关的地球化学信息，它们记载了不同阶段的氧气和碳含量，从中我们可以了解当时的气候和空气方面的信息。我们尤为关注那场大灭绝，因为当时地球上大约95%的物种在那次大灭绝中消失了。我们还使用磁性地层学的方法分析不同时期的岩层，记录北半球磁极的移动。由于地球磁场存在"反极性"，地球的南北磁极每隔一个阶段就会发生翻转。这些事件标记了不同的时间节点，因此可以成为全球广泛接受的标准，用来记录岩石的年代。

地理学家和古生物学家们能够从我们在俄罗斯收集的数据中计算出二叠纪—三叠纪大灭绝的时间跨度，以及究竟是一次灭绝还是多次灭绝。经过计算，实际上是发生了两次较大程度的灭绝，前后相隔6万年。这些观察需要科学家有高度的耐心和熟练的技巧，但也为科学家们提出了非常重要的框架设定，让他们可以进一步探索生命灭绝和再度恢复的原因[相关内容可参见拙著《当生命几乎灭绝》（*When Life Nearly Died*，2015年）]。

我们在俄罗斯境内雄浑的乌拉尔河和萨克马拉河沿岸搜集了许多化石。这两条河发源于北部的乌拉尔山脉，途中侵蚀着二叠纪和三叠纪的红层。在这些古老的沉积物中有遗体化石、骨骼和贝壳化石，还有足迹和粪便等形成的遗迹化石。足迹能够揭示软组织的细节，比如脚跟的皮肤纹理，它们可以记录下2.5亿年前的某天里，某一些动物的行动轨迹。我们甚至可以根据足迹间的距离推测它们的奔跑速度。

我们虽然在俄罗斯没有什么很特别的发现，比如恐龙皮肤或者羽毛等化石，但我们发现的那些化石和中华龙鸟化石一样，对于古生物学研究同样具有不可或缺的作用。

## 可验证方法：相近系统发育推断

在论及暴龙（即霸王龙）的掠食习性时，奥斯本教授提到了狮子和猎狗等现生的掠食动物，认为它们的习性可以为研究那些已经灭绝的动物提供参考。比如，猎狗等动物的体型较小，不像狮子和老虎那样可以直接对猎物的咽喉部位发起致命一击，因此需要策略。当加拿大的一小群野狼在猎捕驼鹿时，它们会尾随猎物，首先伺机咬断猎物腿部的筋腱让其无法奔跑。驼鹿有力的蹬踢随时可以让捕食者丧命，因此群狼必须对驼鹿形成包围，找准时机，快速地发起攻击。经过长时间的追逐，受伤的驼鹿终于疲惫不支，瘫倒在地，最终狼群一拥而上，杀死猎物并享受捕猎的收获。

类似狼群的捕猎行为可以为古生物学家研究体型较小的肉食恐龙如何捕食大型猎物提供参考。有时，这样的类似推理也能为古生物学家的化石研究提供新的方向。通过单独的一具恐龙骨骼化石并不能推断出集群捕猎的习性，但是从大量的骨骼化石中记录的骨折频度和骨折数量或许可以推断其捕猎模式，看看它们是不是像现代的老虎和野狼一样，会冒着生命危险扑向比自己体型大很多的猎物。

不过，这里就出现了另外一个很重要的问题，就是应该如何选择现代

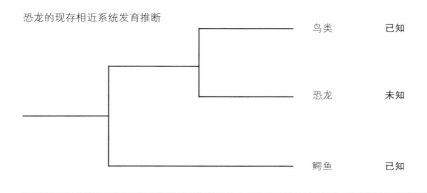

恐龙的现存相近系统发育推断

的类似参照物？如果我们想要研究暴龙的捕食策略，那么选择狼这种哺乳动物作为参照物是否合适？如果选择狮子、老鹰甚至是鲨鱼是不是也一样？这个问题直到1995年才有答案。

那一年，拉里·威特默（Larry Witmer）发表论文称他设计了一种方法，可以推断所有无法通过化石保存下来的细节。以暴龙为例，我们能描述它的眼球、舌头、腿部肌肉，甚至其在捕食和产卵时的习性。威特默提出的方法叫现存相近系统发育法（extant phylogenetic bracket，系统发育是指某种生物的演化历史）。他解释到，如果模拟对象选择正确，那么我们可以从中得到很多信息。比如在演化树上，鸟类和鳄鱼的关系很近，它们有共同的祖先主龙（archosaurs），同时主龙也是恐龙的祖先。如果鳄鱼和鸟类在眼球或者腿部肌肉上有相似的地方，那么恐龙也一样。我们不能因为鸟类有羽毛就说恐龙也有羽毛，因为鳄鱼没有羽毛，在这一点上不能如此类推。之所以我们能够很有把握地描述暴龙眼球的构成与机能，是因为现存的在演化树上与其相近的鳄鱼和鸟类的眼球构成与机能特征基本相同，因此可供类推，而不是随便地选择狮子或者鳄鱼。同样，我们推理暴龙在下一代孵化出来后可能会有一小段时间的亲代抚育习性，因为鳄鱼和鸟类都有同样的习性。

## 可验证方法：工程结构模型

在古生物学研究中还有一个用于验证的方法：数字模型工程分析。数字模型是用计算机对一个物体进行完美的3D渲染，可以旋转、放大。如果是一个暴龙头骨的数字模型，观察者的视角可以从它的左眼眶进去，从口中出来，再从右鼻孔进去，查看整个鼻腔。模型的可测试性的关键在于对骨骼材料属性的正确构建，换句话说，就是用现代的骨骼模拟以前的骨骼，测试用多大的力可以压碎特定长度的骨骼，以及让特定位置的骨骼折断所需的力量强度。在此基础上，就可以进行下一步的工程分析。

艾米丽·雷菲尔德（Emily Rayfield）在英国剑桥大学发表的博士论文中有一项重要内容，就是完成对异特龙（allosaurus）头骨的结构和机能分析。异特龙是晚侏罗世的一种大型肉食恐龙。她对异特龙头骨进行了扫描和修复，填补缺失和损坏的部分，矫正变形的部分，建立了一个完美的异特龙头骨3D数字模型。然后，她给头骨的不同部分设定了不一样的材料属性，牙齿釉质部分坚硬易碎，头骨的其他部分则稍软且有一定韧性。

头骨的各个部分被划分为无数极小的三角形，对应分配不同的材料属性，然后使用一种经典的工程学方法——有限元分析（finite element analysis，简称FEA）进行研究。有限元分析广泛应用于建筑和土木工程领域，设计师们在真正开始施工前都会用它来对设计方案进行负荷测试。所有的摩天大楼、大桥，以及我们放心乘坐的飞机，在制造前都预先运用有限元分析进行过测试。

重点在于我们知道这种方法是可行的。为即将建造的摩天大楼、桥梁或者飞机预先建立数字模型并进行负荷测试，确定它们的抗压极限，这是工程结构设计的基础，是建造前不可缺少的步骤。我们放心地居住在摩天大楼里，毫无顾虑地乘坐飞机，是因为我们相信其建造所依据的计算结果是正确的。所以，如果我们用这个方法来研究恐龙的头骨或者腿骨，我们也应该相信其计算结果。虽然计算机里是一个已经灭绝的物种的模型，但是它却完整地向我们展示这个物种所具有的各项机能。这个应用很了不起，这相当于告诉大家古生物学是一门可验证的科学。我们已经将古生物学的某些领域发展成为严谨的硬科学，如果卢瑟福教授泉下有知，相信他也会对此表示认同。

## 变革

我曾经历过一次古生物学的变革。大约40年前，我刚开始系统地学习古生物学，那时候的古生物学还是一门实用性导向为主的学科，其主要目标之一是解决油气开采方面的问题，这一点在阿伯丁更是表现得尤为突出。阿伯丁是我的故乡，当时受北海油田大发展的机遇惠及，阿伯丁也正处于经济飞速发展的好时期。不过那时候的教授们如果在上课的时候讲到关于恐龙的体型、机能和演化应该是没什么底气的，因为当时这些方面的证据和相关研究都还很少。

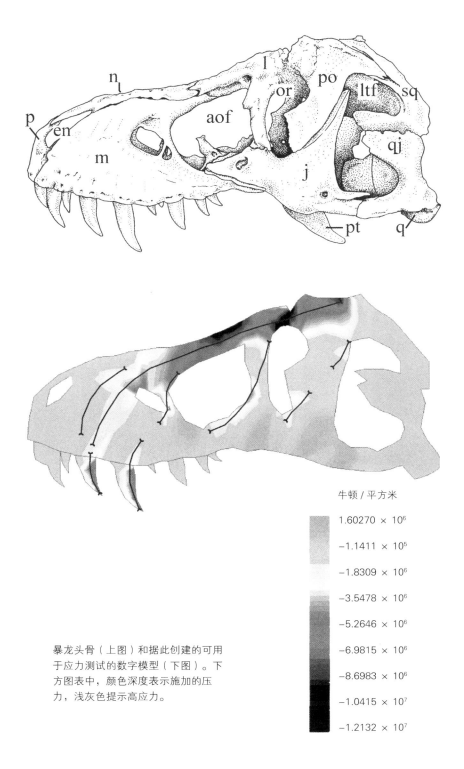

牛顿 / 平方米

1.60270 × 10^6

−1.1411 × 10^5

−1.8309 × 10^6

−3.5478 × 10^6

−5.2646 × 10^6

−6.9815 × 10^6

−8.6983 × 10^6

−1.0415 × 10^7

−1.2132 × 10^7

暴龙头骨（上图）和据此创建的可用于应力测试的数字模型（下图）。下方图表中，颜色深度表示施加的压力，浅灰色提示高应力。

在我的职业生涯中，我见证了恐龙研究领域（以及大体上整个古生物学）从单纯的自然历史向可验证科学的转变。不断发展的科技将封印在古老化石中的秘密逐一展现在我们面前，我们现在可以知道恐龙的颜色、牙齿咬合力、奔跑速度，甚至亲代抚育习性。我自己也积极参与了其中许多相关领域，包括演化树的重建、侏罗纪公园现象、通过DNA复活恐龙的可行性、CT扫描和数字成像变革、使用新的技术模型测试暴龙牙齿咬合力和奔跑速度，以及恐龙颜色的确定等。

媒体对当代古生物学研究的关注点主要在于那些有重要意义的新化石的发现，比如在阿根廷巴塔哥尼亚（Patagonia）地区发现的巨型蜥脚类恐龙化石，在中国发现的长羽毛的恐龙化石，以及在缅甸发现的保存了一小段恐龙尾巴的琥珀化石等。毋庸置疑，不断发现的新化石是当代古生物学研究的基础，但科学技术和研究方法的进步推动了古生物学研究的领域和信心的变革。

本书将向读者展现最新的重大化石发现，带领大家探寻野外发掘现场，走进博物馆实验室。全书主旨在于展现古生物学是如何从维多利亚时期的自然历史中生根发芽，转变为当代的高度技术性、计算性和纯科学性的学科。这一过程是如此的激动人心，其进展之迅速和新重大发现产生频率之高也是前所未有，更让我们充满期待。

# 第一章

# 恐龙的起源

关于恐龙的起源，我们只知道起源的时间是在2.52亿年前到2.1亿年前的三叠纪，其他方面基本无法确定。比如，它们起源于三叠世早期还是三叠世晚期？它们出现时的地球环境是什么样子？它们成为地球霸主是通过残酷竞争，战胜了其他诸多猛兽，还是一帆风顺，全凭好运眷顾？在20世纪80年代，我开始专职从事古生物学研究时，这些都是当时比较热门的研究课题。我一生都在研究这些问题，而且我认为没有哪一个问题能得到彻底解释，因为每当一个问题有了答案，更多的问题立即随之而来。这是一个关于演化、新化石和新解释方面的理论不断变化的故事。

在我的博士论文里，我曾试图为恐龙的起源建立一个生态学模型。那个"标准"模型是一个三阶段过程，第一阶段是下孔类（synapsids），它们是哺乳类动物的祖先，有植食性的也有肉食性的。然后，下孔类分化为植食性的喙头龙类（rhynchosaurs）和肉食性的早期主龙类（early archosaurs）。主龙包括现在的鸟类和鳄鱼，以及恐龙及其祖先。后来，喙头龙类和早期主龙

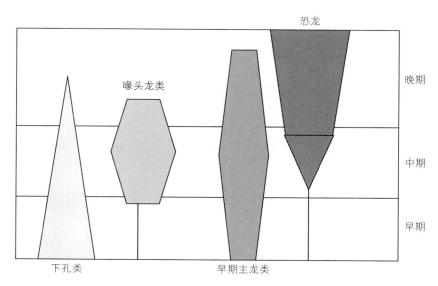

三叠纪恐龙起源的渐进式竞争性更替的经典模型。

类都让位给了恐龙。后面我们很快就将讲到这些动物，尤其是喙头龙类和最初的恐龙。

这三个过程构成了生态学上的传递，一个群体取代了上一个群体，接着又被后面的另一个群体取代。这种恐龙起源的生态学传递模型是由当时美国的两位著名古生物学家阿尔弗雷德·罗默尔（Al Romer）和内德·科尔伯特（Ned Colbert）提出的，他们是当时几乎所有标准教材的作者，因此他们的观点受众甚多，广为人知。更重要的是，罗默尔—科尔伯特模型假定所有的动物之间都是竞争关系，恐龙是靠击败其他对手才取得霸主地位的。那么恐龙为什么能战胜其他猛兽？或许是因为它们可以竖直站立，因此可以比站不起来的动物跑得更快。在整个演化学说领域，罗默尔—科尔伯特生态学传递模型早已被纳入前进性的大规模演化假设当中。

1983年，我还是一名不知天高地厚的年轻研究员，我发表了一篇完全否定这一假设的论文。我认为，恐龙在大约2亿3000万年前爆发式出现在地球上，其原因并非长期的竞争演化，而是因为此前发生了另外一场物种灭绝。喙头龙类和早期主龙类的灭绝是气候变化导致的，当时的气候日益干旱，使得以针叶树为主的各种植物大量出现。喙头龙类艰难地吞咽干旱贫瘠土地上的各种针叶树叶子和松果，它们以前早已习惯的种子蕨类等植物虽然同样难以下咽，但营养更加丰富。种子蕨类植物的生长需要潮湿的气候，因此干旱气候和针叶植物的大量出现导致了种子蕨类植物的迅速消亡，从而也导致了喙头龙类的灭绝。在喙头龙类的巅峰时期，它们的数量异常庞大，曾一度占据地球上整个动物群体数量的80%。在喙头龙类灭绝后，恐龙抓住机遇迅速填补了喙头龙类留下的生态空间，成为地球霸主，这是单纯的机遇，而不是演进。这就是我在1983年的论文中表达的主要观点。

我的这个观点应该是给当时古生物学界的前辈们带来了很多不快。实际上，后来我还和艾伦·查理格（Alan Charig）博士有过一次意外的激烈辩论，他是英国当时三叠纪恐龙研究领域的资深学者，也是位于伦敦的英国自然历史博物馆恐龙馆的负责人。那是1985年，在曼彻斯特的一次会议上，查理格博士盯上了我，然后我们进行了一场很严肃的交流，不过交流的地点比较特别，是在浴室里（在那个年代，学术会议举办的地点经常是在大学的礼堂，住宿的地方都用的公共浴室）。我试图说服查理格博士，我认为应该用数字的、系统化的方法来解决宏观演化中的重要问题，但是查理格博士不同意。我们决定互相尊重对方的不同意见，在友好而略微潮湿的气氛中结束了这次辩论。

本书的故事主要是关于大规模演化的，它需要有大量关于化石、岩层以及大规模演化模型等方面的知识积累。我们将探寻三叠纪动物的生态学、喙头龙类（一类长相奇特，但是很可爱的三叠纪动物，在很多方面有重要研究意义）、最早的恐龙是什么等，我们也将把化石、气候更替和大灭绝等结合到一起，告诉大家恐龙如何成为地球的主宰。

## 恐龙的生态学和起源

为什么罗默尔、科尔伯特和查理格都坚称恐龙是靠战胜其他动物而称霸的呢？我想部分是因为演化理论中的重要假设之一就是演进——恐龙靠竞争取代了它们的前辈（下孔类、喙头龙类及早期主龙类等），然后在1亿8000万年后又被哺乳类动物取代。整个过程中的每一步都标记着某一方面的进步，它们变得更快、更聪明，或者说是变成了更强的竞争者。

这种想法在某种程度上是纯粹的达尔文的适者生存法则，认为生物始终处于不断的演化过程中。但是从20世纪80年代左右起，我们知道了演化不是单向的，也不是始终延续的。实际上，外部的自然环境处于不断变化之中，比如，气候不断冷暖更迭，大陆位置一直在移动，山脉不断产生，海平面时升时降。当自然环境发生改变，生存于其中的动植物会遵循纯粹的适者生存法则来演化，但是始终不能演化到一种完美的状态。环境变化无法预测，基本上是随机发生的，因此物种演化只能是整体上能够适应并生存，或许永远无法变得完美。

20世纪80年代，当时的关注点在于形体和姿态。如今我们所看到的一些爬行类动物（如乌龟、蜥蜴和鳄鱼等）都是匍匐型前进的，也就是说，它们的前后肢是近似于从身体的侧面生长出来，如果从它们的正上方往下

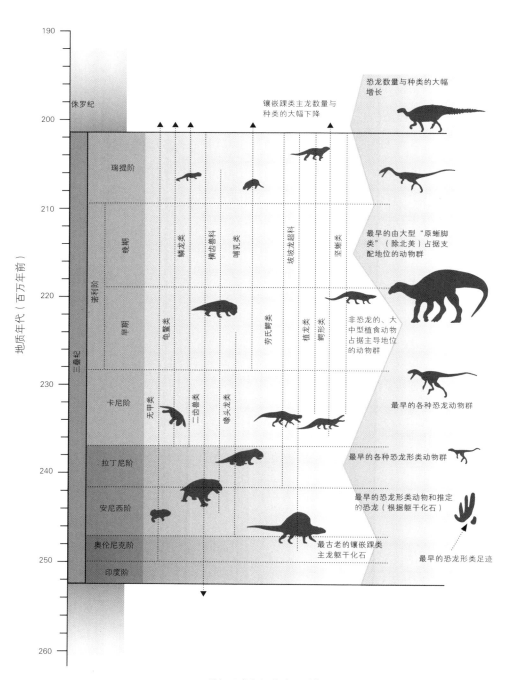

地质年代（百万年前）

侏罗纪

三叠纪

诺利阶

瑞提阶

晚期

早期

卡尼阶

拉丁尼阶

安尼西阶

奥伦尼克阶

印度阶

无甲类
龟鳖类
鳞龙类
二齿兽类
横齿兽科
哺乳类
喙头龙类
劳氏鳄类
植形类
鳄形类
坡坡龙超科
坚蜥类

恐龙数量与种类的大幅增长

镶嵌踝类主龙数量与种类的大幅下降

最早的由大型"原蜥脚类"（除北美）占据支配地位的动物群

非恐龙的、大中型植食动物占据主导地位的动物群

最早的各种恐龙动物群

最早的各种恐龙形类动物群

最早的恐龙形类动物和推定的恐龙（根据躯干化石）

最早的恐龙形类足迹

最古老的镶嵌踝类主龙躯干化石

三叠纪恐龙起源的主要时期。

看，你就会发现，它们在移动时前肢和后肢都会划出很大的弧形，同时脊柱是不停左右扭动的。这些匍匐型的爬行动物因为腹部紧贴地面，所以正常情况下只能快速爬行很短的距离。哺乳类动物则不同，它们的体态是站立式的，也就是说，它们的前后肢都位于躯干的正下方，因此在行走的时候可以充分利用四肢的长度而跨出较大的步伐。此外，它们在前进的时候四肢和躯干在水平方向上的左右摆动幅度非常小。有很多哺乳类动物擅长远距离快速奔跑，比如马和狼，这一点匍匐型的爬行动物基本上都做不到。

因此就有了这样一种假说：在三叠纪时期，一部分爬行类动物出现了体态上的变化。下孔类和喙头龙类都是匍匐型的，而恐龙是站立型的，而这就给了恐龙比较大的竞争优势，它们能够比下孔类和喙头龙类跑得更快。因此，在三叠纪的这段长达5000万年的时间段里，恐龙因为生物学上的优势而最终胜出。

这个理论听起来很清晰，也有相应的数据解释，但是没能说服我。我觉得它还有缺陷，我从化石和岩层中看到的是另外一个故事。恐龙成为地球的主宰是非常迅速的过程，不是循序渐进的，而且也没有与其他动物直接竞争的证据。我在开始做博士研究的时候就产生了这样的想法，那时候我的研究对象是喙头龙类，在恐龙大爆发之前喙头龙类是在全球生态系统里占据统治地位的。


# 喙头龙类


我是从1978年开始读博士的，导师是泰恩河畔的纽卡斯尔大学的亚力克·沃克教授（Alick D. Walker）。我的研究方向是异平齿龙（参见第26页图），这是在苏格兰埃尔金（Elgin）地区发现的一种晚三叠世的喙头龙类，我当时的主要工作是检视这种非常奇特而且笨拙的四足植食性爬行动物的化石。相关的化石大约有20块，最早的是在19世纪50年代从苏格兰东北部小镇埃尔金附近的黄色砂岩中发掘而来。

这些化石让我很头疼，因为它们其实只是一些有洞的石头。在苏格兰的这个小角落，在长达2亿3000万年的时间里，这些石头被不断地掩埋、挤压、炙烤，并最终浮出地面。化石中骨骼部分还在，但是看起来如同刷墙时填补用的油灰。在维多利亚时期，博物馆里的工匠们曾经煞费苦心地想要用锤子和凿子去除这些油灰状骨骼化石周围的砂岩，结果基本上都失败了。

经过灌注和加热成型，PVC进入石头当中所有的孔洞和裂缝。有时候，我得叫上三到四个学生，和我一起把灌注成型的PVC从砂岩上的腿骨或者头骨模具里拔出来。不过收获也不小，砂岩完整保留了很多化石细节，比如图中这具异平齿龙头骨中的泪腺、血管以及骨骼间的裂缝。

喙头龙类可以长到1.5米，它们的头部很好辨认，口鼻部呈钩状，从侧面看像是在微笑。从后面看头骨非常宽阔，在脑壳和颌部之间有一块较大的空间，里面是几块有力的颌肌。对肌肉直径的测量能为我们提供力量大小的信息，测量结果表明，喙头龙类的上下颌非常强健有力。它们的齿列中有好几行牙齿，排列在上下颌骨后方，随着年龄的增加而向外生长。前端的

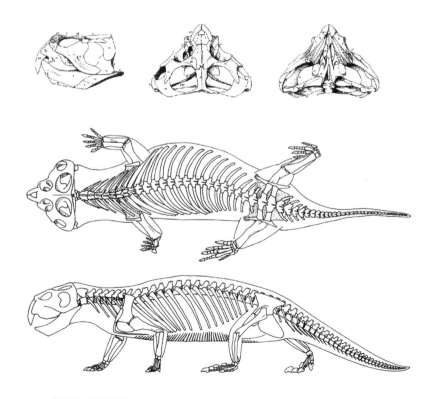

发掘自苏格兰埃尔金地区的喙头龙类异平齿龙，引自我的博士论文。

| 属： | **异平齿龙** |
|---|---|
| 种： | **戈氏异平齿龙** |

| 命名人： | 托马斯·亨利·赫胥黎（Thomas Henry Huxley），<br>1859年 |
|---|---|
| 年代： | 晚三叠世，2.37亿—2.27亿年前 |
| 化石发掘地： | 苏格兰 |
| 分类： | 主龙形下纲：喙头龙类 |
| 体长： | 1.3米 |
| 体重： | 50千克 |
| 冷门小知识： | 异平齿龙遍布世界各地，在阿根廷、巴西、印度<br>和坦桑尼亚都发掘过相关化石。 |

牙齿在和上下方颌骨的不断接触中被磨平。在维多利亚时代，达尔文的最主要支持者托马斯·亨利·赫胥黎是最早描述喙头龙类的古生物学家，他将喙头龙类的上下颌比作折叠刀，下颌是刀片，上颌是刀把，随着上下牙的咬合，下颌紧紧嵌入上颌。这表明喙头龙类的上下颌唯一能做的运动就是精确地切断食物，好比是用剪刀剪一块布，这个动作准确地说叫作剪断。喙头龙类的颌骨不能左右移动，因此无法咀嚼食物。

了解喙头龙类的适应性和它们的生存状态有很重要的意义，因为在恐龙成为地球主宰之前，喙头龙类是地球上占据主导地位的植食动物。它们被取代的过程有多长？是因为在与恐龙的竞争中落败，还是有什么其他的原因？

在博士研究的最后阶段，我遇到了一个难题。在我看来，喙头龙类很可爱，它们的脸上好像一直带着微笑，它们的上下颌总是能精确地咬合。但是，我们发现的所有的喙头龙类都有这样的特征。现在已经发现了几百具喙头龙类的骨骼化石，不仅仅在苏格兰，还有其他地区，包括巴西、阿根廷、印度、坦桑尼亚、津巴布韦、加拿大以及美国等。起初他们有一些不同的名字，但是经过我和其他一些古生物学家的多次研究，我们发现其实它们是同一种类型的动物，各方面都很相似。这种喙头龙类的异平齿龙生存于地球上的每一个角落，而那时候是晚三叠世，也正是地球上最古老的恐龙出现的时期。


# 谁是地球上最早的恐龙？

一直到2000年左右，保存较完好的最古老恐龙化石还是在20世纪五六十年代由哈佛大学的阿尔弗雷德·罗默尔教授和阿根廷当地的地质学家一起在伊斯基瓜拉斯托组（Ischigualasto Formation）发掘出来的（组是岩石地层单位中的一种，岩石地层单位分为"群""组""段"和"层"四级）。伊斯基瓜拉斯托距离安第斯山脉不远，在安第斯山脉的隆起和形成过程中，伊斯基瓜拉斯托在地形上也被相应提升。地质学家们从圣胡安省（San Juan）的门多萨市（Mendoza）出发，要向北走200千米才能够到达恐龙化石的发掘点。一开始路况还算不错，快接近恐龙化石发掘点的时候就山路崎岖，难以通行了。由于安第斯山脉东侧季节性洪水的冲刷，伊斯基瓜拉斯托地区主要是宽阔、裸露的崎岖山谷，沟壑遍布，夹杂分布着红色和灰色的砂岩。化石层所处的位置是伊斯基瓜拉斯托省级公园的一处叫作月亮谷（Valley of the Moon）的地方，名字非常浪漫。在这种荒凉之地发掘化石是件苦差事，但也是发掘化石最理想的地方，因为这里既没有泥土也没有植被，那些白色或略带紫色的化石就这么直接出现在眼前。

在把发掘的化石运回哈佛大学后，罗默尔教授和他的学生们对这些化石进行了详细的研究，并发表了一系列论文，其中就包括恐龙中的艾雷拉龙（*herrerasaurus*，参见第30页图）。这种恐龙是由阿根廷著名古生物学家奥斯瓦尔多·雷格（Osvaldo Reig）在1963年命名的。艾雷拉龙体型庞大，身长可达6米，有发达的肉食型动物的颌骨，两足站立，其强劲有力的后肢和宽大而伸展的脚趾显示其可以快速奔跑。它的前肢长而有力，可以紧紧抓住猎物。它的上下颌分别排列着25颗弯刀状的牙齿，都密布着切牛排刀那样的锋利锯齿。艾雷拉龙的体型已经大到足以掠食当时地球上最广泛存在的动物——喙头龙类。想到这样的场景就让我心痛。在伊斯基瓜拉斯托的岩层中，还发现了其他一些小型动物化石，如恐龙中的始盗龙（*eoraptor*）和滥食龙（*panphagia*），这两种体长大约都是1米。还有早期主龙中身披厚厚护甲的植食性坚蜥类动物，以及其他一些身体上只有部分毛发覆盖的小型肉食性下孔类动物。

在20世纪90年代，对伊斯基瓜拉斯托省级公园进行的科学考察发现了更多的恐龙骨骼化石，其中包括保存得相当完好的艾雷拉龙和始盗龙化石。这些恐龙化石距今约2亿3000万年，在巴西、印度和北美的同时期地层中也发现了规模稍小的类似的恐龙化石群。因此，我将其作为一个参考，用于说明恐龙是在一个巨大环境灾难之后开始在全球呈现爆发性的多样化分布。

然后，在2000年之后，一系列突然产生的新发现把恐龙的起源时间往前推了1500万年，而且是放到了一个始料不及的全新环境中。

导致这一起源时间改变的发现来自波兰。2003年，位于华沙的波兰科学院古生物学研究所主任耶日·奇克发表报告称，在波兰南部发现了一具

| 属: | 艾雷拉龙 |
| --- | --- |
| 种: | 伊斯基瓜拉斯托艾雷拉龙 |

| 属: | 西里龙 |
| --- | --- |
| 种: | 奥波莱西里龙 |

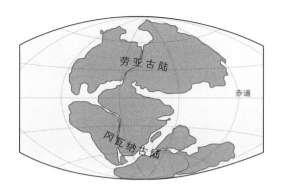

| | |
|---|---|
| 命名者： | 奥斯瓦尔多·雷格，1963年 |
| 年代： | 晚三叠世，2.37亿—2.27亿年前 |
| 化石发掘地： | 阿根廷 |
| 分类： | 恐龙类—蜥臀目—艾雷拉龙科 |
| 体长： | 6米 |
| 体重： | 270千克 |
| 冷门小贴士： | 艾雷拉龙看起来像是兽脚类恐龙，实际上是早期蜥臀目恐龙，既不属于兽脚类也不属于蜥脚类。 |

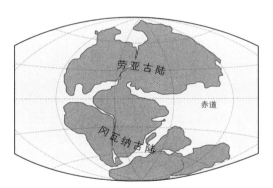

| | |
|---|---|
| 命名者： | 耶日·奇克（Jerzy Dzik），2003年 |
| 年代： | 晚三叠世，2.27亿—2.1亿年前 |
| 化石发掘地： | 波兰 |
| 分类： | 恐龙形态类—西里龙类 |
| 体长： | 2.3米 |
| 体重： | 40千克 |
| 冷门小贴士： | 这具化石是从一个水泥公司的黏土矿坑里发现的。 |

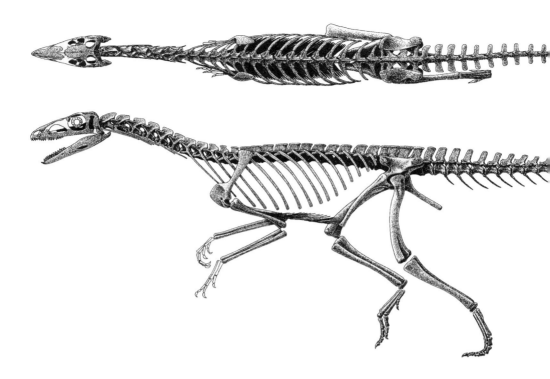

纤瘦的爬行动物化石，他将其称为西里龙（*silesaurus*，参见上图）。化石保存得非常完整，大约2米长，躯干纤细，前肢和后腿均很瘦长，明显呈站立行走状。此外还有一个长脖子和光滑的脑袋。

看起来它（西里龙）只用两条后肢奔跑，但是缓慢行走的时候也可能会四肢着地。上下颌都有钉状的牙齿，颌骨顶端还各有一条骨状缘，因此西里龙可能是植食性的，使用骨状缘夹住植物叶片，然后用牙齿嚼碎。西里龙看起来有点像恐龙，但是还不能完全确定。究竟它是不是最早的恐龙？

2011年，从波兰传来第二个令人惊喜的发现，当时从几个不同地点分别发现了一种细长的三趾足迹化石。史蒂夫·布鲁萨特（Steve Brusatte）、格热戈日·涅德韦德斯基（Grzegorz Niedźwiedzki）和理查德·布特勒（Richard Butler）等学者在报告中均断定这是恐龙足迹。他们的报告引发了争议，我们如何确定这些足迹是恐龙留下的？是否有可能是什么其他类似恐龙的动物，甚至有没有可能是西里龙类（silesaurid）里的某一种？当然有可能，但这个问题当时已经无关紧要了。

西里龙是演化史上与恐龙关系最近的
动物种群中的一员。

　　确凿的证据在2010年已经出现，斯特林·内斯比特（Sterling Nesbitt）报告称在坦桑尼亚的曼达组（Manda Formation）发现了一种中三叠世的西里龙类动物，他将其命名为阿希利龙（*asilisaurus*）。曼达组距离坦桑尼亚西南部的马拉维湖不远，其构成主要是史前河流沉积形成的红色砂岩。岩层上的土壤很薄，在烈日的暴晒下岩层露出了地面。当地首次发现化石是在100多年前。后来斯特林·内斯比特带领他的团队又进行了多次考察，发掘出了大量重要的化石标本。

　　阿希利龙的发现明确地将恐龙的起源从2亿3000万年前提早到2亿4500万年前，甚至更早。更重要的是这使得身材瘦长、形似恐龙的西里龙不再是形只影单的存在。实际上，西里龙只是一类全新物种中的代表性成员，2010年，学界将其命名为西里龙类，在南美和北美各地发现的近十种中三叠世和晚期的小型动物都被归入其中。随后就发现了西里龙类中最早的阿希利龙。所有的这些小型动物看起来都有些像恐龙，因为实际上西里龙类与恐龙类（dinosauria，恐龙的正式名称，1842年时首次使用，我们将在第二章中详细介绍）的关系最为接近，它们有着共同的祖先。如果西里龙出现于2亿4500万年前，那么作为它们最近亲属的恐龙类一定也是同时期出现的。在曼达组还发掘出了一具疑似恐龙的化石，不过残缺不全，其被命名为尼亚萨龙（*nyasasaurus*）。

# 关于恐龙起源的宏观生态学

如果恐龙起源于早三叠世而不是晚期，那么情况可不太妙，因为早三叠世的自然环境对于生命来说非常恶劣。那时候，地球上的生命刚刚经历了一场几乎完全的大灭绝，即2亿5200万年前的二叠纪—三叠纪大灭绝。酸雨、气温升高、海洋中氧气大量流失等自然灾害不断考验着刚刚复苏的生命。

在当今西伯利亚位置发生的火山喷发引起了一连串的环境毁灭事件，酸雨和高温气候毁灭了森林，植物和土壤都被雨水冲刷进大海，只留下遍地的石头和被烈日炙烤的贫瘠大地。浅海中布满残骸，加之酸雨和温度升高，海洋生态循环被完全破坏。海洋里和陆地上的绝大部分生命都灭绝了，只有约百分之五的生物幸存了下来。

通常来说，在一次大灭绝事件后，如果环境比较适宜，生命都会逐渐恢复。然而，早三叠世的地球环境远远算不上适宜。在这次大灭绝之后的600万年里，灾难性的火山喷发和环境破坏频繁发生，往往是生命刚刚有了50万年的喘息之机，就被再次推向灭绝边缘。最早的恐龙就在这样的极端环境中诞生了，如果要生存下去，它们不仅要适应残酷的环境，还要与其他的动物种群竞争。

在我1983年的论文里，我对恐龙是通过击败其他动物而成为地球霸主的这一竞争模型提出了质疑，并且提出了我自己的假设，即恐龙是借由其他物种的灭绝而成为主宰的灭绝模型。为了验证我的假设，我做了大量的工作，记录了各种化石的数量，鉴定它们的种类，并且尽我所能确定它们的地质年代，探寻变化的模式。我从记录的数据中发现，在整个三叠纪中，爬行动物类种群的构成发生了巨大的变化。在三叠纪开始阶段，占据统治地位的是各种下孔类，后来是喙头龙类，到了三叠纪末期，恐龙已经出现在地球的每一个角落。对于这个总的过程，我和罗默尔、科尔伯特和查理格的观点是一致的。但是在我看来，这场改变发生的速度非常快，因为在大约2亿3000万年前发生了一场大事件。

我提出的灭绝模型非常符合生态学的逻辑。我不仅仅记录下各个物种的出现或消失，而且试图找出它们在生态学上的影响，这就需要其他的相关知识，比如它们的体型大小、饮食习性和种群繁盛的程度等。比如，在任何一个特定的地点发掘出的100种化石标本中，各个物种群体分别占据多少？结果我很惊讶地发现，如果有喙头龙类化石出现，那么它们正常都会占据该地区动物物种化石数量的50%以上，而在埃尔金和其他一些地区，这个比例能够达到80%甚至更高。

这种通过不同动物种群的相对繁盛程度来体现生态重要性的尝试为我们展现了一个结果，即植食性的喙头龙类曾经是遍布地球、占据主导性地位的动物，但是在2亿3000万年前的某一个特定的时点，它们突然消失。这就是问题所在。如果仔细比较不同的岩层我们会发现，喙头龙类占整个动物种群的数量比例不是从80%下降到40%再到20%，而是在这一个岩石层中它们还在，上升几米后的另外一层中它们就完全消失了。也许有人会说某一个或几个物种在全球范围内的灭绝很正常，然而从生态学上来说，这些喙头龙类是它们所处的生态系统中的主宰，它们的突然灭绝一定会留下巨大的空缺。后面我们会提到导致喙头龙类突然灭绝的一个可能原因。

这就是我1983年的论文的核心部分。从生态学角度来讲，恐龙的崛起是因为地球上前一个主导性动物种群的突然灭绝。如我们从伊斯基瓜拉斯托组发掘出的化石标本中所看到的，在喙头龙类的时代恐龙已经出现了，而且种类也不少，但是只占地球上整个动物种群数量的5%到10%。喙头龙类灭绝之后，在地球上的很多地方恐龙的数量迅速提升到占据整个动物种群的50%以上。

## 新方法和新模型

考古学上的进展并不都来自化石，有的得益于计算机技术的进步。坐在计算机前工作看起来似乎不如开着越野车在异国的荒凉沙漠中穿行和挥汗如雨地找寻化石那样有趣，但是在解决问题上一样很重要。

在我最初研究三叠纪的生态系统时，计算机辅助技术能够提供的帮助非常有限，我只能使用一些简单的数据统计和分析，比如计算化石数量的比

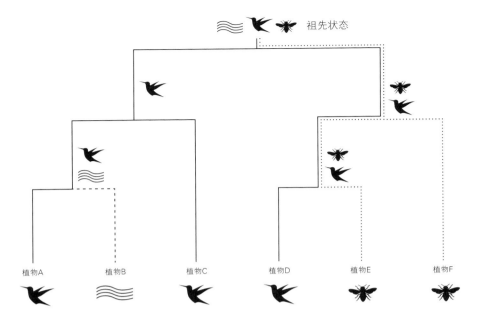

计算出由昆虫、鸟类或者风媒授粉的植物的祖先状态。

例等，但现在已经完全不同了。借助计算机中新的数学模型，生物学家们在对现代的物种进行对比时，可以将它们在演化过程中的联系也纳入进来。而且，还能够推断出各种动物的特征和习性的原始状态，或者叫祖先状态。这种原始状态可以是体型特征，比如说大小和腿长，也可以是行为特征，比如产卵数量和进食习性等。把已知的某种动物的特征或习性标记到演化树的相应位置，通过计算，生物学家们就可以推测出其原始状态，再通过计算出的不同动物的原始状态来研究不同地质年代中动物种群数量和比例的变化情况。

比如关于下孔类和主龙类（包括恐龙）生态更迭的罗默尔—科尔伯特模型就可以使用这种计算机方法进行拓展。罗兰·苏齐亚斯（Roland Sookias）在他2012年的博士研究中对此进行了尝试。他记录了几百种下孔类和主龙形类动物（包括主龙、喙头龙类及其近亲）的体型大小，以及随着时间推移它们体型的变化情况。他发现，在整个三叠纪过程中，主龙形类动物变得越来越大，其中最具有代表性的就是恐龙。而下孔类的体型则越来越小,到了晚三叠世甚至变得像駒鼱那么小。问题是,这样的变化究竟是内在驱动的主动改变还是外在适应的被动改变?

苏齐亚斯将他的数据分别应用到不同的演化模型中,从结果来看,这种体型大小的演化似乎是随机的。也就是说,确实存在体型大小的改变,但是首先地点非常多,变化各不一样,而且变化的时间过于漫长,因而无法确定这种体型变化是不是由强大的演化动力导致的。如果贯穿三叠纪的这种体型大小变化是源于内在力量的推动,那么这就可以作为自然选择的一个例证,即存在对于较大体型的选择性压力。苏齐亚斯唯一能确定的就是下孔类整体上越来越小,主龙类动物越来越大,但是这种体型大小的改变大

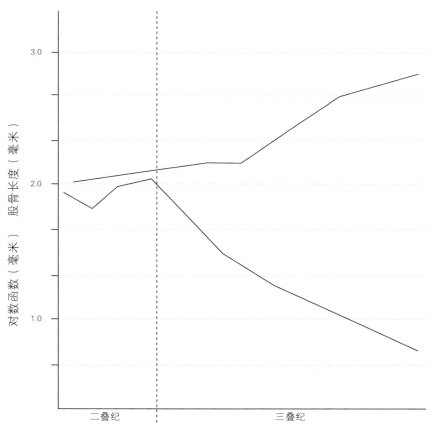

在三叠纪中,当主龙形类动物(上方的线)体型变得越来越大时,下孔类(下方的线)变得越来越小。

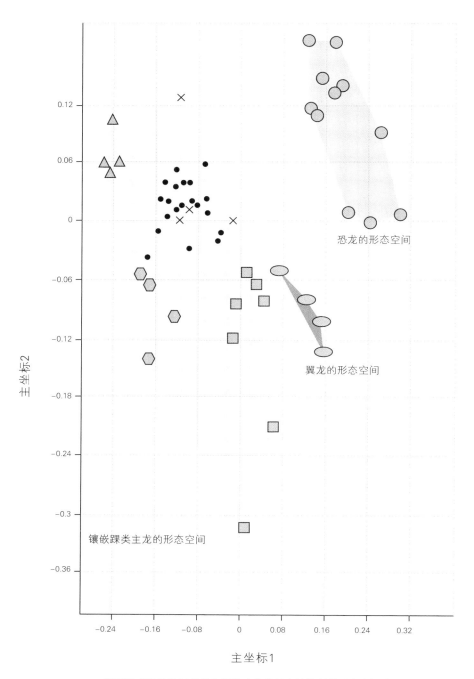

主坐标2

恐龙的形态空间

翼龙的形态空间

镶嵌踝类主龙的形态空间

主坐标1

根据恐龙和其他三叠纪爬行类动物的适应性绘制的形态空间表。

致是随机的。因此，苏齐亚斯的研究既没有推翻罗默尔—科尔伯特模型，即恐龙通过竞争战胜此前的地球霸主，但也没有给这个模型提供任何支持。

在此之前，史蒂夫·布鲁萨特也研究过这一问题，当时他正在布里斯托读硕士。布鲁萨特更加仔细地研究了那些最早的恐龙以及被它们替代的其他主龙类动物。他除了研究体型特征的演变程度，还从解剖学的角度出发选取了大量的其他特征。他为每一种动物都选取了500种特征，使用标准统计方法进行统计，并借助计算机技术把这些海量的数据加以整理分析。

其中一种将这些海量的复杂数据转换为可视化形式的方法是记录生物变异的主要方向，把它们提取并标记到所谓的"形态空间"（morphospace）中。形态空间是一种借助计算机绘图技术来表现各种生物在形态或者外在身体特征等方面的差异性的研究方法，它最大的用途在于能够把海量的信息以一种更容易被理解的方式展现出来。关系非常紧密的物种在形态空间中的位置非常接近，而那些差异很大的物种的位置则距离很远。

图为恐龙和早期主龙的形态空间，从图上看，它们并不重叠，因此我们推测它们没有直接的竞争关系，当然，这仅仅是推测，无法证实。在单独计算变化率时，布鲁萨特发现，在晚三叠世，随着恐龙种类的多样化，其形态上的差异也相应变大，而且这种情形在形似鳄鱼的主龙，或者叫镶嵌踝类主龙（crurotarsans）身上也存在，它们可能是恐龙的竞争对手。没有任何迹象表明恐龙的繁盛对其他主龙的生存带来过冲击，实际上其他的主龙似乎也出现了很多新的品种，占据了更多的空间，与恐龙平行发展，一派繁荣景象。一些新的恐龙如艾雷拉龙和板龙（plateosaurus）甚至还可能成为这些镶嵌踝类主龙的猎物，虽然它们算起来还是近亲。

在有关宏演化（macroevolution）的计算机研究技术中，数字研究只是一小部分。这些新技术对我来说很难，而我的学生们应用起来却易如反掌。这些技术为古生物学研究打开了新的大门，使得科学家们能够对恐龙演化过程中的不同阶段以及它们如何产生和灭绝展开新的探索，而且也为我在20世纪80年代刚开始研究恐龙时所面对的那些当时认为不可能解决的演化难题提供了思路。

# 关于恐龙起源的三个阶段

那么，新发现的更古老的化石和新计算机技术的应用给我们带来了什么？我们对于恐龙起源是否有了准确的理解？罗默尔—科尔伯特—查理格生态更迭模型提出，恐龙通过长期竞争击败其他动物而成为地球霸主。我在1983年提出大灭绝模型，认为恐龙称霸纯属运气。这两种模型哪一个是对的？

实际上，我们的模型都有错误的地方。我的错误之处在于断言恐龙是在晚三叠世出现并繁盛起来的，因为我们现在已经知道恐龙在2亿4500万年前的三叠纪早中期就已经出现了，这是恐龙起源的第一阶段。罗默尔和科尔伯特认为恐龙从起源到开始崛起大约持续了4000万年，在这一点上他们是对的，虽然他们当时在作出这个推测时并没有任何更古老的恐龙化石证据支撑。

恐龙的直立形态显然对于它们称霸地球有着关键作用，罗默尔和科尔伯特在这一点上虽然也是对的，但是他们的理由值得商榷。换句话说，在20世纪七八十年代时，并没有人知道恐龙的起源时间其实更早，而最早的恐龙也并没有战胜下孔类、早期主龙、喙头龙类以及其他的动物种群。在演化过程中，生物最常见的演化方式是通过改变自己的生态习性避免直接竞争，它们会选择换一种食物或者换一个地方。小心谨慎要好过鲁莽地拼命，只有那些选择多活一天的生物才能获得最后的胜利。演化并不一定要拼个你死我活，非得像阿尔弗雷德·丁尼生勋爵（Alfred Lord Tennyson）说的那样"牙齿和爪子都沾满了鲜血"。

那么究竟是什么引发了第二阶段，也即恐龙种群和数量的大爆发？如果没有这个大爆发，恐龙可能还是地球上的少数物种，大约占整个动物种群的10%。我1983年的论点或许是对的，因为新的证据显示恐龙大爆发和卡尼期洪积事件（Carnian Pluvial Episode）有比较近的关联。卡尼期洪积事件是迈克·西姆斯（Mike Simms）和阿利斯泰尔·鲁弗尔（Alistair Ruffell）发现并于1989年命名的。他们在英国和欧洲其他一些地方的晚三叠世岩石层中发现了一些不寻常的状况。地球上的干旱气候被一段长时间的持续降雨代替，而且雨量很大，然后又回到干旱气候。气候变化的证据来源于各种岩层，

诺利阶中期—瑞提阶
2.25亿年—2.02亿年前

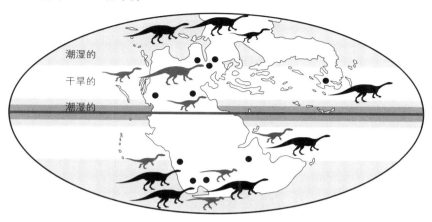

卡尼阶晚期—诺利阶早期
2.32亿年—2.23亿年前

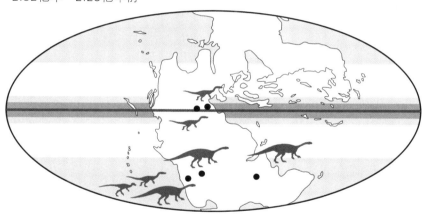

|   | 鸟臀目 | 蜥脚形类 | 兽脚亚目 |
| --- | --- | --- | --- |
| 普通 | | | |
| 罕见的 | | | |

晚三叠世的气候带变化和后期恐龙从
大陆南部向全球各地迁徙示意图。

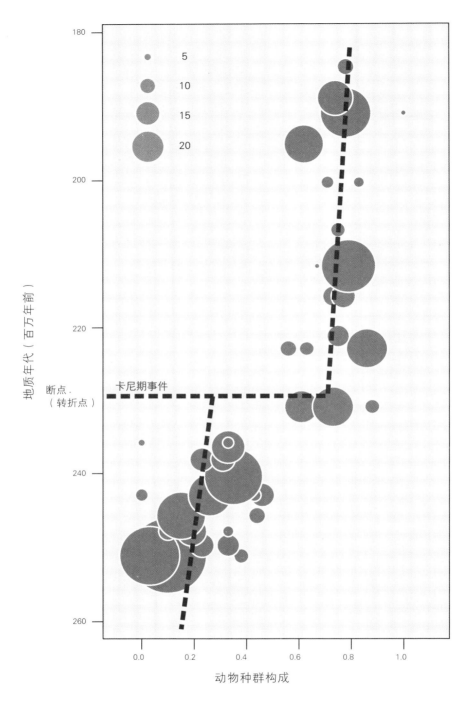

2亿3200万年前的卡尼期洪积事件触发了生态系统演化的转折。

以及岩层中相应的植物化石，比如有些植物是亲水的（如苔类、藓类和木贼类植物等），有些植物是耐旱的（如松柏类植物）。

相关争议终于在2012年尘埃落定，虽然西姆斯、鲁弗尔和我一直在强调恐龙大爆发和卡尼期洪积事件之间有关联，但是一直没有引起其他人的注意。然后在2012年，意大利地质学家雅各布·达尔科索（Jacopo Dal Corso）发表的一篇独立论文改变了一切。达尔科索发现，记录卡尼期洪积事件的岩层同时还揭示了当时的一系列火山大喷发，地点位于现在的北美西部。在大约2亿3200万年前，火山大爆发喷出了巨量的火山熔岩，也就是现在温哥华和不列颠哥伦比亚（British Columbia，加拿大西部的一个省）北部沿岸人们能够看到的兰格尔玄武岩（Wrangellia basalts）。

达尔科索认为那场火山喷发异常猛烈，甚至导致全球的气候剧变。如同2亿5200万年前二叠纪末期的灾难性气候，这次火山喷发将巨量的二氧化碳排入地球大气，导致了全球变暖并带来大量酸雨。温暖的气候和酸雨导致海水酸化以及深海中氧气的大量流失，因此不仅导致众多陆上动物的死亡，也造成海洋动物的大量灭绝。达尔科索记录了翔实的化石证据，表明从欧洲到北美都有大量的海洋动物灭绝。气候变暖还导致了宽阔的赤道带附近产生强大的季风性气候，季风带影响到当时恐龙生存的所有区域，包括南北美洲、欧洲和印度。在火山喷发结束后，气候逐步恢复到原来的干旱炎热状态，而这才是最致命的。

这些新的研究促使我再次审视我在1983年时搜集的那些生态学数据。我的两个学生助手科马克·金塞拉（Cormac Kinsella）和马西莫·贝尔纳迪（Massimo Bernardi）帮我整理了所有的数据，并且计算了所有主要物种的占比——喙头龙类、恐龙，以及其他一些物种。然后我将它们的生态学比例标记为气泡图，每一个气泡都代表一个单独的物种，气泡的中心位于地质年代的某个特定时点，而气泡的大小代表化石标本数量的多少。将所有的数据标记进去之后就可以衡量恐龙在整个动物种群中占据多大的主导地位。

从数据上看，数值确实从大约20%上升到了70%左右，然而光有这样的推测是远远不够的，评论会认为这纯粹只是我们的想象。于是，我们使用了一种叫作"断点分析"的数学方法来对数据进行分析。这是一种用于计算数据最佳解释的线性方法，可以设置一个或多个断点。我们将程序设定为产生一个断点，然后开始运行。不久之后，我们得到反馈，最符合的断点在线路上的位置准确地落在2亿3200万年前。

我们认为这是一个独立证据，证明在那个时点发生了导致三叠纪爬行类动物生态系统产生颠覆性改变的事件。恐龙在卡尼期洪积事件之前很久就已经产生，但是它们在此之前并没能成为地球霸主，之后也没有。在大家看来，卡尼期洪积事件与恐龙称霸地球并无逻辑关系。关键的飞跃发生在2亿3200万年前，最新的研究成果也在恐龙大爆发导致的生态革命和卡尼阶中期的环境巨变之间建立了联系。

确立兰格尔火山爆发和卡尼期洪积事件之间的关联意义重大，因为它可以证实是这场环境巨变导致喙头龙类和其他一些主要物种灭绝，从而为恐龙种群和数量的爆发性增长创造生态空间。具体的时点还需要修正，而且近年来又有了一些阶段性的进展。


## 恐龙多样性的时点记录


在本书中我一直提到地质年代（参见第6、7页），比如2亿3000万年前、2亿3200万年前和2亿4500万年前等。然而，地质年代具体是怎么得来的？这个问题对于恐龙起源和灭绝有关的所有假设都是至关重要的。对于远古时代那些事件的时间，度量是以百万年为单位的，而且我们还需要对不同地点的岩层数据进行交叉比对。比如，在阿根廷岩层中发现了一个重大事件发生的线索，还可以通过在意大利的岩层中寻找类似事件的线索进行确认。

标记岩层的年代是地质学家的主要工作之一，这项工作的基础是地层学，这是一门非常实用的知识。大约在1790年，英国的一个普通老百姓威廉·史密斯（William Smith）完全靠自己摸索进行岩层年代的标记，并以此为生，后来成为世界上第一批经济地质学家之一。在那个年代，人们都认为脚下的大地只是一块巨大无比的大石头，没人想过它是有序排列的。至于建立一张地质图，将不同岩层按照时间有序排列，并可以在世界各地进行岩层比对，这样的想法更是闻所未闻。

　　史密斯当时所处的年代正是英国工业革命早期，那时候几乎每个人都在自家的土地上疯狂挖掘，想要找到煤炭，当然绝大多数都是徒劳。他们挖掘的理由往往是这样的，既然我的邻居在他家地里挖到了煤，那我在我家地里应该也能挖到煤。有时候真能挖到，有时候则不能，因为如果这两个地点之间存在地质上的断层，那么这两个地方的岩石层序可能完全不同。史密斯运用他在绘制和地层学上的专业技能为人们创造奇迹，他可以告诉人们在什么地方能挖到煤，而且更重要的是，在什么地方肯定挖不到。如果该处的岩层属于侏罗纪，那么下面可能会有煤炭，因为侏罗纪（jurassic）在石炭纪（carboniferous）之后，石炭纪时地球上出现了大规模的森林和沼泽，为煤炭形成创造了良好条件。如果你的邻居地下的岩层属于志留纪（silurian），那么下面肯定不会有煤炭，因为志留纪要早于石炭纪。侏罗纪和志留纪的岩层看起来可能很相似，都是深灰色砂岩，但是史密斯可以根据其中的化石判断岩层的年代归属，并把这种知识转化为财富。

　　从史密斯的年代开始，经过全球地质学家的共同努力，到1840年左右，地质年代表结构中的纪元世代基本上都已确立。地质年代表在全球各地都是适用的，地质学家们在各个地点进行测绘，比对化石，不断补充修正。史密斯的菊石类（ammonites）和双壳类（bivalves）化石可以在世界各地进行比对。这就在全球建立了一个统一的标准，不管是在英国、法国，还是俄国、阿根廷，地质年代表是统一的。和史密斯所处年代一样，在当代对于化石年代的鉴定一样具有很重要的商业价值，尤其是在石油工业中。各大石油公司要花费数以亿计的费用进行钻采，他们必须要弄清楚地层构造，确定油层是在50米深处还是5000米深处。

　　仅仅依靠化石并不能提供准确的年代，还需要借助放射性同位素进行年代鉴定。在19世纪90年代元素放射性被发现之后不久，诺贝尔物理学奖获得者卢瑟福博士在1905年即提出，可以通过放射性衰变精确测量岩石的生成年代，从而确定地球的起源，并进一步探寻宇宙的开端。一个雄心勃勃的地质学家阿瑟·霍尔姆斯（Arthur Holmes）据此开展了一系列工作，并在1911年时完成了很多岩石年代的测定，当时他才21岁。从那时开始，并伴随着强大的质谱分析仪的出现，放射性同位素测定成为了地质学实验室研究中的一个重要部分，而且还有一个重要意义，即，从此可以在不同的实验室里使用不同的方法，对同一块石头的年代进行测定和比对。

　　全球各地的地质学家们在提高地质年代的精密度（预测的吻合度和误差大小）和准确性（是否正确）上做了大量的工作。因为年代的修正越来越精确，而且越来越具有可比性，因此每过几个月，地质年代表都要进行细节部分的修正。我刚刚开始接触地质学是在20世纪70年代，那时候我们在使用放射性同位素测定年代时的允许误差是加减5%。而现在，在某些测定上精确度可以提高100倍，允许误差是加减0.5%。也就是说，对于卡尼阶洪积事件的年代确定或许可以从2亿3200万年前加减1160万年提高到2亿3200万年前加减11万6000年。11万6000年听起来似乎还是长得离谱，但是对地质学家来说已经短得像一个奇迹。

　　兰格尔玄武岩属于火成岩，它们是火山喷发的熔岩凝固之后形成的，通过测定其内部所含晶体的凝固时间，可以直接确定岩石的形成年代。相比之下，形成时间较长的沉积岩的年代测定就难以直接用这种方法测定。不过，在意大利北部的白云石山脉（Dolomites），有很多成岩时间年代间隔少于100万年的海洋沉积地层，形成了奇妙的景观。在这些岩层间夹杂着各种生物留下的足迹等痕迹，记录下了为什么在卡尼期洪积事件之前没有发现恐龙的存在，而洪积事件后恐龙会突然爆发。我们认为这些令人惊叹的化石发掘地点正是卡尼期洪积事件触发恐龙起源的第二阶段，也即在2亿3200万年前的大爆发的证据。2018年，马西莫·贝尔纳迪就此以第一作者发表了一篇论文。他是我以前带的博士生，现在是意大利北部特兰托市（Trento）科学博物馆的地质学部主任。

　　通过比对在意大利北部发掘的海洋沉积物和非海洋沉积物，也得到了另外一种非常重要的独立检验方法的验证，这种方法叫磁层学（magnetostratigraphy）。磁层学的建立基于一个事实，即地球的南北磁极会出现阶段性的翻转，这在地球历史上已经出现过很多次。目前尚不能准确解释为什么会发生磁极翻转，也不清楚翻转给地球带来的影响，但是在岩石中的磁性矿物清楚记录了这些翻转，磁场方向如同理发店前旋转彩柱上的条纹一般交替，从中可以测定各种石头的大致年代。

　　之前我曾经提过，我将恐龙的历程分为三个阶段，我们已经介绍了前面的两个，即2亿4500万年前的起源阶段，当时正值二叠纪—三叠纪大灭绝之后的生物恢复时期，以及在2亿3200万年前卡尼阶洪积事件后的爆发性多样化增长阶段。第三阶段则始于2亿100万年前三叠纪末期生物大灭绝，我们将在下一章具体阐述。

## 我们如何确定远古时代的气候？

在谈到恐龙起源的时候，我一直提到干旱性气候或者季风性气候等，然而我们如何确定远古时代的气候？这就得从地质学的基础说起。沉积学是一门了解沉积物和远古环境的科学，地质学专业一年级的学生就需要学习区分海相沉积岩和非海相沉积岩。如果是海相沉积岩，通常都会发现特有的微小浮游生物化石，以及其他一些只生活在海中的稍大生物的化石，比如腕足类生物、海胆类、海百合类等。而在湖泊或者河流中沉积形成的岩层中发现的往往是叶子、昆虫，或者恐龙化石。当然，叶子、昆虫和恐龙也有可能会通过河流进入大海，但是那只是极少数特例，不具有代表性。举例来说，伊斯基瓜拉斯托组的岩层中包含的松柏类植物的树干和叶子证明了这片岩石层是在陆地上沉积的，沉积形成了红色的泥岩和砂岩。在某些地方，我们可以发现古代河流形成的河道沉积，以及短暂形成的湖泊中的泥土沉积，甚至还能发现一些体型较小的爬行动物挖掘的洞穴，而这可以作为当时气候炎热的佐证，因为这些小动物不得不钻到地下躲避酷热。

我们还能在岩层中发现各种各样的线索。比如，特定类型的沙丘表明那里是沙漠，河道和堆积的沉积物可以帮助鉴别蜿蜒的河流，而盐层则表明这里可能是烈日将海水蒸发后留下的一个海边水洼。

此外，还可以通过一些化学方法研究远古的情况。比如，对岩层中氧同位素的测定可以判断当时温度的高低，因为氧同位素的比率会随着温度变化，一个水塘表面水汽蒸发或者产生降雨时的氧同位素比率是不同的，而且氧同位素还能够用来反映盐分和冰川中锁定的水量。

通过某个地点的沉积状况能判断当地的环境，那全球的环境又是如何判断的？

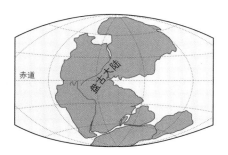

二叠纪
2.99亿—2.52亿年前

三叠纪
2.52亿—2.01亿年前

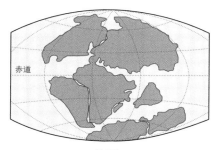

侏罗纪
2.01亿—1.45亿年前

白垩纪
1.45亿—0.66亿年前

当代

二叠纪至今的大陆板块漂移。

# 三叠纪的世界和今天的世界有多大不同？

地球由许多大的地质板块构成，而且这些板块时时刻刻都处于运动之中。有些板块位于大陆下方，有些板块构成了巨大的海床。这些板块运动的能量来源于其下方地球内部熔化的地幔。地幔内部岩浆不停翻滚，产生的巨大拉力被传递至坚硬的地壳。在有些地方，熔化的岩浆喷出地壳，形成巨大的海洋中脊（mid-ocean ridge）。在南大西洋和北大西洋中间有一条连续的裂痕，熔化的玄武岩还会时不时地从中喷发出来。冰岛就位于大西洋中脊上。大西洋中部的海底不断产生新的海洋地壳，在太平洋和印度洋中也存在类似的海洋中脊系统，它们使得海底板块以每年1厘米的速度彼此远离。当板块互相挤压时就会形成巨大的断层，比如横跨加利福尼亚州的圣安德烈亚斯断层（San Andreas Fault），它现在还时不时发生地震，提醒人们地球内部的地壳运动始终没有停止。在其他一些地方，海床板块会插入大陆板块的下方，比如在南美的太平洋沿岸。

在三叠纪时，所有的大陆板块还都聚集在一起，尚未分开，是一整块巨大的陆地，被称为盘古大陆。那时候在地球的南北极没有陆地，因此也没有冰盖，这意味着那时从赤道到两级的温度变化没有今天这么大，气候通常也认为是比较稳定的。在气候稳定的一整块巨大陆地上，早期的恐龙和其他的陆上动植物的分布很可能非常广泛。

晚三叠世，在现在加拿大西海岸的位置发生了一系列猛烈的火山爆发，喷发出的熔岩凝固后形成了现在我们看到的兰格尔玄武岩。1000万年后，沿着盘古大陆的中部裂缝又发生了类似的火山大爆发，一个新的海洋慢慢在剧烈喷发中形成。这些喷发形成了很厚的玄武岩，其中比较著名的是纽约和新泽西之间哈德逊河沿岸的帕利塞兹岩壁（Palisades）。

沿着北美洲东海岸，从东北部加拿大的新斯科舍（Nova Scotia）一直到南部的北卡罗来纳（North Carolina）有很多裂谷。地幔对流使得现在的欧洲大陆和北非向东移动，并使北美洲向西移动，从而使得地壳产生裂口，形成了这些裂谷。虽然移动的速度非常缓慢，每年大约1厘米，但是成千上万年后地壳内部的张力就会很大，最终裂开。我们今天看到的东非大裂谷就是如此形成的。

北美东部这些晚三叠世的裂谷形成了很多湖泊，也形成了厚厚的沉积物。这些沉积物中有各种化石，包括鱼类、昆虫还有植物，有时候还会发现恐龙从湖边湿地跑过时留下的足迹。

在晚三叠世，亚洲、欧洲和北美的位置仍然是在北半球，但是要比现在的位置更往南一些。伦敦和纽约大致与现在的地中海和加勒比海在同一纬度，因此那时候它们的气候应该比现在要暖和很多。那时地球两极没有冰盖，因此也不会有寒冬。南美洲、非洲、印度、南极洲和澳洲挤在一起，都位于南半球，而南北半球之间的大陆是相通的，赤道横贯其间。恐龙可以迁徙数千千米，从南非到亚利桑那，从加拿大到北非，没有地理障碍。虽然也会有地区性的生物种群，但可能主要以山脉和气候带等环境因素划分。总体来说，三叠纪时的动植物如果向全球各地散播要比今天容易得多。

这种环境一直延续到侏罗纪。那时虽然北大西洋已开始形成，但动物们仍然可以从非洲走到南美，格陵兰也还连接着北美和欧洲，直到1亿5000万年前的晚侏罗世，地球的地理格局基本如此。在东非的坦桑尼亚和美国中部的怀俄明都发现过体型巨大的蜥脚类恐龙腕龙（*brachiosaurus*）化石，在怀俄明和葡萄牙还发现过另一种体型庞大的肉食性恐龙——异特龙，可能坦桑尼亚也有。在赤道沿线有一个大洋将南北两片大陆分开，但是在南部的摩洛哥和北部的西班牙之间有一条很窄的通道，看起来恐龙还是可以通过这个通道迁移。

到了白垩纪，各大板块的漂流仍在继续。南太平洋已经形成，南美和非洲之间的道路已经被彻底切断。南部的大陆也互相远离，非洲板块向北移动，与欧洲板块仍有接壤；南美洲板块的南部顶端与南极洲板块东部以及澳洲大陆相连。到了晚白垩世时期，印度板块脱离了非洲板块一路向北，最终在大约5000万年前与亚洲板块相连，但是印度板块的移动并没有停止，板块间持续的挤压形成了至今仍在上升的喜马拉雅山脉。

在晚白垩世，各个大陆的位置与今天已经比较接近。由于海洋地壳的运动和提升，海平面大幅升高了约100米。海平面上升导致各个大陆沿海地区被海水淹没，并在非洲和北美间形成了大洋。因此，晚白垩世的恐龙几乎再无可能向地球的其他角落迁徙。比如，这一时期著名的君王暴龙就只在北美发现过，其他地方都没有，而比它早的一些恐龙则在世界各地都有分布。从那时开始，北美大陆东海岸的恐龙甚至无法和它们在西海岸的同类们会合，因为此时的北美大陆已经被一片宽约1500千米的大洋分隔。

........................................

世界和气候一样一直都在变化。不久前，古生物学家们还认为关于恐龙起源的所有主要轮廓都已经明朗，然而变化总是那么突然。新化石的发现将恐龙的起源时间往前推了1500万年，提早到早三叠世。如果我们能够乘坐时光机器回到那个时代，或许根本注意不到这些最早的恐龙的存在。在全球各地数量繁盛的喙头龙类、下孔类和镶嵌踝类主龙的庞大身躯后面，这些数量稀少、个头很小、在夹缝中生存的两足恐龙们只是一个小插曲。

1500万年之后，卡尼期洪积事件带来的毁灭却戏剧性地导致恐龙大爆发。从地质学的角度来说，恐龙几乎是在一夜之间取代喙头龙类和其他动物成为了地球霸主。这一结论源于很多新发掘的重要化石，得益于我们对于岩石年代测定以及远古气候重建知识的巨大进步。现代计算机技术的应用，也使得我们可以对大量数据进行运算，以检测大规模演化模型。

毫无疑问，这一章的内容在10年后肯定需要重写。我预言在世界上的某个地方一定会有人发现我们现在期待发现的化石。新的研究会更加明确卡尼期洪积事件的影响，新的分析将会帮助我们更好地理解在三叠纪中出现的，那些对地球环境和生命造成重大影响的巨大的演化和生态改变。

# 第二章

# 编制演化树

关于分类一直存在很多争议。在职业生涯中，我早就习惯了那些古生物学家们在生物分类问题上争吵不休，涉及的生物化石各种各样，包括恐龙、三叶虫还有各种植物等。这些分歧看起来似乎无关紧要，但实际上不管是在生物多样性还是生物起源问题上，分类都是基础的工作之一。

生物多样性和起源问题现在是科学界的重点研究领域，它们是系统发育基因组学（phylogenomics）和生物信息学（bioinformatics）的重要组成部分。种系基因组学是从分子数据层面建立演化树的依据。生物信息学是关于生命科学的领域，能够研究、分析大量数据以提供关于疾病、适应性、细胞功能等遗传基础信息，在药物研发和农业生产方面有很重要的应用。这些领域的研究人员往往会连续好几个星期霸占所在院校的超级计算机，因为经常需要经过上亿次的重复运算才能生成最后的结果。美国国家科学基金会发起了"生命之树"（Tree of Life）项目并投资了数千万美元，这个项目旨在为科学家们为动物和植物编制完整的演化树提供资助。比如，大约11000种的鸟类和多达约30万种的开花植物。

准确的分类有助于制订切实可行的物种保护措施。确定哪些种类的蚊子会传递疟原虫对于研发治疗疟疾的药物至关重要。生物医学家们可以通过演化树研究艾滋病毒和流感病毒等。病毒的演化速度很快，其演化树的跨度大致是几个月或者数年，而恐龙演化树的跨度是数百万年。演化树也被称为种系发生树，没有它，我们就无法探究演化过程中物种之间的演化关系。从某些方面看，对于生物物种的分类似乎只是很琐碎的小事，只是各种档案记录中的一小部分，然而对某些领域来说却是极其重要的。

在本章中，我将讲述和其他一些同行在编制恐龙谱系图方面的工作。故事开始于1984年，当时在德国南部图宾根市（Tübingen）召开了一次会议，我和另外三位学者都将在会议上发表一些自己的独立研究工作，所以都有些紧张。我们四个人都是刚刚完成博士论文不久，雅凯·高蒂尔（Jacques Gauthier）和保罗·塞里诺（Paul Sereno）来自美国，戴夫·诺尔曼（Dave

Norman）和我在英国工作，我们都是收入微薄的基层研究员，而且都还没有获得正式的聘任。我们四个人都是从系统发生学的某个方面研究恐龙，但我们对恐龙的主要种类间关系的观点很明确，我们各自独立提出的观点是一致的，即所有恐龙都来自同一个祖先。我们的观点和主流观点是相悖的，所以我们很担心学界的反应。

从1984年开始，我们一直在发展和完善恐龙谱系图。在2002年和2008年，通过对海量数据的不懈分析和运算，我的实验室团队绘制出了全球第一个恐龙种群的超级演化树，将数百种恐龙的亲属关系作了完整的展现。然而，出人意料的是，2017年，学界出现了一个和恐龙种群关系的主流共识完全不一致的新观点。这是一个关于新化石的发现、创造性新方法的应用、计算机技术的持续进步，以及对于恐龙生命之树的痴迷探索的故事。争议目前仍在继续。

回到1984年，那时候我们刚刚开始尝试编制恐龙谱系图，而且我们都运用了当时的一个新生事物——支序分类学（cladistics），因此我们的观点很可能会招来批驳。我们将原始数据记录在打孔卡上，送到学校，用当时的主计算机进行运算，计算结果往往要好几天才能出来。所有这些方法在20世纪80年代都有很大的争议，在其后的几十年间我们亲眼见证了它们的进步。让我们回到所谓的"支序分类革命"（cladistic revolution）刚刚开始的时候，看看我们当时的冒险是否收到了回报。首先，我们要搞清楚，为什么会有如此大的争议？

## 什么是支序分类革命？

支序分类革命是一场关于研究方法的革命。在我学习分类学的时候，我们使用的教材还是20世纪60年代出版的，作者是当时著名的学者恩斯特·迈尔（Ernst Mayr）和辛普森（G.G. Simpson）等人。他们的观点是，不管是现有的物种还是已经灭绝的物种，给它们分类的最好方法是大量的实地经验。迈尔说他花了几十年研究鸟类的多样性，最后发现，如羽毛颜色这样的特征在确定鸟类亲缘关系上没有多大用处，而另外一些，如喙的形状或者翅膀的某部分特殊肌肉才是真正有用的特征。如辛普森所说："物种分类是科学，更是艺术。"

在迈尔和辛普森写书的时候，支序分类革命早已开始，只是没有人意识到。1950年，柏林的一位昆虫学教授维利·亨尼希（Willi Hennig）出版了一本著作，而这本书是他在第二次世界大战期间被俘时在战俘营里写成的。他并没有使用"分支学"（cladistics）这个词，这个词是大约1960年时其他的演化科学家使用的，来源于希腊语的klados，意思是"枝条"，用于指代演化树上的分支。实际上，亨尼希把他的方法称为"系统发生学"（phylogenetic systematics，也称谱系系统学、发生系统学等），也就是说他希望以科学的方式建立生命之树，而不是艺术的方式，他希望生物学家和古生物学家能够努力研究各种数据，从中找出有价值的特征和习性，从而为分类学打好基础。

亨尼希的书是用德语写的，当时也没有引起其他生物学家的重视，不管是懂德语的还是不懂德语的。在1966年，这本书被翻译成英语后才引起了学界的注意。美国自然历史博物馆和英国自然历史博物馆的研究人员们都非常激动，他们对这本书赞誉有加，并积极推广宣传，其中有些人立即在关于鱼类演化的研究中应用了这一新方法。不过，另外一些人对这本书就不那么欣赏了。亨尼希的写作风格很散漫，而且，为了表述自己的想法，他发明了很多新的术语，其中很多是复合词，所以不管是德语版本还是英语版本，他的书读起来都令人很痛苦。对于这个新出现的系统发生学，恩斯特·迈尔和辛普森都毫不留情地予以批评，而且迈尔还发明了满含蔑视的词"系统发生学信徒"（cladist），用来指代赞同这一方法的人。

但是在英国和美国的自然历史博物馆中的那些学者们一直支持并传播系统发生学，他们努力在各种会议和刊物上解释这一方法。1983年，我写博士论文的时候，系统发生学的根基还不是很稳固，大部分生物学家和古生物学家对这个新方法不感兴趣，或者干脆持敌视态度。我还记得1984年的一件事，就在图宾根会议之前不久，我在伦敦参加维利·亨尼希协会（Willi Hennig Society）的一次会议，我看到会场上大家就系统发生学的问题吵得不可开交，一个发言人把麦克风从支架上摘下来，威胁要砸主持人，因为那个主持人要他闭嘴。人们的脾气都很大，动不动就要求公开道歉。

为什么会有这么大的阻力？维利·亨尼希的观点非常直白：建立演化

树，我们需要一个可以验证的方法，而且这个方法应该基于动植物演化过程中有用的特征和习性。古生物学家不应该往动物种群的祖先方向搜寻，因为关于祖先方面的任何结论都是假设，永远无法证明。因此，搜寻的方向应该是姊妹种群，也就是关系最近的种群。

如我在第一章中所述，西里龙类家族是恐龙类的姊妹种群，这是一个很大胆的论断，这意味着这两个种群的关系是最近的，它们有最近的直接共同祖先。用现在的方法，我们可以用一个很直观的演化树，或者叫演化分支图（cladogram，参见第56页图），把恐龙、西里龙以及它们在主龙类中的所有其他近亲种群展现出来。种群之间能够互相印证，每一个种群都有单一的祖先，并且具有一个或多个系统发生学上的相关特征。这些具有一个共同祖先的所有特定种群就构成了一个演化枝（clades），从这个词衍生出了其他的一些术语如分支系统学（也即支序分类学）、演化分支图，甚至包括迈尔所说的"系统发生学信徒"。关于西里龙和恐龙是姊妹种群的假设，证据是在解剖学上发现它们有六七个共同且特有的特征，这些特征在其他动物身上没有发现，比如腰带骨的比例、臀部坐骨和耻骨间的空间、下肢股骨和胫骨的形态变化，以及踝部距骨前段的位置改变等。我们不会考虑那些一般性特征，比如四肢细长、牙齿锋利，或者那些在其他早期爬行类动物中很常见的特征，因为这些一般性特征就同迈尔所说的羽毛颜色，对编制演化分支图来说没有参考意义。

对具有参考意义特征的寻找和确定是一项艰巨的工作，但是因为可以测试，所以目标很明确。如果有人认为西里龙类不是恐龙类的姊妹种群，那么他必须给出一个新的演化分支图，提出他自己的假设，而且他的假设必须要有更强的证据支撑，即其他更有说服力的解剖学特征。一言以蔽之，具有参考意义的解剖学特征越多，假设正确的可能性就越大。

这就让那些反对支序分类学的人很不乐意了，因为如果再要提反对意见的话他们就必须要做很多工作，他们再也不能像以前那样只是泛泛而谈地批评和质疑。在我任教的大学，现在使用的教科书中已经很明确地将侏罗纪和白垩纪的主要恐龙种群用演化枝的方式表达出来。尽管如此，在研究恐龙起源时还是有诸多无法确定的地方，比如它们究竟是从何时开始的？

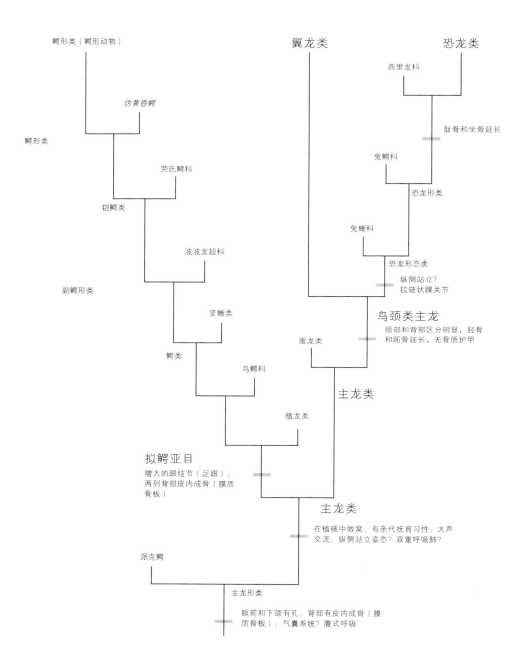

鳄形类（鳄形动物）

翼龙类

恐龙类

西里龙科

伪黄昏鳄

鳄形类

耻骨和坐骨延长

劳氏鳄科

兔鳄科

铠鳄类

恐龙形类

波波龙超科

兔蜥科

副鳄形类

恐龙形态类
纵侧站立？
铰链状踝关节

坚蜥类

鸟颈类主龙
颈部和背部区分明显，胫骨
和跖骨延长，无骨质护甲

鳄类

匿龙类

鸟鳄科

主龙类

植龙类

拟鳄亚目
增大的跟结节（足跟）；
两列背部皮内成骨（膜质
骨板）

主龙类

在植被中做窝；有亲代抚育习性；大声
交流；纵侧站立姿态？双重呼吸肺？

派克鳄

主龙形类
眶前和下颌有孔；背部有皮内成骨（膜
质骨板）；气囊系统？腹式呼吸

该演化分支图展示了主龙的演化，并列出了主要的系统发育特
征。从图中可以很明确地看出，恐龙类和西里龙类之间的关系
非常紧密。

# 恐龙演化分支图的绘制

多年以来，对于恐龙如何分类始终没有明确的结论。1842年，理查德·欧文（Richard Owen）首先命名了恐龙类（Dinosauria），他将兽脚类中的巨齿龙（*megalosaurus*）、蜥脚类的鲸龙（*cetiosaurus*）和鸟臀目（ornithischian）中的禽龙（*iguanodon*）都纳入其中，作为三个主要类别的代表。然后到了1887年，剑桥大学教授哈利·丝莱（Harry Seeley）提出了一个重要观点，在仔细研究了欧文述及的那些恐龙以及1842年以后新发现的恐龙之后，丝莱教授提出，这些恐龙不该被混为一个种群。他将这些恐龙归为两类（蜥臀目和鸟臀目），其中蜥臀目又包含兽脚类和蜥脚类。

丝莱的观点有正确的部分也有错误的部分，然而，其中错误的部分为学界认可并流传了近百年。在外界评论和书中明确可以看到各种恐龙可能来自两个、三个甚至更多个明确的祖先。在他所说的两种恐龙臀部形态中，只有鸟臀目是该类恐龙特有的，而蜥臀目的特征在其他很多种动物身上都可

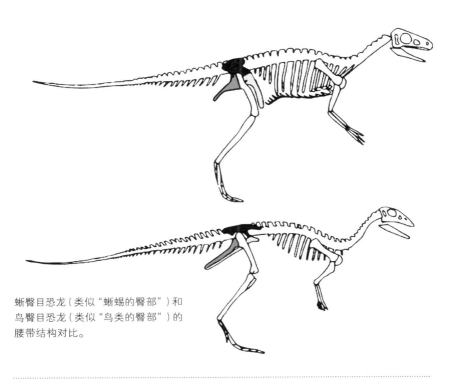

蜥臀目恐龙（类似"蜥蜴的臀部"）和鸟臀目恐龙（类似"鸟类的臀部"）的腰带结构对比。

以看到，比如鳄鱼、蜥蜴，甚至让人困惑的是，在一些鸟类身上也存在。从演化枝角度来看，要想证明蜥臀特征是原封不动从其祖先继承而来是不可能的。实际上，丝莱所谓的鸟臀（bird hip）用词并不恰当，因为它虽然是鸟臀目的一个特有的特征，但是它实际上和鸟的臀部并无关系，这个特征实际上来源于兽脚类恐龙，关于这点我们将会在后面的章节中具体谈到。

1974年，这个问题得到了部分解决。美国古生物学家鲍勃·巴克尔（Bob Bakker）和英国古生物学家彼得·高尔顿（Peter Galton）对欧文的恐龙分类提出了质疑。他们说道：

> 通常学界将主龙划分为两个或三个独立的爬行类分支，但是从骨骼组织学、运动和动力学，以及是掠食还是被掠食的比例等方面的研究都充分说明恐龙是恒温动物（即温血动物），需要适应高强度有氧运动的新陈代谢，从生理学方面更接近于鸟类和擅长运动的哺乳动物，和任何现存的爬行类动物都有很大差别。

然而，这些结论只是他们在生物学和生态学方面的一些评论性观点，并非发表的专业论文，不足以说服持反对意见的人。再者，鲨鱼和海豚在游泳和捕食等很多方面特征是一样的，但这并不影响它们一个是鱼、一个是哺乳动物的事实。

这些就是我们四个人参加图宾根会议时的背景情况，80年来所有的专家都不认为恐龙只源于同一个种群，还有巴克尔和高尔顿的谬论也很有市场，很多古生物学家认为巴克尔和高尔顿是对的，只是需要一个正确编制的演化枝图谱来证明，而且每一个分支上都会有确凿的解剖学特征。我在论文中提出了14个恐龙类独有的特征，主要是在后肢上，比如股骨头内弯、股骨肌肉附着过程、踝关节处的轴状距骨、胫骨前段上翘、跟骨大大缩短、脚趾紧束和可用趾尖站立等。所有这些特征都和恐龙从诞生后不断演化，逐步达到一个完美的直立站姿有关。蜥臀目恐龙和鸟臀目恐龙都有这些解剖学特征，这就是明确的证据。因此在1984年，我们就提出所有的恐龙都是源于同一个自然界的群体——恐龙类，它们有一个共同的祖先。

在图宾根会议上，我们几个人各自都提出了类似的恐龙类的独有特征表。我的研究只涉及到恐龙的起源，但是戴夫·诺尔曼和保罗·塞里诺还做了一些额外的研究，他们提出了鸟臀目演化树的大概轮廓，而雅凯·高蒂尔

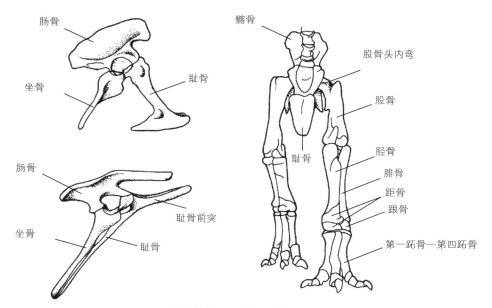

肠骨

坐骨

耻骨

肠骨

坐骨

耻骨前突

耻骨

髂骨

股骨头内弯

股骨

胫骨

腓骨

距骨

跟骨

第一跖骨—第四跖骨

耻骨

恐龙的关键性特征主要位于后肢。

则提出了蜥臀目演化树的大概轮廓。我们都很紧张，而且也确实有一些批评的声音，但是最后我们成功了。1974年，巴克尔和高尔顿已经遭遇过一些批评，算是提前为我们吸引了火力，因此当10年后我们将确定性的证据呈现出来，而且都是各自独立完成的研究，学界或许已经做好了接纳的准备。后来我们就各自的研究都发表了更为详细的论文，记录了所有的证据，这些内容后来也就成为教科书中的标准内容。

实际上，我所提出的可能是恐龙独有的特征中有很多是错的，那些特征在西里龙类和其他与恐龙关系较近的种群中也都存在。我的唯一借口只能是时间，因为那是1984年，很多其他的物种都还没被发现。当后来那些物种被发现之后，在演化枝图谱中各个物种的特征进行了很大的调整，不过这些调整并不影响整体。

在恐龙演化树（参见第60—61页）建立之后，我们就可以基于地质年代表来具体说一说其中的一些主要恐龙了。

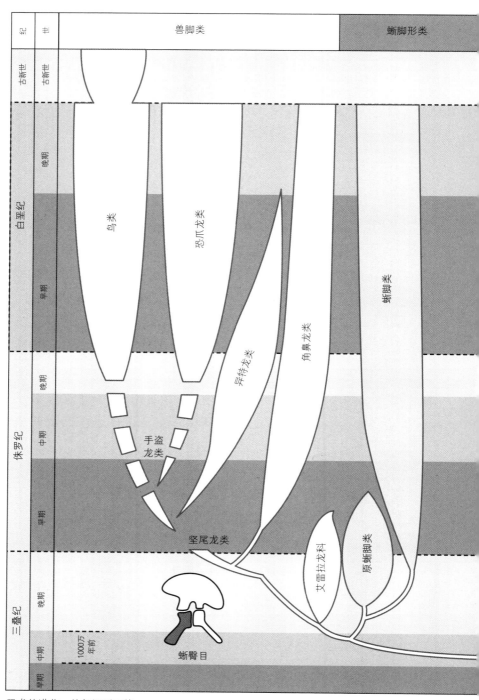

恐龙的进化，从起源到灭绝。

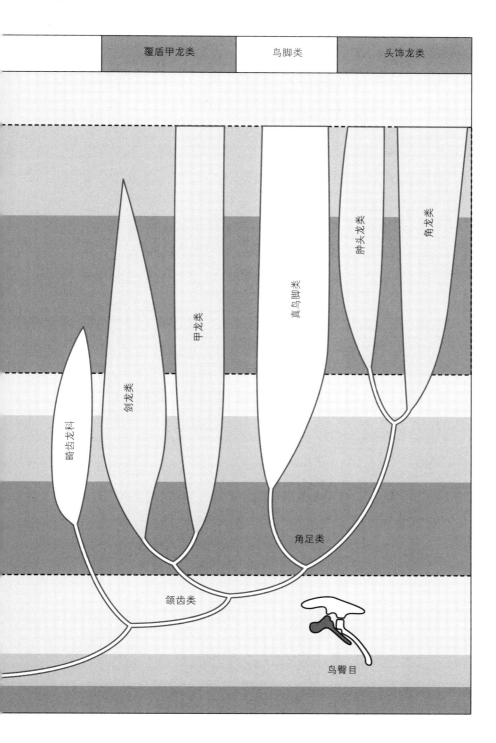

覆盾甲龙类　　　　鸟脚类　　　　头饰龙类

肿头龙类

角龙类

真鸟脚类

甲龙类

剑龙类

畸齿龙科

角足类

颌齿类

鸟臀目

# 三叠纪物种大爆发

如我们在第一章中所说，恐龙起源于2亿5200万年前到2亿100万年前的早三叠世，然后经历了两到三个阶段的发展。到了晚三叠世，很多主要恐龙都已出现，这在德国南部2亿1500万年前的特罗辛根组（Trossingen Formation）岩石层中有所体现。这个组包含了大约40米厚的黄色砂岩层，其间发掘出很多有价值的化石，尤其是在20世纪20年代斯图加特（Stuttgart）附近进行的多次大规模发掘。

晚三叠世德国南部的情形大致是这样的，当地的地势非常平坦，在河流和湖泊周围有很多适应湿润气候的木贼类、蕨类和种子蕨类植物，在一些小山上则有一些喜爱干燥气候的松柏类植物。有一只双足的兽脚类的理理恩龙（*liliensternus*）快速跑过，它在追赶一只蜥蜴。理理恩龙体长大

| 属： | **板龙** |
|---|---|
| 类： | **恩氏板龙** |

约5米，体型纤细，头骨窄长。它猛地咬向蜥蜴，但是蜥蜴敏捷地躲开了攻击。这时，大地震颤，传来一阵轰鸣声，原来是一群体型巨大的恐龙跑了过来。理理恩龙躲到了树丛中，准备伺机捕食体型较小的未成年恐龙。

现在出场的是一群板龙，约二十只，大小不一。最小的刚出生不久，体长不到1米，有未成年的幼龙，体长大约5米，还有完全成年的板龙，体长可达10米。板龙正常情况下是用两条后肢站立，但是在取食河边生长的木贼类植物的时候就会低下身子，四足站立。它们的后脚掌上有4个宽阔伸展的脚趾，可以支撑身体的重量。前爪一样也有4个指头，拇指大而扁平。它们会先用灵活的前爪把出地面上的植物，然后弯下身子用嘴巴取食。板龙的头骨很长，与马相似，鼻口部很长，前端只有一个鼻孔，上下颌各有25颗有力的叶片状牙齿。它们用前部的牙齿咬住植物，摆动头部咬断植物并进食。当它们站立起来观察周围时，头和颈部需要靠向后方，同时尾部靠向地面，

| 命名人： | 赫尔曼·冯·迈耶（Hermann von Meyer），1837年 |
|---|---|
| 年代： | 晚三叠世，2.27亿—2.1亿年前 |
| 化石发掘地： | 德国 |
| 分类： | 恐龙类—蜥臀目—蜥脚形类—板龙科 |
| 体长： | 可达10米 |
| 体重： | 1吨 |
| 冷门小知识： | 起初人们认为板龙骨骼在干旱荒漠中无法形成化石，结果它们的骨骼当时是保存在了较软的土层中，因此后来可以形成化石。 |

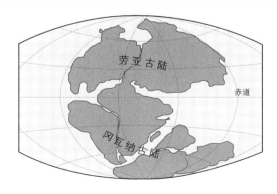

身体前部高高抬起。

一棵树倒了下来，这群板龙迅速逃离。它们从地上收起前爪，往前伸长脖子，尾巴向后伸直，整个脊椎平行于地面，快速奔跑，其中一只差点踢到躲在旁边的那只理理恩龙。

这就是晚三叠世的世界，但是这样的场景没能保持多久。当时在地球上的很多地方，蜥脚形类恐龙都很繁盛，但在2亿100万年前的三叠纪末期，它们中的很大一部分都灭绝了，包括板龙在内。当时沿着地底裂缝出现了猛烈的火山喷发，在裂缝的一边是现在的欧洲和非洲，另一边则是现在的北美洲。在三叠纪时，所有大陆还连在一起，是一整块超级大陆，我们称之为盘古大陆（Pangaea）。到了三叠纪末期，大西洋开始形成，沿着断裂带不断喷发的巨量玄武岩熔岩形成了我们现在能够看到的大洋中脊，冰岛正是大洋中脊露出海面的一小部分。

火山喷发持续了数千年，伴随玄武岩熔岩一起喷发出来的还有大量的二氧化硫和二氧化碳等气体，当它们和大气中的水分相结合，就产生了酸雨。酸雨灭绝了地球上的大量植物，破坏了植被和土壤。海水酸化造成了大量有壳海洋生物的灭绝。火山喷发还带来了大量其他的气体，如甲烷和水蒸气，这些气体和二氧化碳一起，造成急剧的温室效应，导致赤道地区的生物灭绝和海床氧气的大量流失。

这就是三叠纪生物大灭绝，史上几次最大生物灭绝事件之一，很多种恐龙，还有当时地球上生存的其他四足动物都在这期间灭绝了。后来生命逐渐恢复，这次大灭绝被视作两个阶段的主要分界线：三叠纪末期和早侏罗世。


# 侏罗纪的世界

在2亿100万年前到1亿4500万年前的侏罗纪期间发生了很多变化。我们知道在三叠纪期间恐龙主要有三条主要脉络，即兽脚类、蜥臀目和鸟臀目，在侏罗纪期间这三枝都发展得枝繁叶茂。肉食性的兽脚类恐龙都是凶猛的捕食者，大多有锋利的牙齿。它们中的一部分体型慢慢变小，朝树上

彩图1　图为晚三叠世亚利桑那州的一个场景。图中有四只肉食性的腔骨龙,远处是一群植食性的蜥脚类恐龙,它们正正受到一只裸热龙(rauisuchian,一种大型主龙类)的威胁。

彩图2　图为在美国怀俄明州晚侏罗世的莫里逊组地层中发掘出的恐龙种类大小示意图。前端最小的是嗜鸟龙(ornitholestes),体型稍大一些的是背部有骨质板的剑龙,后面是巨大的梁龙。

彩图3　图为一个现代环境背景中的恐龙，看起来有些怪。自晚白垩世开始，开花植物逐渐分布到地球上的大部分地区。图中这些恐龙发现于美国蒙大拿州的地狱溪组地层，它们似乎正陶醉于那些木兰花和玫瑰花的美景和香气中，但它们的食物还是几百万年来一成不变的蕨类植物和松树叶子。

彩图4 图为被称为"伦敦标本"的始祖鸟化石的复制品，从中可以看到翅膀和尾巴上的骨骼和羽毛。

彩图5 恐龙羽毛中的黑色素体能够揭示它们的颜色——如（a）中的腊肠形真黑素体（eumelanosomes）表示羽毛为黑褐色，如近鸟龙；（b）中的球形褐黑色素体提示羽毛为橘色，如中华龙鸟。

（a）

（b）

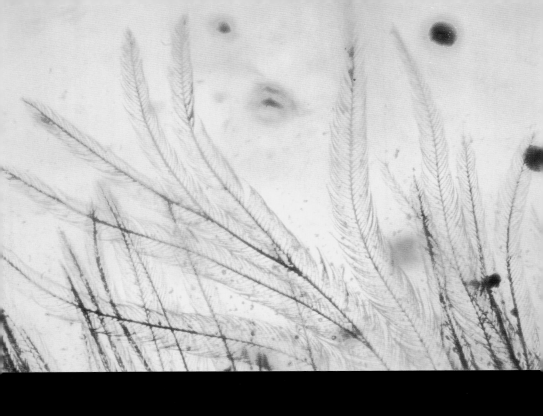

彩图6　图为琥珀中的恐龙尾巴，包含了所有的骨骼和干燥的肌肉，覆盖着大量的羽毛。上方的图片显示出倒刺和触须等很多细节部分，下方的琥珀图片中可以看到一只蚂蚁和其他各种杂质。

彩图7　图为1亿2500万年前，尾巴被琥珀包住后形成这块琥珀
化石的恐龙的复原图。和当时的很多其他体型较小的兽脚类恐
龙一样，它身上覆盖着厚厚的羽毛，以地上和树上的甲虫为食。

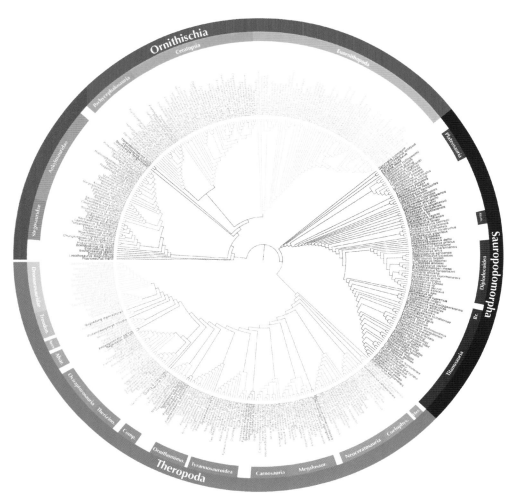

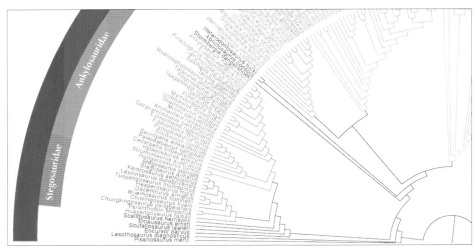

彩图8　图为包含所有恐龙的超级演化树，中心为恐龙的起源，发展为三个
大类：鸟臀目（红色）、蜥脚形类（蓝色）和兽脚类（绿色）。

人类绘制的第一张恐龙骨头插图，1677年罗伯特·波尔蒂（Robert Plot）发表于他的著作《牛津郡的自然历史》（*The Natural History of Oxford-shire*）。

发展，并演化出了带羽毛的翅膀，可以飞翔，其中一些的后代就是现在的鸟类。另外那些兽脚类恐龙则体型越来越大，这样才更有机会捕食那些体型较大的植食动物。

这些植食动物中就有那些有着长脖子的蜥脚形类恐龙，包括晚侏罗世的一些可重达50吨的庞然大物。很显然，这样的体型已经大到不惧其他恐龙的威胁。第三类是鸟臀目恐龙，它们都是植食性的，有些双足行走，也有一些四足行走，它们中的一些身上还披满硬质的护甲。在这段时期，鸟臀目恐龙并没有产生很多新物种，但就披甲恐龙而言至少有两种：一种是剑龙类（stegosaurs），背部长着坚硬的膜质骨板和棘状突起；还有一种甲龙类（ankylosaurs），全身都披着厚厚的护甲。

我最开始接触侏罗纪恐龙是在牛津大学做初级研究员的时候，带我们去野外的中侏罗世地层进行现场考察的是学校自然历史博物馆的馆长菲尔·鲍威尔（Phil Powell）。菲尔有很多特长，尤其擅长吹奏风笛。中午，他常常在博物馆里用笛管（风笛上有指孔的管状部分）练习。身为苏格兰人，我很喜欢风笛这种乐器，可是我不得不说这个乐器其实只适合在室外弹奏，而且和听众离得远一些才好。

菲尔带我们到牛津附近的石灰岩采石场，牛津大学的很多学者都曾在那里发掘到恐龙骨骼化石。实际上，人类发现的第一块恐龙骨骼化石就来自牛津北部克伦威尔区（Cromwell）的一个小采石场，但是人们当时并不知道它来自恐龙。这块化石中的骨骼来自兽脚类的巨齿龙，是巨齿龙股骨的下端部分。从图中可以看到这块化石的底端是两个球形，从折断的部分可以看到内部结构。这张图的作者是罗伯特·波尔蒂（Robert Plot），他是阿什莫尔博物馆（Ashmolean Museum）的馆长，也是当时牛津大学的化学教

| 属： | 巨齿龙 |
|---|---|
| 种： | 巴氏巨齿龙 |

授，此图出自他1677年出版的的经典著作《牛津郡的自然历史》。在这本书中，他绘制了大量真实化石的插图，包括一些形状奇特的石头，比如有些很像马的头骨、人的肾脏或者脚掌。他认为这块恐龙骨骼化石来自一个超级巨人的腿骨。[1]

---

1　1763年，理查德·布鲁克斯（Richard Brookes）为这块首次发现的恐龙化石取了一个正式的拉丁名scrotum humanum，意思是"人的阴囊"。这是历史上第一个恐龙骨骼化石的命名，然而这个名字后来因为很久都无人使用，因此成了一个遗失名（nomen oblitum）。其后到了1824年，这种恐龙被命名为巴氏巨齿龙（*Megalosaurus bucklandii*）。由于"人的阴囊"未被广泛使用而且已经成为遗失名，因此包含巴氏巨齿龙的巨齿龙科（megalosauridae）就成了其替代命名。

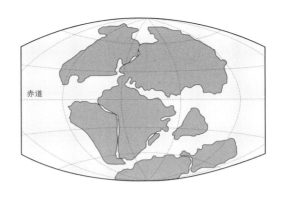

赤道

| 命名人： | 威廉·巴克兰（William Buckland），1824年（属）；<br>吉迪恩·曼特尔（Gideon Mantell），1827年（种） |
| --- | --- |
| 年代： | 中侏罗世，1.74亿—1.64亿年前 |
| 化石发掘地： | 英格兰 |
| 分类： | 恐龙类—蜥臀目—兽脚类—巨齿龙科 |
| 体长： | 9米 |
| 体重： | 1.4吨 |
| 冷门小知识： | 第一块巨齿龙化石发现于1676年，并在1763年被命名为"人的阴囊"。 |

　　实际上，我们从未发掘出一具完整的巨齿龙化石，但是从各个地方发掘出的零散骨骼化石足够我们得出巨齿龙的一些准确数据，比如它的体长可达9米，体重可达1.4吨等。巨齿龙是第一个真正的大型肉食性兽脚类恐龙，它几乎可以捕食当时所有的恐龙。巨齿龙正常使用后肢奔跑，脚掌上有3个趾头，奔跑时充分展开，在地上留下深深的足迹，在牛津周围的采石场的岩层中经常还可以看到这些足迹。它们的前肢也很强壮有力，很可能会使用前肢抓住猎物。

　　在英格兰中部的中侏罗世地层中发现的其他恐龙物种还有兽脚类的

巨齿龙、蜥脚类的鲸龙，以及浑身披满硬甲的植食性甲龙类的勒苏维斯龙（*lexovisaurus*）等。此外还有很多体型较小的动物种群，如蝾螈、蜥蜴、鳄类、翼龙（*pterosaurs*，当时的一种能够飞行的爬行动物），还有在牛津西北24千米处的斯通菲尔德村（Stonesfield）附近的古老矿坑中发现的保存非常完好的一些早期哺乳动物。斯通菲尔德附近的矿坑已经开采了几个世纪，主要是开采其中的石板作为屋顶。矿工们探寻到地底层层堆积的岩层，将这些石灰岩石板开采出来并拖到地面，固定之后成片劈开，然后售卖出去。这些石板虽然比稻草重一些，但是却要安全得多，是做屋顶的上好材料。从19世纪20年代开始，斯通菲尔德已经发掘出很多化石，包括恐龙牙齿，还有同时期的其他小动物的牙齿和骨骼，因此多年以来一直吸引着古生物学家们的注意。

## 来自中国的侏罗纪恐龙新发现

整个侏罗纪时期恐龙都很繁盛。在北美、南美和南非发现了大量早侏罗世的恐龙化石，而中侏罗世的恐龙化石数量较少，大部分都来自英格兰。自20世纪90年代开始，在中国不断有中侏罗世恐龙化石的重大发现，这引起了我的兴趣。

2016年，南京大学的姜宝玉教授邀请我和他一起去中国北部的内蒙古进行野外考察。我们将要去髫髻山组（Tiaojishan Formation）的一些地点进行发掘，这个地层一直延伸到内蒙古的南部，临近河北省和辽宁省。我们重点发掘的地点叫作道虎沟化石层（Daohugou Bed），那里沉积了很多的动植物化石。我非常期待能够在那里发掘到恐龙或者翼龙化石，但是在辛苦凿了几个星期的石头之后，我只发现了一些昆虫化石。不过，那些昆虫化石也很不错，有手掌大的蟑螂、甲虫、苍蝇还有划蝽（water boatmen）等。姜教授雇了一些当地的农民一起挖掘，我们一起忍受着酷热，在帆布搭成的棚子下挥汗如雨地凿石头。我没挖到什么有价值的，但是一个当地农民却挖了一堆很不错的昆虫化石。中科院南京地质与古生物研究所的王博研究员很激动，因为他可以就这些化石开展新的研究。而我，还是在焦急地等待我的恐龙化石。

截止2016年，从道虎沟化石层已经发掘出11具恐龙化石，还有翼龙、蜥蜴和其他的爬行动物化石。这些恐龙化石的发现让人惊叹不已。它们主要栖息在树上，体型较小，大部分都长有羽毛，而且能够以某种方式滑翔。其中一种的命名是所有恐龙学名中最短的，叫奇翼龙。这种恐龙非常奇特，它长着所有小型恐龙都有的正常的四肢，也有羽毛，但是沿着两条前肢却有展开的结构，这说明其有很大可能性长着像蝙蝠一样的膜质翅膀，可以用来帮助滑翔和捕食昆虫。

道虎沟发现的最著名的恐龙是赫氏近鸟龙（*anchiornis*，参见第70页图），目前已发现多具化石。这是第一批确定羽毛颜色的几种恐龙之一（参见第四章），从复原图上看，其形状类似火鸡，有一条长长的黑色尾巴，足部后方有飞羽，看起来像西部牛仔所穿的那种牛仔裤。翅膀上分布的羽毛是黑白相间的，头上还长着一簇褐色羽毛。我很想挖到一只，可是没挖到。

我每天都能挖到不少昆虫化石，但是和那些当地的农民一比就相形见绌了。姜教授也很想发现恐龙和翼龙的化石，于是，我们决定去找几个中间商谈谈。曾经好几次有人请我去鉴别一些化石，要我给它们估个价（这个我真做不到），这时我们就会见到中间商。他们通常都是当地的化石行家，是经常替当地的农民做化石买卖的中间人。有时候他们开着车来，化石就放在后备箱里。有时候我们过去，到他们的仓库现场看货。在中国的古生物学研究中这很正常，因为中国的古生物学家和学生们能够到野外实地发掘的时间非常有限，而当地人有大把的时间，而且他们的眼光也不错，经常能有惊人的发现。

我们看到了几块非常不错的赫氏近鸟龙标本，但是姜教授希望看到更好的、更新的。终于，在河北省一个小工业城镇的一间小黑屋子里，我们看到了一件非常漂亮的翼龙标本。标本已经被清理过，但是幸好没有使用涂抹和防护层，这一点对于使用电子显微镜扫描分析化石中的微小结构和进行化学分析至关重要。这块化石在我们对恐龙及其近亲种群的羽毛演化研究中发挥了很大作用，这个在后面还会提到。

随着位于美国中西部的埋藏着众多化石的莫里逊组（Morrison Formation）被发现，晚侏罗世的恐龙家族又增加了许多成员，而且更为人

| 属： | 近鸟龙 |
|---|---|
| 种： | 赫氏近鸟龙 |

| 命名人： | 徐星及其同事，2009年 |
|---|---|
| 年代： | 中侏罗世，1.66亿—1.64亿年前 |
| 化石发掘地： | 中国 |
| 分类： | 恐龙类—蜥臀目—兽脚类—手盗龙类—近鸟龙科 |
| 体长： | 40厘米 |
| 体重： | 0.7千克 |
| 冷门小知识： | 近鸟龙的后腿有一对小翅膀，它走路的时候看起来很像以前西部牛仔穿的牛仔裤。 |

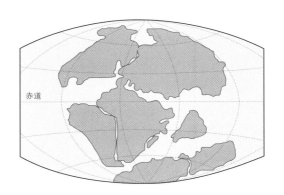

赤道

们熟知。从莫里逊组发掘了大量蜥脚类恐龙，如梁龙（*diplodocus*）、雷龙（*brontosaurus*）和腕龙，兽脚类恐龙有异特龙和角鼻龙（*ceratosaurus*），还有后背上有骨质背板的剑龙等（参见彩图2）。莫里逊组的化石发现于1870年，是当时铁路工人在修建怀俄明、科罗拉多和犹他三个州之间的铁路时开挖山脉发现的。包含恐龙化石的大石板被整箱整箱地装上火车，运到东海岸的大城市，它们现在就躺在费城、纽黑文、纽约和华盛顿等城市的博物馆里。在很多地方的岩石层中都发现了丰富的恐龙化石沉积，这说明当时恐龙的种类和数量都非常繁盛。

晚侏罗世的恐龙体型大到难以置信。腕龙是最大型的蜥脚类恐龙，如果它从我们头上跨过，可能它根本注意不到我们的存在，因为它的腹部离地能有2.5米高，整个身高可以达到9米。腕龙的食物主要是树木冠部的树枝和树叶。莫里逊组中还有很多同时期的蜥脚类恐龙，比如长着鞭状尾巴、很长脖子的梁龙，还有雷龙和圆顶龙（*camarasaurus*），它们体型几乎和梁龙一样大，但是体重还要更重。

当这些巨大的蜥脚类恐龙行进的时候，整个大地为之震颤，情形非常壮观。肉食性的兽脚类恐龙中的异特龙和角鼻龙也可以长到8.5米，那些体型较小的恐龙一见它们就四处逃散。那些巨大的蜥脚类恐龙只有在幼小的时候会面临被捕食的危险，当它们长到五六岁就已经没有哪种动物可以对它们造成威胁。同样类型的晚侏罗世恐龙种群在世界上的其他地方也有发现，如坦桑尼亚、葡萄牙和中国，这说明在那个时期蜥脚类恐龙遍布全球。那时候的蜥脚类恐龙的体型已经到达顶峰，因为体型再大也终究要有个尽头。


# 白垩纪恐龙的全盛期和食物网


在大约1亿4500万年前，地球环境发生了很大的变化，岩层数据记录了当时的地球板块移动和气候变化的情况。在晚侏罗世的动物种群中，占据主导地位的蜥脚类动物种类不断减少，而鸟脚类恐龙成为主要的植食性动物，它们中就有著名的禽龙。禽龙发现于英格兰南部的苏塞克斯（Sussex），于1825年命名，是历史上第二种被命名的恐龙。

| 属： | 禽龙 |
|---|---|
| 种： | 贝尼萨尔禽龙 |

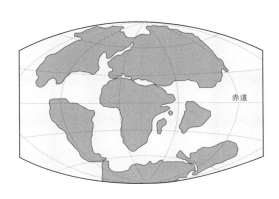

赤道

| 命名人： | 吉迪恩·曼特尔，1825年（属）；路易斯·道罗（Louis Dollo），1881年（种） |
|---|---|
| 年代： | 早白垩世，1.4亿—1.25亿年前 |
| 化石发掘地： | 英国，比利时 |
| 分类： | 恐龙类—鸟臀目—禽龙科 |
| 体长： | 10米 |
| 体重： | 3吨 |
| 冷门小知识： | 最完整的禽龙化石是从比利时一个煤矿顶部发现的。 |

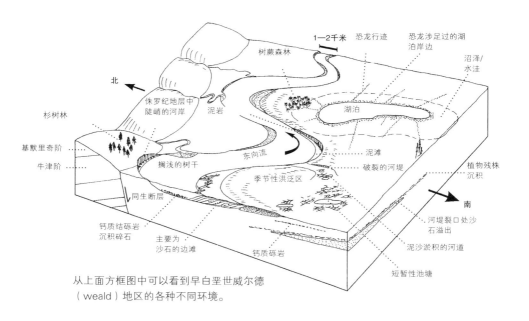

从上面方框图中可以看到早白垩世威尔德
（weald）地区的各种不同环境。

　　禽龙是所有恐龙中被详细研究的之一，当然，可能赶不上暴龙。已经
发掘出的禽龙化石有几十具，相关的论文也非常多。上文提到的那位1984
年时正努力绘制第一张恐龙演化分支图的戴夫·诺尔曼，就毕生都在研究
禽龙。这些骨骼化石很漂亮，而且其中的很多也非常完整。禽龙通常能长
到10米，重达3吨，正常都是双足站立，但是进食时前肢也会着地。它们的
手掌有5个强健有力的指头，可以用来抓取食物，但是它们的手指前端竟然
还有蹄状爪！这充分证明它们也会用前肢走路。禽龙的拇指形似大铁钉，
可能有助于防卫。它们的后肢强壮有力，快速奔跑时尾巴向后伸展。此外，
它们尾椎两侧有两列细骨，可以减少奔跑时尾巴的摆动幅度，提高了尾巴
的平衡功能。

　　禽龙的头骨较长，口鼻部也较深，前颌部没有牙齿，但是有坚硬的骨
板，可以将树叶夹断并送进嘴里，然后用下巴两边的两排牙齿将植物嚼
碎。正是这种简单处理植物性食物的能力使得禽龙和它的一些姊妹种群
发展得非常成功。禽龙是第一种可以咀嚼食物的恐龙，咀嚼能够让禽龙从
每一口食物中摄取更多的营养。相比之下，其他的恐龙都只会简单地撕扯
和吞咽。禽龙咀嚼食物的方式和我们人类不同。我们咀嚼食物时，下巴会
围绕一个轴心旋转，但是禽龙却是下颌切入上颌，有点类似于将折叠刀折

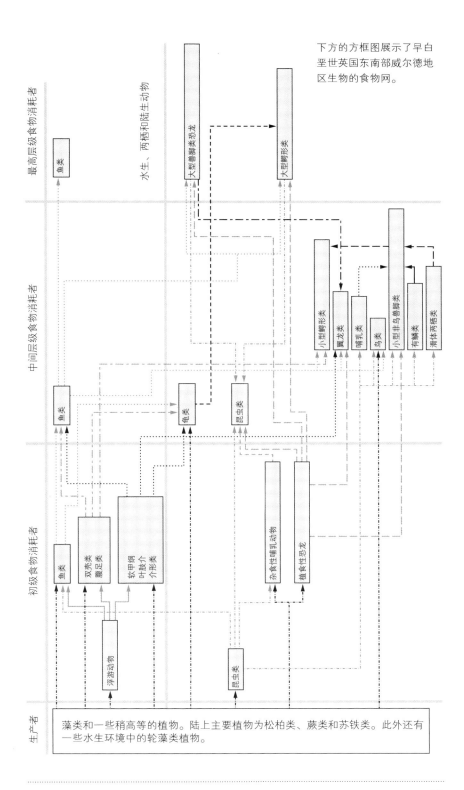

下方的方框图展示了早白垩世英国东南部威尔德地区生物的食物网。

最高层级食物消耗者

中间层级食物消耗者

初级食物消耗者

生产者

水生、两栖和陆生动物

鱼类

大型兽脚类恐龙

大型鳄形类

小型鳄形类

翼龙类

哺乳类

鸟类

小型非鸟兽脚类

有鳞类

滑体两栖类

鱼类

龟类

昆虫类

鱼类

双壳类
腹足类

软甲纲
叶肢介
介形类

浮游动物

杂食性哺乳动物

植食性恐龙

昆虫类

藻类和一些稍高等的植物。陆上主要植物为松柏类、蕨类和苏铁类。此外还有一些水生环境中的轮藻类植物。

进刀把中。当下颌切入上颌时，上下牙互相交错。此外，禽龙面颊部略向外延伸，因此也可以稍微在水平方向研磨食物。

　　自19世纪20年代禽龙被首次发现之后，在英格兰东南部的威尔德地区的多处地点又发掘出很多禽龙化石。该地区的早白垩世岩层后来即被称为威尔德层，这种地层在整个欧洲都有分布。威尔德层所处的时期气候温暖湿润，岩石层中有丰富的化石，记录了苍翠的植物、各种昆虫、两栖动物、蜥蜴、鳄鱼、恐龙，还有一些鸟和哺乳动物。

　　威尔德层的沉积厚度达到700米，因为当时不断有泥沙从周围地势较高的地方（如现在的伦敦和比利时）冲刷下来。随着威尔德盆地的下沉，各个时代的岩层沉积就逐步形成，时间跨越了早白垩世的1500万年，大约是从1亿4000万年前到1亿2500万年前。有些地层中可以看到当时的河流，有一些能看到三角洲或者较浅的河流改道。经过多年的努力，英国雷丁大学（Reading University）的珀西·艾伦（Percy Allen）绘制出了一幅详细的威尔德地区古生物环境复原图。从图中可以看到湖泊、河流、裂谷和折断的树木等。他还制作了化石和沉积物的图表。

　　威尔德地区的化石精确地呈现了早白垩世的各种生物。200年来，威尔德地区的化石发掘一直没有停止过，其中有各个岩层的树干化石，有完整的禽龙和其他恐龙的骨骼化石，还有一些微体脊椎动物（microvertebrates）的骨片化石等。从名字上就可以看出，微体脊椎动物化石非常小，都是些极小的骨片和牙齿，看起来似乎不如那些大型骨骼化石壮观，但是它们为当时的生物多样性提供了丰富的记录。如果我们要完整了解一个时期的动植物种群，那就必须把所有物种都纳入进来。

　　史蒂夫·斯威特曼（Steve Sweetman）一直在搜集威尔德地区的微体脊椎动物标本，他发现了大量的化石，包括鲨鱼、各种多骨鱼、蝾螈、青蛙、迄今为止发现的早白垩世最丰富的蜥蜴种群、乌龟、鳄鱼、翼龙、鸟臀目和蜥臀目恐龙、鸟类，还有各种哺乳动物。有些细小的牙齿化石很难分辨，但是也很漂亮。古生物学家们对这些小化石进行仔细研究，可以大致推测出当时有多少物种，以及它们当时的具体状况。

　　但是如何把这些物种联系起来？绘制食物网是一个比较经典的方法，也就是告诉大家谁吃谁。史蒂夫·斯威特曼把他对威尔德地区生态系统的所有研究都体现在这张显示了对应关系的食物网图谱中。这种图非常直观，从图中可以看出威尔德地区的生态系统和当代一些地方的生态系统有相似之处，当然也有明显不同，不同之处主要在于当时种类繁盛的恐龙占据重要地位，而鸟类和哺乳动物几乎还默默无闻。

威尔德层为我们呈现了恐龙时代的一幅典型画面，但是从中我们时不时会发现一些令人惊喜的东西，告诉我们变化正在到来。在那些蕨类、种子蕨类、松柏类和其他植物中间悄然出现了一些不速之客——地球上最初的花。


# 编制恐龙的超级演化树


现在让我们回到演化树这个话题。前面我们已经了解恐龙的早期历史阶段，以及古生物学家在确定恐龙演化的大致轮廓方面所做的不懈努力。到了2000年左右，全球已经命名了约五百种生活在三叠纪、侏罗纪和白垩纪的恐龙。它们可以被简单地归入三个大类：兽脚类、蜥脚形类和鸟臀目，但是如何进一步细分？十几年前当我们提出这个问题时，很多生物学家已经能为他们所研究的动物种群画出比较完善的演化树。

我们认为应该使用所掌握的所有信息，尽最大的努力，编制一幅包含所有恐龙物种的演化树。这项工作意义重大，而且是一项开创性的研究。在这个过程中，我们并没有去观察所有的恐龙化石标本，记录它们的头骨和其他骨骼特征，我们采取的是计算机方法，以很多其他的恐龙演化树为基础，编制了一棵"超级演化树"。当时负责这个项目的是我的博士生达维德·皮萨尼（Davide Pisani），他现在是布里斯托大学的教授。我们搜集了从1980年到2000年的所有关于恐龙种群间关系的论文，整理出约一百五十种恐龙演化树。

编制超级演化树从理论上看似乎很简单，但是在实际编制过程中，要想得到一个比较能够被接受的结果是非常困难的。如果有两棵演化树，每一棵上各有10种恐龙，而其中有2种是重复的，我们把这两棵演化树结合到一起，就能编制出一棵有18种恐龙的演化树。但是实际情况是，在大约

150种演化树中，有很多种对于恐龙之间的关系假设是不一致的。因此，达维德设定的计算机程序必须要通过运算解决这些不一致，并给出最可能的结果。经过了好几个星期的持续运算，我们终于得到了一个包含277种恐龙的超级演化树。我们没办法把所有已知的大约500种恐龙都纳入进来，因为这其中有很多种恐龙在当时还没有任何演化枝分析方面的数据。

演化树编制很成功，大部分恐龙在其中都有一个固定的位置。但是在有些地方，从一个点上会同时分出五六个恐龙分支，这里是分歧最大的地方，而且我们没法使用计算机作出更准确的解释。虽然这很令人沮丧，但这是科学研究中的常态，很多时候确实没有足够的信息，所以无法得出确切的结论。不过这些无法确定的问题也为科学家的未来研究标记了方向，促使他们去寻找更多有用的信息。

6年后，我们重新进行了一次编制。这次的项目由格雷姆·劳埃德（Graeme Lloyd）主持，当时他是布里斯托大学的博士生，现在已经在利兹大学（University of Leeds）获得了教职。格雷姆研究了550份包含各种恐龙演化树的论文，编制了一个包含420种恐龙的演化树。这次的数据运算量更为庞大，因此真实性也有了很大的提高，我们非常自豪，而且我们还把它做成了一个很漂亮的全彩色圆圈（参见彩图8）。当我们把成果送交学术期刊出版的时候却被泼了一盆冷水，期刊那边答复说我们的这幅漂亮的超级演化树没法印刷，因为图片太大了，期刊的页面放不下。我们的超级演化树里包含了420个恐龙种类，是当时最大的超级演化树。现在编制超级演化树已经很平常了，最大的鸟类超级演化树包含了约11000种鸟类。

这看起来有点像是小孩子在做游戏，互相比谁的树更大，实际上确实有互相较劲的成分。追求真理的欲望和技术层面的进步，将计算机的软件和硬件性能发挥到极致。这项工作很有意义，我们可以使用超级演化树研究宏演化。比方说有一个看起来很简单的问题：恐龙演化过程中，演化速度较快的阶段发生在什么时候？格雷姆·劳埃德仔细研究了整个恐龙演化树上的423个分支节点，计算出某一些特定时间段内每一个节点上演化出的恐龙种类，看看是否有不寻常的演化率。

从统计学数据上看，在整个423个节点中只发现了11个节点有比平常更高的演化率，其中的7个发生在晚三叠世，2个在中侏罗世，还有2个在晚白垩世。这样的结果倒是出乎意料，因为从广义上来理解，这个数据显示恐龙在它们整个生存历史的前半段时间里已经完成了大部分的演化。

我们又做了更进一步的研究，把白垩纪恐龙的演化情况与同时期的陆生植物和动物的演化情况进行了对比，结果是，恐龙的演化速度明显偏低。当时的地球环境正在经历一场大变革，我们将其称为白垩纪陆地革命（Cretaceous Terrestrial Revolution），可是出人意料的是，恐龙在这场变革中的地位似乎无足轻重。


## 白垩纪陆地革命与现代生命

在大约1亿2500万年前，开花植物占领地球，引发了所谓的白垩纪陆地革命，它们重新塑造了陆地上的生态系统，比如我们在威尔德层所看到的。关键的问题在于确定这场生态改变的影响和范围，确定其给动植物带来的改变，以及在多大程度上影响（或者未影响）恐龙的演化。

白垩纪陆地革命在整个地球生物演化史上是一个重要的时间节点，在这个时期陆上生物种类迅速增长。据研究，在早白垩世时，陆上生物和海洋生物的种类大致相当，而现在陆上生物的种类大概是海洋生物种类的5—10倍。陆上生物虽然种类繁盛，但是其中很大一部分是昆虫，还有其他一些蜘蛛、蜥蜴、鸟类等种类较多的动物和各种开花植物等。

地球上的甲虫种类可能有大约100万种！霍尔丹（J.B.S. Haldane）是20世纪英国著名的生物学家，有人曾问他在几十年的自然研究工作中对于上帝创世有什么看法。霍尔丹很明确地回答说："上帝偏爱甲虫。"确实，我们无法确定究竟有多少种甲虫，被正式命名的甲虫已经有40万种之多，而且如果有甲虫专家到某个深山老林里搜寻，或许他每天都能带回50个甲虫新品种。人类记录和发表新发现物种的速度是有限的，所以要把甲虫的工作做完得花几百年。

总而言之，地球上的所有生物大概有1500万种，其中的80%到90%生活在陆地上，另外的10%到20%生活在海洋里。

生物学家们经常要为当代的生物编制演化树，在编制过程中发现，那

| 属： | 副栉龙 |
|---|---|
| 种： | 沃氏副栉龙 |

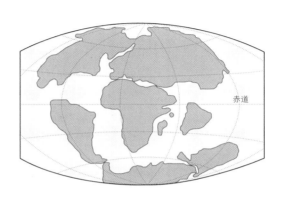

赤道

| | |
|---|---|
| 命名人： | 威廉·帕克斯（William Parks），1922年 |
| 年代： | 晚白垩世，7600万—7300万年前 |
| 化石发掘地： | 美国，加拿大 |
| 分类： | 恐龙类—鸟臀目—鸟脚类—鸭嘴龙科 |
| 体长： | 9.5米 |
| 体重： | 5.1吨 |
| 冷门小知识： | 曾经有学者认为副栉龙顶部的冠饰是用于呼吸的器官，但实际上冠饰的顶端是封闭的。 |

些品种异常丰富的物种（如开花植物、甲虫、蝴蝶、蜜蜂、臭虫、蜘蛛、蜥蜴、哺乳动物等）似乎都是在大约1亿年前的白垩纪中期突然爆发的。为什么会这样？

其动力源自开花植物种类的大爆发。开花植物，准确的学名叫被子植物（angiosperms），包含了几乎所有我们熟悉的植物，从水果、蔬菜、橡树、棕榈树到所有地上长的草类植物。它们对人类的生存至关重要，因为人类食用的几乎所有谷物和豆类都是被子植物。有研究称，被子植物在白垩纪期间的繁盛源于其具备一套独特的繁殖系统，这个系统包含花朵和藏在营养丰富的果实内部的种子。这个系统一出现就给了被子植物比其他植物很大的生存优势，使它们能够更好地适应环境，也比其他植物更能渡过环境危机。

被子植物从其诞生开始即与鸟类、蜜蜂、蝴蝶、蛾子和黄蜂等各种可以传播花粉的生物建立了互动关系。各种甲虫和其他昆虫也逐步演化到以被子植物的茎叶和花粉为食。如今地球上生长着大约30万种被子植物，它们为超过200万种昆虫提供了丰富的食物。被子植物也为地球营造了多姿多彩的广袤森林，相比之下，松柏类森林中的植物品种要少得多，而且基本局限于寒带地区。

白垩纪陆地革命对恐龙产生了多大影响？新的食物来源似乎给了恐龙一个适应和发展的机会，然而科学家们的共识是恐龙并没有抓住这个机会，它们还是一如既往地横冲直撞，无视那些被子植物的存在。它们从散

传统观点　　　　　　新假设　　　　　已不被提及的古老假设

三种主要恐龙类别的关系组合。

发着香气的花朵上踏过，然后满满地吃上一口扎嘴的松针。

这一时期也产生了新的恐龙物种，但是它们似乎仍然对被子植物和各种新的昆虫不感兴趣。从威尔德层的沉积情况看，从早白垩世到晚期，禽龙和其他一些恐龙逐渐减少，它们被数量众多的鸭嘴龙（*hadrosaur*）代替，长着巨大冠饰的副栉龙就是其中之一。关于副栉龙头顶的巨大冠饰的作用众说纷纭。冠饰由鼻口部的骨头形成，中间是空心的，因此不太可能被用于搏斗。目前比较令人信服的解释是其可以用来作为物种间的辨识。通常情况下，一群鸭嘴龙中可能会有五六个不同种类，每一只个体都会希望和自己的同类待在一起，如何区分主要就靠它们头上的冠饰。恐龙可能和现在的鸟类一样都有比较敏锐的视觉，因此也可以和我们人类一样通过观察形态细节来辨别不同的物种。

和副栉龙类似的还有角龙类（ceratopsian），它们的脸上长着尖角，看起来像巨大的犀牛。其他类似的植食性恐龙还有浑身披满硬甲的甲龙类（ankylosaur），有的甲龙类尾巴上还有尾锤，此外还有一些主要生活在南部大陆的长脖子蜥脚类植食恐龙。肉食性的兽脚类恐龙种类繁多，最小的浑身长满羽毛，以昆虫为食，大一些的有双腿细长如同鸵鸟一样的似鸟龙（*ornithomimosaurs*），当然，最著名的当属晚白垩世时期生活在北美的终极杀手——君王暴龙（tyrannosaurus rex）。

经过多年来对恐龙的持续研究，所有的问题似乎大致上都有了一个答案。古生物学家们相信，他们已经为绝大部分的恐龙在超级演化树上找到了正确的位置。然而就在2017年3月，有几位学者提出了一个颠覆性的观点。如果他们是对的，那么古生物学界关于恐龙种群最基本关系的共识就要被改写了。

演化树，也即系统发生树，是理解演化的一个关键部分。演化树编制的细节看起来似乎很枯燥无味，但是在过去50年间，数学家们和计算机科学家们花费了大量的精力改进研究方法和提升运算速度。从资料极其有限、几乎完全靠猜测来手工绘制演化树开始，到依据大量数据、使用计算机技术编制演化树的过程，正是恐龙研究从猜测到科学的转变过程。

读者们或许会觉得关于演化树或者超级演化树的编制进程过于艰难，而且不断反复，但实际上其影响非常深远，意义重大。这些演化树是我们描述恐龙从三叠纪、侏罗纪到白垩纪整个演化过程的基础，更重要的是，它们是计算演化速度的依据。计算出恐龙的演化主要发生在其整个生存历史的前半程，后半程演化速度明显放缓，这是一个很重要的结论。这个结论当然有可能是错的，但是如果要证明它是错的，就必须要指出和证明原假设的错误之处，并用更好的方法和更好的数据给出一个更准确的假设。

假如我们从1984年开始，经历了几十年的重复努力和不断修正、完善而建立起来的恐龙演化树最终被推倒重来，这将是一件很了不起的事情。很多科学家必须共同努力、检验数据、探索更好的方法，解决鸟臀目、兽脚类和蜥脚形类这一恐龙分类中的最基本关系。

# 第三章

# 恐龙化石的发掘

和很多其他的小孩子一样，我在七八岁的时候也非常喜欢恐龙，而且这种热情从未消退。在异国他乡某个酷热的荒原，爬上动力强劲的越野车，向着野外飞驰，那是让我最热血澎湃的时刻。从详细计划、了解相关资料，到摊开地图、决定驶向何处，这中间的兴奋难以言表。这项工作还有一个吸引人的地方，就是不仅可以和来自世界各地的专业人士一起共事，还可以出于工作而不是旅游的原因体验当地人的生活。当然，最令人激动的还是对你即将发现的东西的期待。

野外考察是所有院校的地质学和生物学专业学生的必修课。我上大学时也曾跟在那些健步如飞的教授后面到苏格兰的很多地方做科考，仔细研究埋在池塘下面的那些灰色岩石碎片。阿伯丁西北大约100千米有个小镇叫埃尔金，那是我成长的地方，那里的化石蕴藏很丰富，而且岩石层是黄色的，在黯淡的阳光下发出蜂蜜一样的颜色。

更重要的是，这些岩石内部有古老爬行动物的骨骼化石。在克拉沙海

苏格兰东北部克拉沙（Clashach）发现的早期爬行动物足迹。

湾附近的砂岩采石场，我们还能看到石头上有它们留下的足迹。或许是为了寻找水和食物，大大小小的爬行动物们从远古时代的这片土坡上踩过，而它们的足迹保存了2亿5000万年，如同当年它们刚刚踩过的一样。但是，富含恐龙化石的不只我脚下的苏格兰东北，还有蒙古、澳洲和加拿大等更遥远的地方。

我在阿伯丁大学读本科的时候得到了一个机会。当时是1976年，我厚着脸皮参加了在伦敦大学学院（University College）举办的脊椎动物古生物学与比较解剖学学会（Society of Vertebrate Palaeontology and Comparative Anatomy）的一个会议。虽然我当时只是一个本科生，但是我还是鼓起勇气去旁听。那些与会的教授们都很好，而且也给我们这几个菜鸟学生做了讲解。在一次茶歇时，我终于发现了一位"落单"的教授，他叫J.艾伦·霍尔曼（J. Alan Holman），美国人。让我喜出望外的是，他居然邀请我去他在密歇根州立大学的研究室，和他一起去做野外科考。那是我第一次出国，当时我21岁。从1977年的7月到9月，我一直跟着霍尔曼教授在密歇根和内布拉斯加发掘，他是当时北美蛇类和爬行类化石研究的著名专家之一，每年都会在瓦伦丁组（Valentine Formation）附近的化石层进行为期2个月的发掘。霍尔曼教授雇我做他的野外考察助手，所以我在挖掘化石的同时还能拿工资。我们在木制的箱子里装上巨大的筛子，把箱子放置在河道里，然后对挖掘出来的成吨重的沉积物进行初筛，这些工作要花费很大的力气。泥土从筛孔里掉落下来，被流水冲走，留下的就是石块、树枝还有化石。我们把初筛出来的石头整箱打包，运回去之后再做进一步的分类挑选。内布拉斯加的气候闷热、潮湿，这对来自气候干冷的苏格兰的我来说是个煎熬。虽然那些小石头里不会有恐龙化石，但至少这是实实在在的野外发掘。

回到英国后，我给菲利普·柯尔（Philip Currie）写了封信，当时他还很年轻，是蒙特利尔大学的研究员，刚刚在埃德蒙顿（Edmonton）的阿尔伯塔大学（University of Alberta）获得一份教职。柯尔的研究领域是恐龙，他应该是当今全北美恐龙研究领域顶尖的专家之一。柯尔很快给我回信，愿意付费聘请我做他接下来的1978年夏季的野外考察助理。那个夏季，我们在阿尔伯塔南部的遥远小城德拉姆黑勒（Drumheller）待了两个月，那里有建于1955年的阿尔伯塔省立恐龙公园。后来在1985年，皇家泰瑞尔古生物学博物馆（Royal Tyrrell Museum of Palaeontology，俗称加拿大恐龙博物馆）正式对外开放。

在那以后，我到过世界上的其他很多地方做实地发掘，如德国、罗马尼亚、俄罗斯、突尼斯和中国。虽然地方不同，但是关于恐龙化石发掘的原则和方法都是一样的。

## 古生物学家如何寻找恐龙化石？

寻找恐龙化石的关键在于找到正确的岩层，并确定岩层的准确年代，假如该岩层中此前曾经发现过恐龙化石那就更好了。阿尔伯塔省立恐龙公园是个不错的选择，因为在上个世纪，从这里发掘过很多恐龙骨骼化石。假如你勘察工作做的很好，发现宝藏的可能性就会大很多。

我们从埃德蒙顿驱车280千米前往德拉姆黑勒。那是一辆白色皮卡，前面可以坐三个人，后面的平底车厢能装好几吨化石。车队里还有一辆拖车，里面有六张床和一个简单的小厨房。一个队员兼任厨师，他做的饭菜非常咸，当我们提意见时他辩称因为我们在太阳底下工作会流很多汗，因此我们需要盐分来补充流失的电解质。大家都知道，千万别和厨师吵架。

野外工作中我学到的第一个技能是探矿。多年的雨水冲刷形成了埃尔伯塔这里沟壑纵横的地貌。从这些沟壑两旁能够看到土层和砂岩层，这些岩石被归入恐龙公园组（Dinosaur Park Formation），这名字再贴切不过了。从地层学意义上来讲，"组"是具有清晰的顶部和底部的沉积岩石，可以进行标记和测绘。

恐龙公园组地层大约70米厚，主要为灰绿色的砂岩和泥岩，沉积于7500万年前的晚白垩世时期。在这些沉积中我们可以看到树枝、树叶、各种水生软体动物和鱼类，当然也有恐龙。这里发现的恐龙化石大约有40种，包括脸上长着角的角龙类中的开角龙（*chasmosaurus*）、尖角龙（*centrosaurus*，参见第88页）和戟龙（*styracosaurus*），长着类似鸭嘴的鸭嘴龙科中的格里芬龙（*gryposaurus*）、赖氏龙（*lambeosaurus*）和副栉龙

| 属: | 尖角龙 |
| --- | --- |
| 种 | 开启尖角龙 |

| 属: | 包头龙 |
| --- | --- |
| 种: | 卫甲包头龙 |

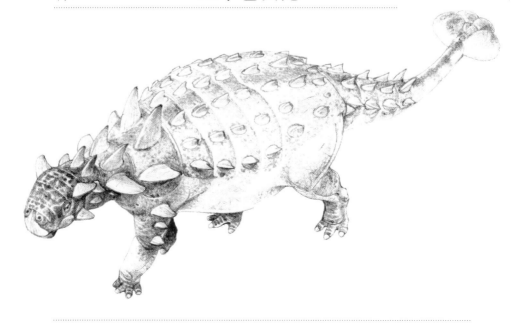

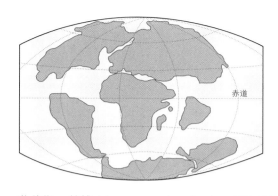

| 命名人： | 劳伦斯·赖博（Lawrence Lambe），1904年 |
| --- | --- |
| 年代： | 晚白垩世，7700万年—7500万年前 |
| 化石发掘地： | 加拿大 |
| 分类： | 恐龙类—鸟臀目—角龙类—角龙科 |
| 体长： | 6米 |
| 体重： | 2.5吨 |
| 冷门小知识： | 阿尔伯塔省的希尔达小镇（Hilda）一处岩石层中发掘出了非常多的角龙化石，这可能是全世界恐龙化石沉积最多的岩石层。 |

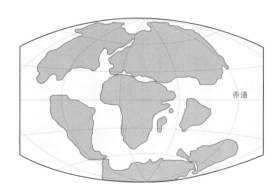

| 命名人： | 劳伦斯·赖博，1902年（种），1910年（属） |
| --- | --- |
| 年代： | 晚白垩世，7700万—6700万年前 |
| 化石发掘地： | 美国，加拿大 |
| 分类： | 恐龙类—鸟臀目—覆盾甲龙类—甲龙科 |
| 体长： | 5.5米 |
| 体重： | 2.3吨 |
| 冷门小知识： | 包头龙（euoplocephalus）浑身都披着厚厚的护甲，甚至连保护眼睛的眼睑都像骨头一样坚硬。 |

| 属： | 似鸟龙 |
|---|---|
| 种： | 急速似鸟龙 |

| 命名人： | 奥塞内尔·马什（Othniel Marsh），1890年 |
|---|---|
| 年代： | 晚白垩世，7500万—7000万年前 |
| 化石发掘地： | 美国，加拿大 |
| 分类： | 恐龙类—蜥臀目—兽脚类—似鸟龙科 |
| 体长： | 3.8米 |
| 体重： | 170千克 |
| 冷门小知识： | 似鸟龙类没有牙齿，所以，虽然它们属于兽脚类，但是可能是杂食性恐龙，既吃小型动物也吃植物。 |

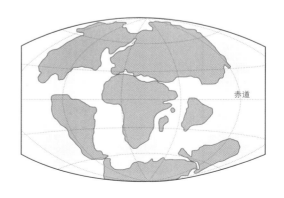

（*parasaurolophus*），甲龙类中的包头龙（又名优头甲龙，参见第88页），它们尾巴上长有尾锤，还有体型不大但是奔跑速度很快的杂食类恐龙似鸟龙（*ornithomimus*，参见第90页）和驰龙（*dromaeosaurus*），以及体长可达9米的巨型的蛇发女怪龙（*gorgosaurus*），它是君王暴龙的近亲。

寻找恐龙化石的一个小诀窍是在探矿过程中注意那些零散的骨头化石碎片，并随着它们往上游溯源。这些化石碎片是在岩石被侵蚀的过程中不断脱落的，它们被流水冲向下游，因此循着这些骨骼化石碎片我们可以往上游走，找到它们的源头所在。找到源头之后，带领探矿的科学家就得作出决定：这里是不是值得发掘？这下面是一具完整的骨骼化石还是就只有这一小段？我们发现的可能是一段骨骼化石的最后一个碎片，下面什么都没有；但也有可能我们看到的只是尾椎或者脚趾骨的尖部，在它下面的石头中是一具已经埋藏了7500万年的完整骨骼化石。

美国西部最早发现化石是在1860年左右，那时候挖化石的人不是科学家，而是矿工，他们在广阔的平原和连绵的山脉间穿行，按照挖掘的进度获得酬劳。他们挖石头的速度很快，抡起大铁锤猛地砸下去，或者用长柄铁铲用力一撬，骨骼化石就出来了。然后他们将化石扔到马车上，拉到最近的

用电动工具剥离恐龙骨骼化石外部的石头。

铁路边，用火车运往东部的纽黑文、费城和纽约等城市。放到现在，再用这种粗鲁的方式挖掘肯定是要被炒鱿鱼的。

几个小时后，我们都已经汗流浃背，不过也都各自探寻到了可能的化石埋藏点。菲利普·柯尔走过来仔细观察了一会儿，决定将我选择的一个地点作为挖掘对象。露出部分的骨骼显示这可能是一具鸭嘴龙化石，鸭嘴龙类是一种植食性恐龙，在晚白垩世期间数量非常庞大。看起来这具骨骼很完整，适宜用来展览，因此很值得发掘。

骨骼化石所在位置是一个非常陡的斜坡，因此首先我们得把它上方的石头凿开并清理，我们用上了所有携带的工具，甚至还用到了那种很难操控的自带马达的气动钻。我们花了整整一个星期才把化石上方的石头移除，凿出一个适当的位置，这样我们才可以用比较精细的工具来处理骨骼化石。我们用锤子、凿子和电钻把骨骼化石上方的细砂岩小心地清理干净。在接近化石的时候，我们必须减缓速度、小心谨慎，但是偶尔的手滑难以避免，一不留神就会凿出一小块骨骼化石，这时候我们就会听到一声懊恼的叫声。

鸭嘴龙化石特写，从图中我们能看到它的尾椎翻折过来，与背椎并排。

用网格方式辅助标记和绘制鸭嘴龙骨骼化石图。

## 我们怎样记录化石的发掘过程？

发掘工作中首先要完成的一个重要步骤是清理出完整的发掘现场，这样才能看到整具化石的完整状况。当化石上方覆盖着的石块和泥土都被清除之后，我们就可以对现场状况进行准确评估。我们能看到露出来的完整的恐龙背椎，还有尾椎、四肢和肋骨，不过头骨还没有看到，因为脖子已经一直延伸到悬崖的下方。我们只好把现场用油布盖起来，沿着悬崖的方向继续向里面挖掘，每向内推进一码，我们就得向上把悬崖也凿掉一码，因为这斜坡实在是非常陡峭。终于，我们通过这种向内挖洞的方式把化石现场完整地清理了出来，既不用浪费太多精力清除化石上方悬崖所有的岩石，也成功找到了我们想要的那最后一段化石。在超过30℃的气温下挖了一整天之后，我们都迫不及待地冲进山下的小河，在清凉的河水里美美地洗了个澡。

下一步就是绘图。在那个年代，我们只能通过现场的素描速写和拍照来绘图。我们用绳索拉出长、宽各1米的网格,以此作为参照,可以更好地判读照片和在方格纸上绘图。这具骨骼化石非常完整,其中的绝大部分骨骼都能被准确识别,只有极个别骨骼因为河水冲刷而被改变了方向或是冲到了附近的其他地方。

现在的古生物学家们同样需要对发掘现场做测绘,但是现在普遍使用数码拍摄技术,可以给现场建立完美的2D或者3D模型,这也就是人们通常所说的摄影测量法(photogrammetry,也叫摄影制图法)。摄影测量法中最常用的方法之一是拍摄多张重叠的照片,然后使用软件将这些重叠照片整合成一张可以展示现场全景的照片。

3D摄影测量法的作用就更大了,它可以将照片整合到一起,对现场进行立体展示,从中我们能够看到不同层次骨骼化石的相对位置。更重要的是,这是对现场的精确还原,可以进行准确测量。在实践当中,我们通过在固定的地点架设三脚架,使用线控照相机,从不同的角度进行拍摄,能够拍出很好的三维全景图片。

使用电动工具清除化石上方的石块。

用麻布条和石膏加固承载着骨骼化石的石块。

摄影测量法现在的运用非常广泛，比如说记录恐龙足迹化石，图片中反映出的足迹深度和其他细节能够告诉我们这只恐龙在行走或者奔跑的时候它的体重在脚掌上的分配和移动状况（在第八章我们将对此作具体阐述）。

在现场对骨骼化石进行测绘之后，我们下一步的工作就是把骨骼化石从石头里挖出来，这需要周详的计划，也要冒一定的风险。我们不可能把含有骨骼化石的整块大石头运走，因为首先是尺寸太大，卡车的车厢放不下，其次是这块石头重量肯定超过20吨，我们所处的位置是一个陡峭的斜坡，起重机械完全上不来。在骨骼与骨骼之间夹杂着另外的岩石，我们努力把这些石头挖走，这样在骨骼之间就形成了一道道的沟壑，每一块骨骼化石都像是一个高高耸立的孤岛。

接下来要做的事情需要非常小心，早期的化石挖掘者们已经吸取了教训。假如要把骨骼化石撬出来，它们很可能会折断，通常情况下我们会用石膏对空隙部分进行填充保护，这样就可以将化石安全地运送出去。

我们首先将骨骼化石表面用几层卫生纸进行包裹，然后把麻布条浸泡在湿石膏中，再用石膏和麻布条一起把骨骼化石包裹起来。这种方法就好

这块含有恐龙骨骼化石的石头重达1吨，工作人员在清理多余的石头。

我们在将骨骼化石往山下搬运。1980年的那次发掘中，全过程都用摄影的方式进行了记录。

比做一个有好几层保护的大蚕茧。抹了一天的石膏之后，我们的手都变得干巴巴的，裂了好些口子。

这个石膏蚕茧要花好几个小时才能完成，我们必须将骨骼下方的石头也都包裹进去。待石膏成型之后，我们将凿子和撬棒等工具插入石膏下方，将其整体撬出来。如果化石较小还比较容易操作，如果化石非常大就比较难了，我们得将它下方全部凿通，穿几条铁链进去，小心翼翼地把它吊起来翻个身，把下部多余的石头再清理掉，然后再把整块化石用石膏做一个完整的包裹。

比较小一些的化石包裹可以直接人工搬运到车上，稍大一些的就要借助运输工具了。我们发明了一种独轮车，用一个自行车轮子，上面搭一个木板框，一个人在前面拉一个人在后面推。这种小车很危险，翻掉过几次，不过还好化石都完好无损。最后剩下来的一块大化石有1吨重，而我们的发掘现场距离最近的公路有好几千米，距离最近的河堤处也有100多米，而那里是我们的卡车能够到达的最近地点。因此，我们必须从发掘现场到河堤边的装车点之间挖一条路，然后用卡车自带的绞盘和长牵引绳把化石拖过去。我们还先用石头做了一个装载平台，用绞盘把平台先拉到河边的装载地点。那个时候我们想，要是有几匹马该多好！


# 如何将骨骼化石从石头中分离出来？


回到实验室，所有包裹得严严实实的化石被一一放置在各个工作台上，等待下一步的清理。我们用小圆锯切开外层石膏，并将完全暴露出来的骨骼化石用可溶胶保护起来，这些可溶胶在后期可以用丙酮等溶剂洗掉。一个专业的恐龙化石分离实验室通常要有很多光线充足的工作台，每个工作台上都有一名技工，配有那种牙科医生使用的电钻和其他可以用来清除石头的工具，同时每个工作台上方还必须配备吸尘系统，这样才能安全地进行石头切割和粉尘清理。

接下来就要使用牙科医生用的那种牙钻将多余的石头切割清除。要注意的是要沿着与骨骼平行的方向切割，这样骨骼上附着的石块可能会自

回到实验室，工作人员清理石膏保护层中的石块。

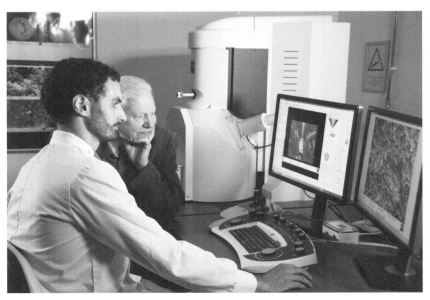

布里斯托电子扫描实验室的日常：2017年，大卫·艾登堡（David Attenborough）来到
实验室探望和拍摄正在工作的菲南·史密斯维克（Fiann Smithwick）。

动脱落。假如正对着骨骼切割的话，很可能会对骨骼化石的表面造成直接的损伤。技师们需要随时用可溶胶对清理出来的骨骼化石表面进行保护。你或许会以为骨骼化石应该很坚硬，事实上它们确实很硬，但是也很容易碎，所以需要在清理的过程中随时进行保护。

每一块骨骼化石都要花费一两天甚至更长的时间来清理其外部包裹的石头，而且都要仔细地进行编号、标记并根据现场图的位置进行比对，这样假如将来有需要的话，可以进行准确的组装复原。那些较大的化石有时要耗费几个星期的时间清理，因为很多骨骼交叉着重叠在一起，需要将那些肋骨和椎骨按照顺序逐一清理出来。有时候，假如骨骼的缠绕过于复杂，我们就只能放弃清理。

这种化石清理方法已经使用了很多年，因为这个工作需要操作者具有较强的手眼协调能力，所以无法使用机械进行自动化操作。但是，现代科技能够提供很多新的方法。对于一些结构比较精细的化石，比如说脑壳，或者一些小的骨骼，可以对它们进行完整的X光扫描，这是一种计算机扫描成像技术（computerized tomographic scanning），简称CT扫描。成像仪器捕捉到逐层穿透骨骼化石的X射线，要扫描很多层，每一层之间的距离可能只有零点几毫米。借助这样的技术，博物馆的标本制作员们在研究一些比较精致的化石时，比如说观察恐龙蛋中的胚胎，就可以用扫描成像的方式建立一个完美的三维立体图像，而不用冒险破坏化石的结构了。

CT扫描技术起初主要用于医学用途，价格昂贵。随着广泛应用，价格逐步下降。到了21世纪，大学和博物馆都能买得起CT机，因此，CT扫描也就成为化石研究的常用手段之一。但是一般来说，能够在实验室里扫描的化石，其尺寸最大也不过就是香槟酒瓶大小，如果再大的话，就得去找那种专门扫描飞机发动机的工业扫描仪，或者是扫描牛马等大型动物的兽医扫描仪。

通过对多张图片的叠加处理，我们可以为化石建立3D数字模型。但是通常情况下化石中会夹杂一些其他东西，我的学生们往往要花几个星期的时间来对一张张的图片进行编辑，用数字技术去除那些不规则的小石块、细小的化石壳体以及其他杂质。他们也可以对化石的不同部位进行颜色标记，然后用3D模型方法做进一步的测试，比如其在进食和运动方面的工程学特性。

在恐龙化石研究方面还有一些其他先进技术的应用，比如，在研究恐龙羽毛颜色时，我们就用到了电子扫描显微镜，它能让科学家看到通过光学显微镜完全看不到的超微结构。在光学显微镜下，我们能看到直径是千分之一毫米的物体，而用电子显微镜我们能看到直径百万分之一毫米的物体。我们可以用电子显微镜寻找骨骼和羽毛化石中的化学成分，从中可以看出它们的保存环境是磷酸钙还是黏土矿物，或者其中是否富含如铜、铁等矿物质，这对于研究这些化石的保存方式非常有帮助。古生物学家们现在还用上了最先进的质谱仪，借助这种仪器可以鉴别化石中微量的有机物和无机物，这对于恐龙化石中关于颜色和有机物残留方面的研究具有极其重要的意义。

## 如何重建完整的恐龙？

所有的骨骼化石在完成清理后会被送回实验室，接下来可以做的还有两件事：第一，可以将所有的骨骼组装起来，放到博物馆进行展览；第二，可以通过为整具骨骼加上四肢、五官、肌肉和皮毛等，复原一个栩栩如生的标本。

当骨骼化石运到博物馆之后，接下来就要做一个金属的支架，将所有骨骼按照正确的位置和形态组装起来。金属支架的强度要足够大，还要根据骨骼摆放的需要呈现一个合理的姿态。以前有些人喜欢将支架隐藏在骨骼化石当中，然后用金属支架从中串起来，看起来就像是半吨重的棉纱锭，这个方案的最大缺点就是必然要从所有的椎骨化石中间都钻一个孔。现在的方案基本都是以尽量不对化石造成破坏为前提，所以支架基本都是外露可见的。

如何正确地组装骨骼化石？在一些和化石有关的儿童电影和动画片里，我们看到很多动物的骨骼排列都是错的，甚至有的把头骨装到了尾椎上。在很多化石发掘现场，骨骼化石的保存非常完整，比如我在艾伯塔省恐龙公园的那次发掘，所有的骨骼化石基本上都在原位，而且一块不少。从某种程度上讲，古生物学家就像是外科医生，他们能够立刻辨认出每一块骨骼的属性，究竟它是左股骨、右肱骨还是胸椎，这是古生物学家需要掌握的基础知识。如果缺少了某块骨骼，比如肋骨或者椎骨，博物馆的技师们可以借助其临近的或者是对称的骨骼直接复制。比如说通过将右股骨进行对称翻转后复制，就可以得到左股骨。而且，由于骨骼具有的对称性和重复性，骨架的复原是否正确也一目了然。

对于那种在不同地点巡回展出的恐龙秀，其骨骼通常都是用玻璃纤维等人造材料做成的模型，它们既轻便又结实，非常适于拆装和长途运输。博物馆的技师们首先在真正的恐龙骨骼化石外面涂上一层橡胶化合物，做一个将化石完整包裹起来的模具，然后将模具分成几块，从化石上剥离。接下来就可以利用这个模具来制造模型，需要多少就可以做多少，而且和原来的化石一模一样。

那么，骨骼外部的肌肉是怎么加上去的？一般情况下这是古生物学家和艺术家共同努力的成果。从骨骼上能够得出很多关于肌肉等软组织的位置和特性信息。比如，肌肉通常会依附于骨头末端，以健美运动员经常秀的二头肌为例，就依附于肩胛骨并紧贴大臂的主要骨头——尺骨。二头肌和其他上下肢的主要肌肉特征在哺乳类、鸟类和鳄鱼等动物中都很相似，因此在恐龙身上可能也大致如此。在骨骼上原来有肌肉附着的部分往往会

在一个科普活动现场，孩子们听工作人员讲解布里斯托恐龙——
槽齿龙（*thecodontosaurus*）的故事。

有明显的粗糙斑面，这些特征有助于确定肌肉的大小和角度。

借助对骨骼化石信息的研究以及和现代动物各项特征的对比，科学家们复原了恐龙的肌肉、皮肤、眼睛和舌头等各个部位。在后面的章节中我们将谈到现代古生物学研究是如何告诉我们关于恐龙的繁殖、生长、进食和运动等信息的。这些信息也被艺术家们加以利用，以图片、3D模型和动画等方式将各种恐龙栩栩如生地展现在我们面前，在某些情况下我们能还原出恐龙的羽毛，甚至还能知道羽毛的颜色。

## 如何对公众进行恐龙知识的教育？

博物馆在公共教育方面起着很重要的作用。在恐龙化石发掘方面付出的诸多人力和物力主要是出于科学研究的需要，而将这些科学知识传递给

| 属： | **槽齿龙** |
| --- | --- |
| 种： | **古槽齿龙** |

公众则是博物馆和大学教授们的重要责任。接下来我给大家举个例子，谈谈野外实践、科学和教育这三者是如何有机结合的。

在过去的20年间，布里斯托大学一直在进行着一个"布里斯托恐龙专项"（Bristol Dinosaur Project）。从2000年开始，项目组成员已经走进数百家学校，和上万名孩子们交流，并且参加了很多布里斯托和其他地方的科技展。布里斯托有属于自己的恐龙，即槽齿龙，命名于1836年。它看起来可能不如别的恐龙那么吸引人，因为骨骼化石残缺不全，而且是个植食性恐龙，个头也不大，只相当于七八岁儿童的大小。但是，每当大人们讲到，在2亿800万年前到2亿100万年前的晚三叠世，有这么一只恐龙在他们现在生活的城市里奔跑，布里斯托的孩子们总是听得津津有味。

通过恐龙，我们让不同年龄段的孩子们接触到各种重要的科学话题，如地质年代、大陆漂移、气候变化、演化以及生物学等，这对于我们和孩子们之间的科学对话非常重要。就以本书而言，里面提到一些可验证的科学

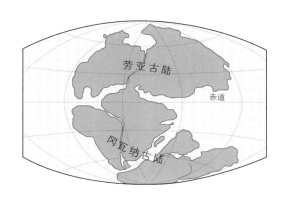

| 命名人： | 亨利·莱利（Henry Riley）和塞缪尔·斯塔齐伯里（Samuel Stutchbury），1836年（属）；约翰·莫里斯（John Morris），1843年（种） |
| --- | --- |
| 年代： | 晚三叠世，2.08亿—2.01亿年前 |
| 化石发掘地： | 英格兰 |
| 分类： | 恐龙类—蜥臀目—蜥脚形类 |
| 体长： | 1.2米 |
| 体重： | 40千克 |
| 冷门小知识： | 槽齿龙是第一种被命名的三叠纪时期恐龙。 |

方法，那么孩子们就会跟着里面的内容进行计算，比如恐龙的奔跑速度，而且他们也会明白这样的计算是有据可依的。

在布里斯托恐龙专项刚开始的几年，我们有一个全职的恐龙教育专员，我们每年都要走进200家学校，和10000名学生交流。随后，我们的项目接受了一笔来自英国文化遗产彩票基金（Heritage Lottery Fund）提供的重要资助，从而使得项目可以在更广泛的层面开展。后来资助结束了，项目的规模只好相应缩减，但是大家的热情丝毫没有减少。我们的学生非常乐意能够有机会参与这个项目，能够把他们学到的知识传授给那些热爱恐龙的孩子们。

我们的对象分两个年龄段，一组是7—9岁，一组是14—15岁，和他们交流需要用完全不同的方式方法。年纪较小的那一组情绪很容易带动，他们看到恐龙骨骼或者牙齿的时候很自然地就激情高涨，假如能让他们摸一摸真的化石他们会激动得跳起来。而对于十几岁的那一组孩子们来说，更重要的是让他们明白在科学和相关的领域工作是多么的有趣。我们采取一种循循善诱的方式，先提出一个很神秘的、貌似无法解决的问题，比如，君王暴龙能跑多快？或者，导致恐龙灭绝的小行星撞击地球事件发生在何年何月？然后引导学生聆听解决这些问题需要的证据和基本理论。我们的目的是让孩子们理解科学，告诉他们科学是很有趣的，让他们明白如果要成为一个科学家，那么学好数学、生物学、化学和物理很重要。

布里斯托恐龙专项不仅走进学校，也做了其他很多事情。我们和布里斯托动物园联合举办了两次电子恐龙户外展览，吸引了上万游客。我们和布里斯托市博物馆以及其他博物馆合作，为他们提供专业讲解员，我们的学生们可以结合个人经验，为那些到博物馆参观的游客们提供非常真实生动的讲解。

布里斯托恐龙专项同样也给了我们的大学生获得第一手科研经验的绝佳机会。我们不会把恐龙化石拿给他们直接研究，但是可以让他们参与相关的项目，比如微体脊椎动物，他们可以从中接触到其他化石，如鲨鱼牙齿或者鱼类和其他爬行类的小骨头。在布里斯托附近有一些曾经发掘出很多化石的峭壁和旧采石场，这些地方靠近海床和洞穴，我们一直很关注这些位置的化石沉积。学生们很珍惜实地发掘的机会，他们必须通过一次次的实践锻炼自己，练就一双慧眼，从而能够识别出细小的骨骼化石和富含化石的岩层。

对于参加这个项目的大学生们来讲，最大的挑战是将他们所做的工作以专业、正确的方式在科学期刊上发表。这是一个非常高的目标，但是到目前为止已经有25名学生顺利完成，这一成就也为他们的职业生涯增添了不少光彩。有五六个很著名的古生物学家在他们刚刚开始这个职业时也有类似的经历。本章所讲述的就是从化石的挖掘清理，到从中产生有用的知识这样一个完整的过程。

挖掘恐龙化石是古生物学家最乐此不疲的事情。150年来，现场发掘的方法基本上没有太大改变，最重要的还是敏锐的目光和强壮的肩膀。不过，也有一些方面有了进步。首先是出行更快更便捷，古生物学家们可以很轻松地去到世界各地工作，这也带来了另一个积极的影响，就是全球各地的年轻科学家之间的合作也得到了前所未有的加强。其次是我们可以观察得更仔细了，尤其是关于骨骼化石形成的环境，这为我们提供了研究化石形成时的远古地球气候所需的关键性的沉积学数据。第三，也是与上一点密切相关的，就是我们能够对现场进行更好的测绘和记录，确保没有遗漏，尤其是那些生活在恐龙脚下的细小的鱼类、蛙类和蜥蜴类动物的化石。

在实验室里，一些化石清理方面的经典技术已经延续了上百年，比如怎样把骨骼化石从石头上分离出来。如今我们确实有了更先进的工具，更好的化学品，或许还有对化石更高的敬意，因此我们努力把对化石的破坏降到最低。因为CT扫描仪和电子显微镜等新技术的出现，对化石标本的研究已经有了革命性的变革，很多十年前我们无法想象的可能，因为这些变革而向我们敞开了大门。

挖掘和清理恐龙化石是非常有趣的，但只有在我们能够对这些化石进行研究并获得关于恐龙的信息时才是值得的。在下一章中，我们将探寻恐龙是不是温血动物，它们怎么呼吸，以及它们是不是像人们猜测的那样蠢笨等有趣的问题。

# 第四章

# 恐龙的呼吸、大脑和习性

复活恐龙似乎是件不可能完成的任务，不过古生物学家们从未放弃希望。1975年，我还在读大学，那时候我注意到一个关于恐龙的大争论，即，恐龙是冷血动物还是温血动物？很多知名科学家参与了辩论，甚至连社会公众也加入进来。媒体的报导中不仅有双方的观点，还包括互相的谩骂，那时候大家的火气都不小。这个争论话题是恐龙研究领域的核心问题之一，实践证明，也是难以解决的问题之一。

故事说来话长，远不是从1975年开始。那还是1840年左右，理查德·欧文爵士开始研究恐龙，并从1842起命名了很多恐龙，这一点我们在第二章里已经提到过。那时候他就已经开始思考古生物学，他提出了一个关键的问题：恐龙是什么时候诞生的？在那个年代，关于演化的各种猜测通常都被认为是不恰当甚至是危险的，似乎这更应该是法国的哲学家们冥思苦想的事情，因为英国的精英学者们早已看到了这种思想解放所带来的后果——1789年的法国大革命。大家都不想这种事情在英吉利海峡的这一边再来一次。

但是，欧文还是一个杰出的解剖学家，证据就摆在他的眼前。从解剖学上看，不同的动物和植物各自都有相似之处，但是通常功能不同，这就是欧文和我们所说的同源性。同源性是指，不同生物共有的基本结构，在演化过程中因各自不同的适应性改变而表现出不同的解剖学特征。比如，脊椎动物的臂。我们都知道，鸟类的臂演化成了翅膀，鲸的臂就是它的鳍，马的臂只有一根指头和一个蹄，而人的臂膀末端有五个手指，这就是同源性，因为它们的基本结构是一样的。一根上臂骨（肱骨），两根前臂骨（尺骨和桡骨）和五根手指，在鸟和鲸身上这五根手指演化成了翅膀和鳍。

欧文没有从演化的角度来解释，即这些不同动物的臂的同源性证明它们来自同一个祖先，我想当时他的内心一定很纠结。如果这些动物是创造出来的，那么完全没有必要在它们体内有如此一致的骨骼分布，但是如果从它们有共同祖先的角度来解释，一切就很合乎逻辑了。后来，当1859年达

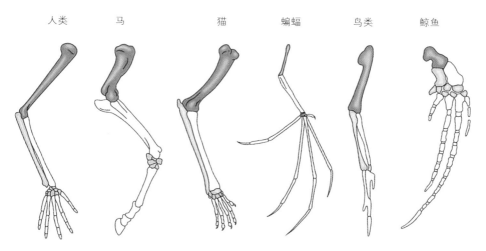

人类　　马　　　　猫　　蝙蝠　　　鸟类　　鲸鱼

6种不同的脊椎动物四肢的同源性。

尔文的《物种起源》（*On the Origin of Species*）发表后，欧文被构陷为是演化论的反对者。

　　对于欧文，恐龙既让他惊叹又给他出了个难题。他将恐龙和现代的爬行类进行了对比，也发现了一些相似性，但是他很清楚地认识到它们完全不是此前其他人认为的体型巨大的鳄鱼和蜥蜴。欧文不仅有敏锐的洞察力，更有过人的勇气将它们归入一个全新的物种，并命名为恐龙类。而且，更令人惊叹的是，欧文提出恐龙在很多地方与哺乳动物类似，包括它们可能是温血动物。虽然欧文给很多人留下的印象是呆板、固执，但是在担任1851年第一届伦敦世博会顾问同时，他居然开始一本正经地想象并复原恐龙，这就是后来1853年在伦敦水晶宫公园展出的著名恐龙模型，其中他将禽龙和巨齿龙复原成巨大的犀牛一样的动物。

　　欧文有他自己的理由，他希望展示的是古代的爬行类比现代的爬行类更先进，即随着时间的推移爬行类动物发生了退化，以此来驳斥演化论。尽管如此，我们还是要感谢这个老顽固为我们留下了"恐龙"这个命名，并且打破桎梏将完整的恐龙复原模型展现给世人，把恐龙的知识带给普罗大众。因为欧文的努力，后来人们发明了一个新的词语：恐龙热（dinomania），用于描述社会公众对恐龙产生的巨大狂热现象。

　　更重要的是，因为欧文在古生物学研究领域的声望和他的严谨态度，

理查德·欧文爵士和他的恐龙头骨好朋友。

1853年，理查德·欧文在伦敦水晶宫公园展出的巨齿龙（前图）和禽龙复原模型。

他的猜测能够获得学界认可。自1842年起，古生物学家们一直在探寻恐龙生理学的一些关键问题，比如它们吃多少，能量如何转化，是不是温血动物，等等。很多领域的专家都参与了进来，也有越来越多的新科技的应用，比如对微小骨骼结构的研究，而且还有不断出现的重要化石，如在中国发现的有羽毛恐龙。

## 恐龙是温血动物吗？

那么，恐龙究竟是不是温血动物？答案仍然和以前一样：既是，又不是。1979年，我本科还没毕业，颇有点不知天高地厚地写了一篇论文加入了论战，文章发表在美国的《演化》（*Evolution*）杂志上，这是一家古生物学领域内的权威期刊。古生物学家们在这个问题上的观点呈两极分化的态势。

恐龙要么像鸟类和哺乳类动物一样是温血动物，要么像爬行类动物一样是冷血动物。"温血"这个词其实并不恰当，因为鸟类和哺乳类动物演化出来的策略是保持体内温度的恒定，而不是单纯的"温暖"。之所以被称为温血动物或许因为生物学家们通常在温带气候下工作，当他们随便抓一只狗或者鸡，甚至抱住一个婴儿时，接触到的身体都是热乎乎的。

然而，要保持这样的恒定体温是要付出代价的。按照同等体重计算，人和狗每天需要摄入的食物大致是鳄鱼的10倍，因为其中百分之九十的能量都被用来调节体内的中心温度。大概这就是为什么鳄鱼总是懒洋洋地躺在那里，咧着嘴讥笑我们的原因吧，因为它有一个小秘密。那么，既然保持体温恒定需要付出这么大的代价，为什么还一定要做温血动物呢？这是因为蜥蜴和鳄鱼们在夜晚或者寒冷的时候就变得迟钝，而作为温血动物的鸟类和哺乳动物们可以全天候活动，从而在寒冷地带也一样可以生存。

在1979年的论文里，我表达了两个相关的论点，一是温血并不一定比冷血好，二是从现代生存着的动物中可以看出，在冷血和温血动物中间有过渡阶段。在20世纪70年代的生理学论文中曾经提到过一些新的发现，即一些昆虫和爬行类动物能够通过某种方式自己产生热量，比如在寒冷的清晨，大黄蜂在起飞前需要拼命扇动翅膀让身体预热；一些体型较小的鸟类和哺乳动物因为无法获得足够的食物保持体温所以会选择在夜间停止活动，更进一步的是另外一些动物干脆选择冬眠。

这场辩论是由当时一个很犀利的古生物学家鲍勃·巴克尔挑起的。鲍勃在20世纪60年代毕业于耶鲁大学，他提出，很多恐龙都很敏捷，可以快速奔跑，由此可以得出合乎逻辑的结论。他是个聪慧的作家，还是个才华横溢的艺术家，他画过很多恐龙，有在树林中飞驰的君王暴龙，也有后脚站立，从高高的树顶取食树叶的巨大蜥脚类恐龙，看起来都栩栩如生。或许很多人会认为那些画图的想象力成分更大，并不真实，但是鲍勃·巴克尔确实推进了恐龙古生物学在当代的发展。人们不得不承认恐龙和现在我们看到的鳄鱼在生理学上完全不同。首先，很多恐龙可能有过羽毛，尤其是那些在演化树上位于鸟类祖先位置的恐龙。其次是有很多恐龙体型过于庞大，一个50吨重的庞然大物不可能和现代的鳄鱼或蜥蜴有同样的生理机能。后面我们在讲到恐龙骨骼的内部结构时将继续详细介绍。

## 鸟类是不是活着的恐龙？

1984年，鲍勃·巴克尔一位在美国小有成就的英国古生物学家和彼得·高尔顿一起合作在《自然》（*Nature*）杂志上发表了一篇颇有挑衅意味的论文《恐龙的单系性和脊椎动物的新种类》（*Dinosaur monophyly and a new class of vertebrates*）。在论文中，他们不仅认为恐龙是一个单独的物种（参见第二章），而且现代的鸟类也是恐龙。在文中，他们说到："最近，奥斯特罗姆明确提出鸟类是恐龙的直接后代，并继承了恐龙的高强度的新陈代谢。"毫无疑问他们是对的，但是这篇论文一定会激怒那些坚持旧有观点的人。

约翰·奥斯特罗姆（John Ostrom）才是真正的革命者，而且他是鲍勃·巴克尔在耶鲁读博士时候的导师。和那时候的其他耶鲁大学教授们一样，奥斯特罗姆也非常内敛，彬彬有礼，而且衣着非常讲究，尤其是经常穿着他那套著名的亮色格子夹克衫。在20世纪60年代的大部分时间里，奥斯特罗姆都在发掘和研究一种在怀俄明州发现的早白垩世期间的奇特的新恐

约翰·奥斯特罗姆的照片，看起来还是那么和蔼可亲，
不过没有穿他那件标志性的格子夹克。

鲍勃·巴克尔所画的那幅著名的恐爪龙图片，那时候他还是个学生。

龙——恐爪龙（*deinonychus*，参见第112页）。奥斯特罗姆发现恐爪龙具
有非常鲜明的特征：首先，这种恐龙天生就是一个猎手，具有很高的速度
和灵敏性，足部第二趾长着大而有力的爪；第二，恐爪龙的骨骼和始祖鸟
（*archaeopteryx*，参见第112页）有显著的区别。始祖鸟被认为是地球上的
第一种鸟类。

| 属: | 恐爪龙 |
|---|---|
| 种: | 平衡恐爪龙 |

| 属: | 始祖鸟属 |
|---|---|
| 种: | 印石板始祖鸟 |

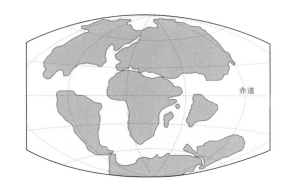

| 命名人： | 约翰·奥斯特罗姆，1969年 |
|---|---|
| 年代： | 早白垩世，1.15亿—1.08亿年前 |
| 化石发掘地： | 美国 |
| 分类： | 恐龙类—蜥臀目—兽脚类—手盗龙类—驰龙科 |
| 体长： | 3.4米 |
| 体重： | 97千克 |
| 冷门小知识： | 恐爪龙可以掠食比它大很多的腱龙（tenonto-saurus），它通过猛烈撕咬让猎物因失血过多而死。 |

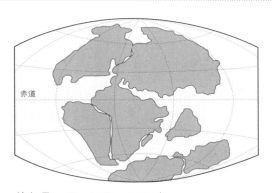

| 命名人： | 赫尔曼·冯·迈耶，1861年 |
|---|---|
| 年代： | 晚侏罗世，1.52亿—1.48亿年前 |
| 化石发掘地： | 德国 |
| 分类： | 恐龙类—蜥臀目—兽脚类—手盗龙类—鸟翼类（鸟） |
| 体长： | 0.5米 |
| 体重： | 0.9千克 |
| 冷门小知识： | 首次发现的始祖鸟化石其实只是一根单独的羽毛化石，发现于1860年。一年后完整的始祖鸟化石终于被发掘出来。 |

1969年，当奥斯特罗姆发表关于恐爪龙的论文后，立刻就引起了轰动，因为论文中对恐爪龙从解剖学角度进行了详细的描述，而且还为这种令人惊叹的恐龙绘制了精美的插图。卷首的铅笔画画的是处于奔跑状态的恐爪龙，画面中透露出的那种速度和力量完美地展现了奥斯特罗姆对这种恐龙的描述，而这幅画的作者正是鲍勃·巴克尔。

　　有什么证据证明鸟类是恐龙的后代？实际上，早在1870年，赫胥黎在记录当时刚发现的始祖鸟化石时就已经提及。这件化石是1861年在德国南部索伦霍芬（Solnhofen）的一个石灰石矿场里发掘出来的，为了得到这块化石，欧洲的各大博物馆展开了竞价。理查德·欧文当时是大英博物馆自然历史部的负责人，在他的推动下，大英博物馆最终以700英镑的巨款（相当于现在的11万英镑）将这块化石收入囊中。欧文非常想要这块化石，这样他就可以第一个进行研究并发表对于化石的描述。他实现了自己的目的，但是也遇到了很多尴尬，因为他也注意到了始祖鸟的骨骼与恐龙骨骼乃至一些现代鸟类骨骼的相似性，同样难以忽视的还有翅膀和躯干上的羽毛。

　　欧文很不情愿地把始祖鸟称为"缺失的中间环节"（missing link），因为在两年前，即1859年，他发表论文反驳过达尔文的演化论。相比之下，和欧文一样精于解剖的赫胥黎就没有这种尴尬，他观察过标本之后，即根据欧文的描述写作了自己关于恐龙和鸟类关系的论文。赫胥黎指出了所有的相似之处，并提出始祖鸟正是证明进化论正确性的关键证据。长长的尾椎、牙齿以及发达的翅膀和羽毛，这些都证明它是恐龙和鸟类之间完美的过渡阶段。

　　接下来的将近一个世纪里，所有争议似乎慢慢尘埃落定，不断出土的始祖鸟和小型兽脚类恐龙的化石都证明赫胥黎是对的。但是，古生物学界的风向突然间发生了改变，古生物学家们纷纷不再认为鸟类是恐龙，或许是他们不认为这样的演化能够在短短2000万年至3000万年完成，要不就是他们还藏着什么关于演化的颠覆性证据，但就是不敢拿出来。不管怎样，一个世纪后，古生物学家们终于不情愿地抛弃成见，承认赫胥黎1870年的结论是正确的，也即奥斯特罗姆在1970年所说：鸟类就是恐龙。

　　奥斯特罗姆仔细观察了赫胥黎记载的一切特征，尤其是关于恐爪龙具有的兽脚类恐龙的部分特征——体型较小、前肢变长。其他的兽脚类恐

托马斯·亨利·赫胥黎知道自己有多聪明吗？

龙，比如著名的君王暴龙，则体型变得很大，而且前肢变得很短。奥斯特罗姆还作出了一些推测，即恐爪龙是有羽毛的，它们的前肢之所以很长是因为前肢上长着和始祖鸟和其他鸟类一样的飞羽。直到20世纪90年代中期，在中国发掘出重要鸟类和恐龙化石后，奥斯特罗姆的推测才被证实。这一点我们后面还会讲到。

奥斯特罗姆发现兽脚类恐龙和鸟类有很多相似的特征，比如有部分骨头是中空的，胸部融合的锁骨（clavicle，通常称为叉骨），手腕部的半月形腕骨（carpal，使得恐爪龙和鸟类能够将爪回缩，如鸟类将翅膀回缩收紧贴在身体两旁），眼球扩大并具有立体视觉（有助于在树林间飞行和跳跃），头部也相应扩大，以及很多其他的特征。

然而，从奥斯特罗姆、巴克尔和高尔顿的年代起已经有很多关于恐龙是鸟类祖先的论文发表，但反对者的声音始终没有停止过，进入21世纪仍然如此，而且毫无疑问，他们还将继续反对下去。或许某种程度上这和媒体有关，比如科学纪录片里总会寻求一种平衡："这是一种观点，现在我们来看另一种。"他们既无视能够证明鸟类和恐龙之间关联的无数确凿的证据，也不考虑"鸟类不是恐龙"的观点既没有理论更没有证据支持。或许这就是在向大众普及恐龙科学知识方面的一个不利因素：虽然正确的观点早已经过无数同行评议，在很多科学期刊上发表，但是错误观点总是可以被直接传播给普罗大众，而且流毒甚远。

## 骨骼组织学和巨大体型

奥斯特罗姆给出了关于恐爪龙在演化树上与鸟类祖先亲缘关系很近的证据，这为巴克尔和欧文关于恐龙是温血动物的观点提供了有力的支持。但是，1970年左右的那些辩论不够深入，当时的很多证据只是提示性的，而非决定性的，因此辩论的最终结论常常并不明确。不过，有一个证据起到了很好的效果。

这就是骨骼组织学，一门研究骨骼组织内部微观结构的学科。从19世纪开始，生物学家们开始用光学显微镜研究细胞和微生物。对于骨骼复杂结构的观察显示，其外部密度较大，内部靠近中心部位的骨骼组织较为开放，会有空隙。当然，在生物活着的时候这些空隙是被脂肪、血管和神经等填满的。骨骼组织学家们发现，目前地球上的一些冷血动物，比如鱼类和爬行类，其骨骼有明显的分层，这说明了它们在夏季和冬季时的生长速度有显著区别，这种骨骼生长速度不同所留下的生长轮（growth layer）就如同树木的年轮（growth rings）。我们在后面的第六章中还会讲到，古生物学家们可以用生长轮来为恐龙骨骼标记年龄，并为单独的恐龙种类编制生长曲线图，研究它们从孵化到成年之间的生长率变化。

但是对于如鸟类和哺乳类动物这样的温血动物来讲，它们的骨骼上就没有明显的生长轮，因为温血动物的体温恒定所以生长速度比较稳定，但是它们的骨骼上常常会表现出一种骨骼重建特征。最典型的例子就是中空结构的长骨，这是由于鸟类和哺乳动物具有较高的新陈代谢率、钙和磷会在骨骼中沉积，但是当遇到产卵或者需要捱过寒冬时，身体就需要把这些沉积在骨骼中的矿物元素再度利用起来。

研究显示恐龙的骨骼结构更接近于鸟类和哺乳类，而不是爬行类。在

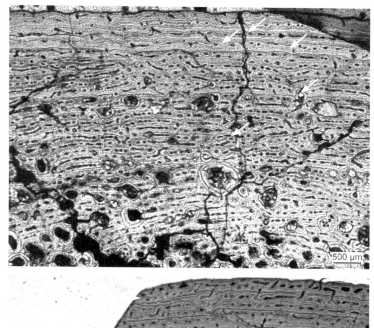

图为欧罗巴龙（*europasaurus*，一种侏儒化的蜥脚类恐龙）的骨骼组织图，
图中白色箭头所指为生长线

显微镜下可以看到恐龙骨骼中存在一种叫作纤层骨（fibrolamellar bone）的结构，但这与生长轮不同。其中黑色的点是骨骼构建或断裂时的细胞沉积留下的空腔。密布的沟壑状组织是骨骼重塑留下的，其中一些从正常骨骼组织上穿过的呈现出铁锈一样的橙色。因此，从恐龙的骨骼中可以看到大量的骨骼内部重塑现象，巴克尔也据此正确推断恐龙是温血动物。但是一直以来也有很多人认为温血动物可以有很多种，体型大小也可以是衡量标准之一，比如现在有很多体型巨大的鳄鱼和蛇类呈现巨温性（gigantothermy），从这个名词本身我们就可以明白它的含义：因为身材巨大，所以体温能够保持稳定。这个道理其实比较简单，好比我们将一个物体加热之后，如果这个物体很小，那么它很快就会凉下来；但是如果这个物体很大，那么凉下来的时间就要很长。

在20世纪40年代，内德·科尔伯特和他的同事们开展了一系列实验，显示体型较小的鳄鱼的中心温度大致上和环境温度保持一致，但是当它们的体型变得越来越大，这种随着日夜交替而来的体温冷热变化就没那么分明了，也就是说体温调节的幅度变小了。根据这些实验推断，在体型达到一定大小时，尽管外部环境的日夜温差可达20~30℃，鳄鱼的中心体温仍然可以保持不变。我一直很好奇，他们是怎么测量那些凶猛的大家伙的中心温度的？难道是用一根长柄扫帚，另一端绑着一根温度计？

鸟类和鳄鱼还有另外一个相似的特征，这个特征几乎可以确定在恐龙身上也同样存在，即它们在呼吸时，空气在肺部的流动是单向的。人类和其他哺乳类动物的呼吸方式是类似潮汐式（tidal system）的，即不管我们如何用力把气呼出去，肺部始终会有残余空气存在。鸟类和鳄鱼则不同，它们将空气吸入肺中，空气中的氧气进入血管，其余的空气则进入体内的气囊（air sacs）。当它们呼气时，所有的空气就都从气囊和肺部排出，没有废气残留。包括蜥脚类在内的恐龙的呼吸方式也是一样的，这是一种比较高效率的方法，可以让它们在不用摄入太多食物的情况下保持较高的新陈代谢率。

或许这两个特征正是恐龙变成庞然大物的部分原因，我们会在后面的第六章中继续讲述。单向呼吸能让恐龙以更高的效率获得氧气，从而以较少摄入量保持较高新陈代谢率，而巨温性可以让恐龙单纯靠增大体积保持体温的相对恒定。

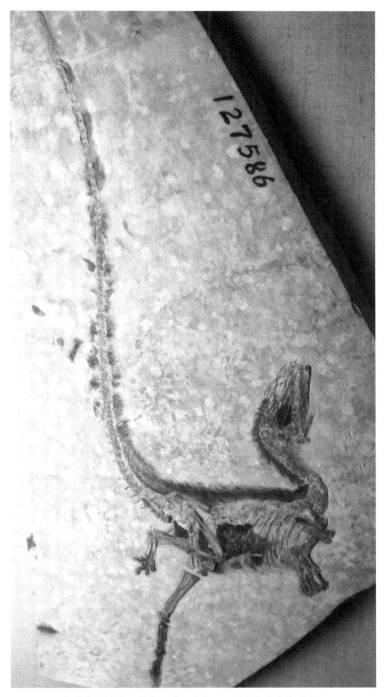

中国出土的第一具有羽毛恐龙化石，被命名为中华龙鸟。

# 中国发现的中生代鸟类

　　前面我们在鸟类演化部分提到，有些人就是无法接受恐龙是鸟类祖先的事实。实际上，像是要为赫胥黎和奥斯特罗姆正名一样，自20世纪90年代起，在中国陆续发现了很多有羽毛恐龙的化石，充分证明了鸟类

小盗龙（microraptor）骨骼化石，这是一种
长着四只用于滑行的翅膀的恐龙。

就是恐龙。我还清楚地记得第一次见到有羽毛恐龙化石的照片时的情景，那是1994年，在纽约的北美古脊椎动物学会（Society of Vertebrate Paleontology）的一次会议上，两位穿着得体的中国教授引起了不小的震动。那时中国的改革开放已经开始，但在我们的印象里中国还是一个封闭的国家。两位教授带来了很多令人震惊的有羽毛恐龙化石照片，从照片上看恐龙骨骼化石完整，甚至可以看到内脏痕迹，比如胸腔中的肝脏，最关键的是，图片上骨骼边缘部分那一丛丛东西毫无疑问是羽毛。

这具来自中国的罕见化石标本立刻吸引了所有人的目光。不久之后，约翰·奥斯特罗姆、菲利普·柯尔和他们的同事首次前往中国，并确认了这块化石的真实性。1966年，化石里的这个小家伙被季强与姬书安两位教授正式命名为"中华龙鸟"。两年后，陈丕基教授及其同事在著名的科学期刊《自然》杂志上对中华龙鸟进行了完整描述并附图。这就是原始中华龙鸟（sinosauropteryx prima，参见第122页），我当时完全没有想过后来居然有机会能够研究它。

有人批评称骨骼化石是伪造的，是用其他各种小片骨骼拼凑而成，羽毛部分则是粘贴上去的。不过，那些亲眼见到过化石的人清楚地知道化石是真的。陈丕基教授和他的同事们很谨慎，在《自然》上发表的论文中他们将这些羽毛称为"原始羽毛"（protofeathers），并声称"需要做更多的研究以证明中华龙鸟的皮外结构与羽毛之间存在的关联"。他们当时的谨慎完全可以理解。不过，随着大量相关化石标本的陆续出现，羽毛的存在已经毫无争议。在中华龙鸟骨骼化石标本中的羽毛仅是呈一簇簇的鬃毛状，但是在1998年命名的尾羽龙（caudipteryx，参见第123页）化石中发现其羽毛已经有了羽轴，类似于现代鸟类身上的细绒毛。然后就是2000年命名的小盗龙，其身上已经有了飞羽，翅膀上排列着主翼羽和副翼羽。不仅如此，小盗龙的后肢上也排列有羽毛，这是一种长着四只翅膀的动物，和此前有学者在研究动物飞行起源时假设存在的四翼鸟（tetrapteryx）很相似。

小盗龙的翼展接近1米，它可以飞，但是和鸟类的飞翔不太一样，甚至可以说区别很大。小盗龙实际上是奥斯特罗姆所画的恐爪龙的近亲，恐爪龙属于驰龙科（dromaeosauridae），与鸟类始祖关系较为接近。航空动力学专家们对小盗龙进行了复原，它的飞行方式近似于风筝，两对翅膀位于

| 属： | **中华龙鸟** |
|---|---|
| 种： | **原始中华龙鸟** |

| 命名人： | 季强、姬书安，1996年 |
|---|---|
| 年代： | 早白垩世，1.25亿年前 |
| 化石发掘地： | 中国 |
| 分类： | 恐龙类—蜥臀目—兽脚类—美颌龙科 |
| 体长： | 1米 |
| 体重： | 1千克 |
| 冷门小知识： | 2010年初，其羽毛颜色被确定，这也是世界上第一种被确定羽毛颜色的恐龙。 |

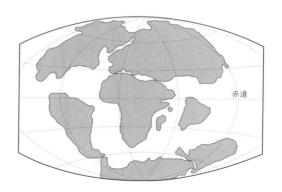

赤道

| 属： | 尾羽龙 |
| --- | --- |
| 种： | 邹氏尾羽龙 |

| 命名人： | 季强及其同事，1998年 |
| --- | --- |
| 年代： | 早白垩世，1.25亿年前 |
| 化石发掘地： | 中国 |
| 分类： | 恐龙类—蜥臀目—兽脚类—窃蛋龙类 |
| 体长： | 1米 |
| 体重： | 1千克 |
| 冷门小知识： | 曾经有人认为尾羽龙是一种不会飞的鸟，但是很显然它其实是一种兽脚类恐龙，而不是鸟。 |

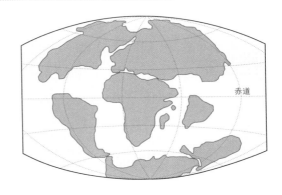

同一平面；或者类似于第一次世界大战时的那种复翼飞机，前面的一对翅膀比后面的一对稍高。但是不管是哪一种，它们的翅膀都只能在两棵树之间跳跃时伸展开作滑翔用，而不是像现代鸟类那样拍打振动飞翔。它们的翼展面积太小，无法支撑身体作稍长距离的飞行。

因此，从演化的角度来看，在中国发现的这些有羽毛恐龙化石说明了鸟类起源并不是人们此前猜测的那种突然事件，而是一个长期复杂的过程。早期的古生物学家们曾经拒绝过恐龙—鸟类这种关联模式，因为他们认为从异特龙和暴龙那样的大家伙迅速演化到能够飞翔的鸟类是不可能的事，这一点上他们其实也没错。神创论者喜欢拿始祖鸟化石说事，因为始祖鸟被称为化石中的"缺失的环节"，比如他们会讥讽地说始祖鸟是从鳄鱼蛋中孵化出的长满羽毛的小鸟，企图借此谬论否定始祖鸟，进而声称他们推翻了演化论。

随着在中国不断发掘出的侏罗纪和白垩纪恐龙化石，现在我们已经知道的就有十几种有羽毛恐龙，它们能以各种各样的方式滑行和降落。然后在某一天，以始祖鸟为早期代表的某一个分支，努力拍打翅膀，实现了真正意义上的飞翔。在白垩纪已经繁衍出数百种鸟类，而目前全世界的鸟类有接近11000种。

## 我们能确定恐龙的颜色吗？

在前言中我提到过这个话题，在古生物学的恐龙研究领域里，这是近年来最意外也最令人激动的发现之一。说意外是因为一直以来科学家们都在哀叹："我们永远也无法准确知道恐龙的颜色。"因为根据骨骼我们有可能还原恐龙的进食和运动方式，但是要确定颜色那得穿越时空回到过去才行。

我在序言中提到过，鸟类羽毛和哺乳类动物毛发的颜色的秘密来自黑色素的各种变体，比如其中的一种形式叫作真黑色素（eumelanin），它可以表现出黑色、棕色和灰色；另外一种叫作棕黑色素（phaeomelanin），表现为橘色。这两种存在于哺乳动物毛发中。鸟类羽毛颜色通常还受另外两种色素影响，一种是表现为紫色和绿色的卟啉（porphyrins），另一种是表现为红色和粉色的类胡萝卜素（carotenoids）。关键之处在于黑色素是一种很稳定的化学物质，可以承受极高的温度和压力，因此可以在化石中保存下来。这两种类型的黑色素分别存在于不同形状的黑色素体中，香肠状的内含真黑色素，球形的内含棕黑色素，而且这两种黑色素在鸟类和哺乳动物身上的表现是一致的。因此，运用系统发生学的归纳类比方法（从演化的角度出发，将恐龙与哺乳动物和鸟类"归纳"到一起），对于一个群体内的所有动物，黑色素体的形状与颜色之间的关系应该是一致的，因此合理推断在恐龙身上也成立。黑色素是在皮肤中产生的，在毛发和羽毛的形成过程中黑色素通过小囊进入毛发和羽毛中的黑色素体。

2007年，我第一次来到中国，同行的还有我的两个同事帕迪·奥尔和斯图尔特·吉恩斯。我们在华北的热河进行了两周的野外挖掘，那里有早白垩世岩层，曾经出土过很多带羽毛的鸟类和恐龙标本。然后我们又在北京的中国科学院古脊椎动物与古人类研究所做了两周的科研，在显微镜下对一些化石标本进行研究，并观察到一些很有价值的羽毛和皮肤特征。

2008年，耶鲁大学的博士生雅各布·温瑟尔发表了一篇论文，内容是从巴西和丹麦发掘的一些鸟类羽毛化石中发现了黑色素体。这立刻给了我们提示："能不能从恐龙羽毛化石中找到黑色素体？"我们立刻联系了北古所的张福成研究员，希望借一些化石标本样品，包括中华龙鸟翅膀化石的一些小碎片。2005年，张教授曾经来布里斯托开展化石研究，应我们的邀请，于2008年再次到访。也就是这一次，我们发现了黑色素体。

我们将观察结果写成论文，并在2009年初寄给了《自然》杂志。和往常一样，要想说服所有的评议人是不可能的。我们的论文经过了三轮同行评议，每一轮四位评议人，结果是有一位评议人无论如何也不相信，他的理由是："那些不是黑色素体，那些不是羽毛，这根本不是恐龙……"我和温瑟尔以及其他同事们一直保持着交流，终于，在2010年2月，我们的论文成功发表。我们的研究揭示，中华龙鸟体内含有大量的褐黑色素体（phaeomelanosomes），这是黑色素的橘色表现形式，因此，中华龙鸟是橘色的！其尾巴是条纹状的，白色和橘色相间。因此，我们在论文中配上了中华龙鸟的重建图，并很自信地说，我们的重建图"第一次正确展示了恐龙的颜色"。这个声明很重要，因为我们并不是在提供一个观点，而是在陈述一个客观事实。如果有人能够证明我们观察到的黑色素体是假的，就可以推翻我们的声明。

　　与此同时，由雅各布·温瑟尔带领的耶鲁研究团队也发表了一篇论文，重建了一种颜色更为浓艳的恐龙，即在中国发掘的来自侏罗纪的近鸟龙。它的翅膀和尾巴上是黑白相间的条纹，头顶上有一个可爱的橘色冠饰，脸颊部还有黑色和橘色的斑点。可是，这些工作意义何在？确定恐龙羽毛的颜色只是一个比较偏门的研究，或许也能在一个小范围里炫耀一下，然而究竟有多大的用处？

## 恐龙沉迷于性选择吗？

　　确定恐龙的颜色对于我们研究恐龙习性的复杂程度有革命性的意义。今天的鸟类身上的羽毛主要有三种功能：保持体温、传递信号以及飞行。很显然，保持体温比飞翔更重要，比如鸟类体表绒毛的功能单纯就是用于调节体温，这些绒毛的结构比翅膀上的飞羽简单得多。因此，就像巴克尔设想的那样，如果恐龙有羽毛，那么功能主要应该是维持体温。但是，2010年，我们的研究团队和温瑟尔的研究团队分别发表了论文，我们的观点都是恐龙羽毛有传递信号的功能，而且从其产生伊始即是如此。我们不能很轻率地断定这就是它们演化出羽毛的最初目的，然而未必没有可能。

　　中华龙鸟的条纹状尾巴和近鸟龙的条纹状翅膀和艳丽的冠饰除了传递信号之外不太可能有其他的功能。这些颜色和图案不会对保持体温和飞行产生任何影响，而且，它们也不像是伪装色。条纹状的尾巴可能有助于伪装，但是现代动物如老虎和斑马，它们的伪装色是遍布全身的，而不仅仅是尾巴。

　　而传递信号，实际上就是传递性信号。我们现在可以想象一下那些雄性恐龙，尤其是体型较小的兽脚类，在雌性面前跳来跳去，炫耀它们漂亮的尾巴，和现代的鸟类求偶时的行为如出一辙。我们的依据是现在已知的鸟类品种繁多，大约11000种，各自都有独特的艳丽羽毛图案，这就是维持并促进鸟类品种分化的性选择方式。如果剥开羽毛的伪装，几乎所有的树栖鸟类都有完全一致的骨骼结构，可是披上了艳丽的羽毛外衣之后，它们就花枝招展，完全不同了。而且，不同种的鸟类之间不会产生异种交配，因

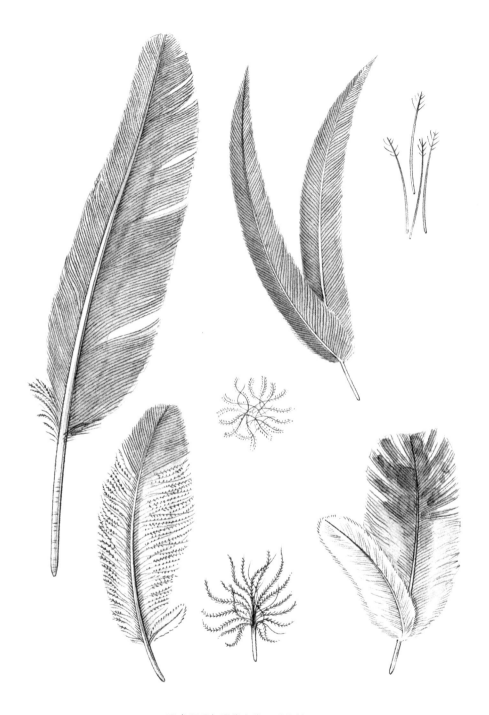

恐龙羽毛与现代鸟类羽毛的差异。

为它们在交配前的求偶舞蹈和羽毛展示仅仅只对同种的雌性有作用，其他品种的雌鸟完全不感兴趣。

如果说在很多恐龙身上存在性选择现象，那么有一个问题就不得不考虑，只有极少部分的恐龙有二态性（同物种间雌性和雄性在体型上有较大差别）。现在我们看到的很多爬行类动物、鸟类以及哺乳动物都有二态性，比如雌狮子体毛光滑，而雄狮子有浓密的鬃毛而且体型更大；灵长类动物中普遍雄性体型更大而且牙齿也更长。或许鸟类能给出一些比较合理的解释，比如雌孔雀和雄孔雀虽然外观差别极大，但仅限于羽毛，它们的骨骼完全一样，体型差别也比较细微，兽脚类恐龙或许与此类似。

这也是近期关于恐龙形态方面争论的内容之一。有些人认为，恐龙头部的那些尖角和冠饰是二态性或性选择的标志，另一些人则认为那些尖角和冠饰有其他的功能，比如防御、觅食甚至种类间的辨识。2011年，凯文·帕迪恩（Kevin Padian）和杰克·霍勒（Jack Horner）发表了一篇论文，断定恐龙的那些"奇特的结构"是为了便于恐龙个体的互相辨识，比如在广阔大地上从那些成群结队同时又长得差不多的恐龙群体中迅速找到自己的同类。根据他们的这种模型来看，那些特殊形态具备性选择功能的可能性极小。

罗布·克奈尔（Rob Knell）和史考特·山普森（Scott Sampson）对此进行了直接的反驳，他们认为那些恐龙头上的尖角、冠饰以及羽毛的颜色图案等花费巨大代价演化、保持、延续下去的特征只可能是出于性选择的需求，物种辨识只是次要的功能。他们说到，那些奇形怪状的特征在同一物种的不同个体之间也存在区别，因此对于提高辨识度帮助不大。更合理的解释是，这种特征是为了吸引异性的交配竞争或者与其他雄性的争斗。

争论远未结束，不过这些证据证明恐龙的社会行为相当复杂，以此来看，或许恐龙并不像人们此前描述的那样蠢笨。


## 恐龙到底聪不聪明？


究竟鸟类（和恐龙）聪不聪明？一般来说复杂的社会行为和求偶展示都需要较高的智力水平。我们常常会用"呆鸟"（bird-brained）来形容一

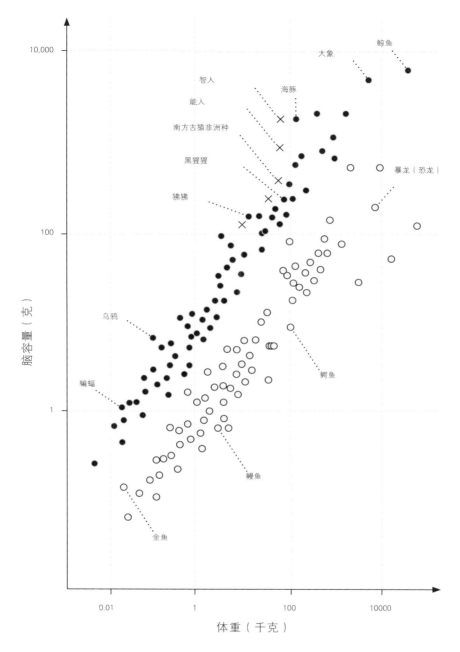

脑容量与体重之间的关系，图中包括部分
哺乳类、鸟类、爬行类动物以及恐龙。

| | |
|---|---|
| ✕ | 灵长类 |
| ● | 哺乳类和鸟类 |
| ○ | 鱼类和爬行类 |

个愚蠢的人，虽然鸟类有圆顶状的头骨包裹着的鼓鼓的大脑，但是它们绝大部分的脑组织的功能都用在感官上，尤其是视力。

而且，认为恐龙愚蠢几乎算是一种与生俱来的成见。在博物馆和儿童的故事书中，恐龙的形象始终是又蠢又笨的，只知道在侏罗纪的森林里横冲直撞，而活下来的唯一原因只是因为其他的恐龙也一样蠢笨。最著名的一个例子是背上长着硬质骨板的剑龙，它们头部的大脑只有一个小猫咪那么大，在它们的臀部还有一个大得多的大脑，用于控制后腿和尾巴。

包括人类在内的哺乳动物有较高的智力水平，因为它们的大脑有比较特殊的构造和功能。哺乳动物的大脑有大脑皮质层，呈两个布满皱褶的半球形，前脑和大脑皮质层包裹着较为"原始"（primitive）的中脑和后脑。鱼类和爬行动物类的大脑排列较为简单，呈前脑、中脑和后脑直线排列。简单来讲，爬行动物类的大脑的主要功能是控制感觉器官——鼻子、眼睛、耳朵和条件反射，还有争斗、飞行和觅食等重复性行为。

恐龙的大脑不可能保存下来，但是从头骨化石中我们能够有一个大致的感知。根据人类和其他哺乳动物的大脑来推测，我们习惯性地认为大脑应该占据头部的大部分位置。实际上，包括恐龙在内的爬行类动物的脑部是很小的，它们位于头部深处的一个骨质的脑壳中间，脑壳相对于头部的大小就类似于在一个鞋盒中间的一个火柴盒。恐龙头部的大部分空间都被上下颌的肌肉占据，此外在口鼻部还有眼眶和鼻腔。

此前，研究恐龙神经系统的科学家们习惯于寻找在恐龙脑壳中自然形成的大脑模型化石。但是后来他们发现，可以换一种方式，往清理干净的恐龙头骨化石的脑壳区域内灌注填充介质，也能得到大脑的模型，从而得出恐龙大脑的形状和大小。现在科学家们已经可以使用CT扫描技术，得到的大脑模型令人惊叹（参见彩图11）。从图中我们可以看到位于两根柱状前突上面的视神经叶（optic lobe），其功能是处理眼睛获得的图像。然后可以看到脑壳中的中脑和后脑部分。在两侧有脑神经突出，这些重要的神经控制着面部各个器官的机能。中耳鼓室间的半圆形通道甚至清晰可见（参见彩图12），这是控制身体平衡的重要器官。

这些信息看起来似乎很有用，但是，恐龙究竟聪不聪明？对于人类来说，智力始终是一个很重要的话题，我们甚至以此来定义人类自身。我们自称智人，即很聪明的人。人类的脑容量确实很大，但是鲸鱼的大脑更大，那么是不是就意味着鲸鱼更聪明？当然不是，因为脑容量和体型是成正比的。因此，1973年，大脑生物学家哈利·杰里森（Harry Jerison）建立了一个衡量脑容量和体型比例的方法，叫作脑化指数（encephalization quotient，简称EQ），他认为这个方法对于衡量动物智力很有效。和预想的一样，相比较而言，从EQ指数来看，哺乳类动物的脑部较大，爬行类动物脑部较小，鸟类位于两者之间，更接近哺乳类；恐龙的脑部大小则是介于现代的爬行类和鸟类之间。

因此，即便恐龙在交配选择等方面显示出了一些复杂的行为特性，总体来说它们的智力并不高。我们可以据此推测有些体型较小的兽脚类恐龙可能具备和鸟类差不多的智力，比蜥蜴和鳄鱼稍高一些。这里我们就将涉及到能够获取的史前信息的极限，即那些无法形成化石的身体软组织。但是我们能找到吗？是否有其他特殊的信息保存方式？

## 琥珀中能保存恐龙信息吗？

谁能想出比《保存在琥珀中的恐龙》更吸引眼球的标题？但这就是2016年我们宣布的，迄今为止发现的引人注目的完美恐龙化石之一。我很有幸收到来自中国地质大学（北京）的古生物学家邢立达的邀请，前往中国与他们的团队一起研究他2016年获得的一块化石——一块包裹着一截恐龙尾巴的琥珀化石（参见彩图6）。在显微镜下，我们可以清楚地看到尾巴中的骨骼，尾巴周围蓬松的羽毛，甚至能够看到萎缩的尾巴肌肉和皮肤的残留。

这是2016年引人注目的科学发现之一，在全世界被广泛报道。实际上，基于各种报道、推特和Facebook讨论的数量，它被评为了当年第八大最广泛关注的科学发现。再仔细看看这块化石，不由得让人由衷赞叹！

这块琥珀化石标本来自缅甸著名的白垩纪中期琥珀沉积，从19世纪90年代开始，缅甸已经发掘出了很多著名的琥珀化石。在一篇发表于2002年的综述中，古昆虫学家大卫·格里马尔迪（David Grimaldi）报告了很多漂亮的琥珀化石标本，里面含有被子植物和其他植物残留，大约三十种昆虫和蜘蛛，还有一些单独的羽毛。到了2010年，昆虫种类已经接近一百种。这一块琥珀形成于9880万年前，正好是我们在第二章中提到的早白垩世的陆生生物革命阶段。在中生代的那段时间里，开花植物和它们那些嘈杂忙碌的昆虫伙伴们纷纷登上历史舞台。

琥珀是一种淡黄色或者棕黄色的物质，部分透明，质量很轻。在过去的几千年里，琥珀一直被人们收藏并且被用作珠宝和装饰品。许多琥珀中含有昆虫或者树叶，它们经常被加工成独具特色的挂坠和胸针并高价出售。琥珀其实是古老树木的树脂化石后形成的，主要来源于可以分泌黏稠树脂的松树和柏树。琥珀能够保存包裹在其中的昆虫的所有细节，比如说，一只困在琥珀中的小小昆虫，我们能够从显微镜下看到它背部的极其细小的绒毛，甚至其复眼中的每一个小眼。有些琥珀中还能看到它们身上的颜色图案，没准那正是它们原本的色彩。在世界各地人们发现了很多琥珀化石，除了昆虫和植物，还有其他很多非常稀少而珍贵的种类，如蘑菇、羽毛、哺乳类动物的毛发，甚至还有整只的蜥蜴和青蛙。

琥珀的著名产地有很多，除缅甸外，还有波罗的海地区（Baltic）和多米尼加（Dominica）等。琥珀化石的年代主要是从白垩纪中期到新生代，因此基本上最早产生时间是1亿2500万年前。关于缅甸琥珀化石的论文每年都有上百篇，因此在这个领域每年都很可能会有几百种新物种出现。

······························

认识到鸟类是从恐龙演化而来为古生物学研究开辟了一个新的领域，而从中国发掘出的众多关于有羽毛恐龙的重要化石也为赫胥黎和达尔文这些维多利亚时代的科学家们的辛勤付出和深刻见解作了完美的证明。新的化石能够为古生物学研究提供新的研究对象，尤其是从缅甸发现的这些琥珀化石，它们为研究化石中保存的软组织提供了可能，而此前科学家们一直认为软组织是不可能在化石中保存下来的。

不过，如我们所见，推动研究发展的不仅仅是新化石，还有新科技。得益于CT扫描技术和高精度的显微镜，我们对恐龙骨骼和羽毛结构的研究有了更深层次的研究。过去十年间我们在恐龙体温调节、颜色和行为方面的研究进展超过之前一个世纪的进展总和。

# 第五章

# 侏罗纪公园能成为现实吗？

一直以来，恐龙之所以被人们关注是因为它们的灭绝，不过这个原因其实挺无奈的，要是恐龙能思考，它们肯定不愿意以这种方式出名。当然，在远古的那段时期，恐龙的世界一定是很奇特的。在本书中，我们在研究恐龙的时候也把它们当成正在呼吸、奔跑、捕食、成长乃至交配的活生生的动物。想象一下，如果我们能见到一只活的恐龙，那该多有趣！

这个想法被很多作家们写进了科幻小说。在1912年出版的小说《失落的世界》（*The Lost World*）中，作者阿瑟·柯南道尔（Arthur Conan Doyle）描写了动物学家乔治·爱德华·查伦杰（George Edward Challenger）教授带领他的部下在南美野外探险的故事。查伦杰教授听说在南美的野外丛林中有一个高原，远离文明社会，从未有人类涉足，上面有包括恐龙在内的史前生物。在经历了多次失败的尝试之后，探险队终于到达了那片高原，他们

1925年，阿瑟·柯南道尔爵士的小说《失落的世界》首次被搬上银幕。

发现了一个古老而奇特的世界，有很多凶残的猿人和各种恐怖的史前生物。查伦杰的探险队一直被恐龙追杀，长着巨大翅膀的翼手龙（pterodactyl）从空中俯冲而下将队员抓走。探险队历尽艰辛终于脱离险境，并把一只未成年的翼手龙带回了伦敦，向世人证明这个令人难以置信的世界的存在。

第一次世界大战快结束时，埃德加·赖斯·巴勒斯（Edgar Rice Burroughs）出版了另外一部经典的恐龙科幻小说《被时间遗忘的土地》（*The Land that Time Forgot*，1918年，又名《迷失恐龙岛》）。书中描写了南太平洋深处一个名叫卡普罗那（Caprona）的神秘小岛，岛上有各种恐龙和猛犸象，故事的背景基于第一次世界大战，因此书中还有德国、英国的军队和潜水艇等故事情节。

在整个20世纪还有很多类似的与恐龙有关的科幻小说，其中最著名的，同时科学性也最高的是迈克尔·克莱顿（Michael Crichton）于1990年出版的《侏罗纪公园》（Jurassic Park）。这部小说出版之后立即被大导演史蒂芬·斯皮尔伯格（Steven Spielberg）在1993年搬上银幕。在这本书中，克莱顿充分运用了他对于当时基因学知识重大进展的把握，因此故事非常引人入胜。他在书中提出，在一块1亿年前的琥珀化石中有一只蚊子，从蚊子腹部抽取的血液物质中能发现恐龙DNA（中文全称"脱氧核糖核酸"）碎片信息，将这些DNA信息进行复制，注入现代的两栖动物的卵中，以它们为宿主并进行基因编辑、繁殖发育，最终就可以孵化出恐龙。

以DNA为突破口是合理的，因为DNA上携带着遗传信息。以人类为例，在人类体内有30亿个碱基对，表现为46个染色体（2×23组），这些碱基对构成了大约3万个基因的基因组，包含着人体的全部信息，并能不断保持人体细胞的自我修复。因此，克莱顿在书中描写的各种实验室工作有一定的科学依据，所以书和电影中的内容都让人觉得非常合理。但是，真的能通过这种方法复活恐龙吗？

凯利·穆利斯（Kary Mullis）在1983年发明了聚合酶链式反应（polymerase chain reaction，简称PCR），并因此在10年后获得诺贝尔化学奖。克莱顿很快就认识到这种新型克隆技术的潜力。运用PCR技术，生物学家和医学研究人员可以将少量的DNA片段扩增成上百万个DNA片段。有许多实验要用到大量纯化的DNA片段，因此在PCR技术出现之前，开展这些分子生物学和基因编辑实验要花费大量的时间和金钱。PCR技术带来了基因研究领域的革命,很快在医药和农业发展上就得到了广泛的应用。

下面是克隆出一只恐龙的步骤,也即《侏罗纪公园》里所描写的方法:

1. 用一根细长的注射器从保存在琥珀中的蚊子的腹部抽取其吸食的恐龙血液。
2. 在离心机中快速旋转血液样本得到浓缩的DNA片段。
3. 取一小段浓缩的DNA片段并克隆(扩增)。
4. 克隆DNA的具体方法是将其分成多个片段,注入细菌中进行多次的分裂复制。
5. 将扩增后的DNA注入到青蛙的卵细胞中(青蛙卵细胞中原来的细胞核已被去除)。
6. 恐龙的DNA在青蛙卵中复制,其所含有的是恐龙的遗传信息,而不是青蛙的遗传信息。
7. 科学家们接下来要做的就是等待,等待青蛙卵发育成一只恐龙。
8. 青蛙卵不会发育成小蝌蚪,更不会变成青蛙,因为遗传密码已经被改变。单细胞的卵分裂成2个,4个,8个,16个……每一个都是含有恐龙DNA的细胞。
9. 细胞外部发育成鸟蛋壳一样的外壳,看起来就像是一个恐龙蛋,而不是又软又黏的青蛙卵。
10. 然后终于到了孵化的那一天,也就是我们在电影中看到的那样,坚硬的白色蛋壳上出现一个裂口,探出一个鳞状的鼻子,接着是头部,最后跳出来一只小恐龙。虽然才刚出生,但它已经迫不及待地露出尖牙利爪,准备捕食。

整个过程看起来非常明确。自柯南道尔的《失落的世界》发表以来的一个世纪时间里,分子生物学和遗传学取得了无数巨大的进步,以至于好像没有什么是不可能做到的。那么,我们真的能用现代的分子生物学等技术复活远古的动物吗?

# 我们发现过恐龙的DNA吗？

克莱顿的《侏罗纪公园》一出版就引起了古生物学家的注意。我相信很多人在读这本书的时候是抱着寻找破绽的目的去的，不过大多数人不得不承认书中描述的场景看起来确实可信。从技术层面来讲，通过DNA技术复活恐龙非常复杂，但是还是有人相信在未来我们是有可能获得恐龙的DNA信息的。实际上，就在1993年的《侏罗纪公园》电影上映之前，已经有科学家声称成功提取到了远古生物的DNA。

那是在1992年，保罗·坎诺（Raul Cano）教授和他的同事们宣布他们从一块化石中提取到了保存在其中的蜜蜂的DNA。这是一块来自加勒比海地区（Caribbean）多米尼加共和国（Dominican Republic）的4000万年前的琥珀化石。他们的发现立即引起了轰动。虽然他们发现的并不是恐龙的DNA，但是任何远古生物DNA的发现都是一个成功的开始。一年以后，坎诺宣布他们从一块多米尼加的琥珀化石中提取到了植物的DNA，而且还有更激动人心的事。他们从一块发掘自黎巴嫩（Lebanon）的约1亿3500万年前到1亿2000万年前的琥珀化石中成功提取到了象鼻虫（weevil）的DNA。

从琥珀化石中提取有机分子成了上世纪90年代的一股热潮，其中一些独立实验室取得了不少进展，它们有的从多米尼加的琥珀化石中提取出了白蚁DNA，有的从黎巴嫩的琥珀化石里提取出了甲虫DNA，这些都为坎诺团队的发现做了印证，而且这其中的象鼻虫和白蚁是和恐龙同时代的生物，从时间点上讲真是再好不过了。

这些团队并没有像电影里那样从琥珀中的蚊子腹中提取到恐龙的血液，但是他们的工作证明了DNA可以保留上百万年，因此克莱顿笔下的场景或许有一天会成为现实。

然后到了1994年，终于有了重大进展。《科学》（*Science*）杂志上发表了一篇论文，宣布发现了恐龙的DNA。当时的《新科学家》（New Scientist）杂志是这样报道的：

> "犹他州杨百翰大学（Brigham Young University）的科学家们发现了一小块恐龙骨骼化石中隐藏的秘密。史考特·沃伍德（Scott

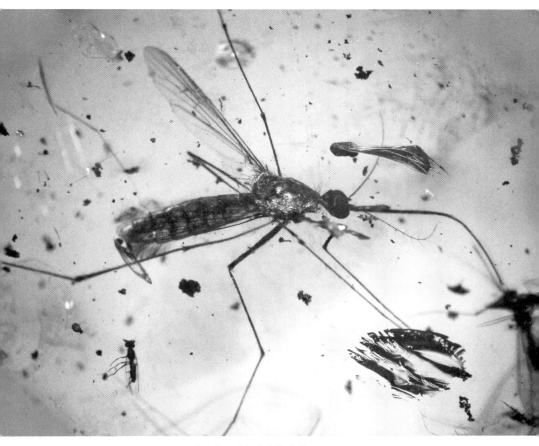

琥珀化石中保存完好的蚊子。

Woodward）教授和他的团队从化石中提取到了恐龙的DNA碎片，不过这和迈克尔·克莱顿笔下《侏罗纪公园》中的复活恐龙还有非常遥远的距离。"

沃伍德教授的团队在一年多的实验中只从9个样本中提取到DNA信息，成功率只有百分之一点八，因此沃伍德教授承认："若不是因为在实验初期我们成功了一次，我们可能早就放弃了。"《新科学家》报道称，DNA信息来自于两块距今约8000万年的骨骼化石，发掘自犹他州的一处煤矿。虽然无法准确认定骨骼身份，但是根据它们的尺寸大小和发掘地点，沃伍德教授断定它们是恐龙骨骼。

然而，还不到一年，沃伍德教授的结论就被推翻了，他发现的其实不是恐龙DNA，而是人类的DNA。一开始沃伍德不愿意承认这个结果，他承诺将继续进行实验来证明，但实际上当时有很多科学家正在审查和试图重复沃伍德的实验。这些早期的实验中大多存在一个问题，就是操作者们未能采取足够的措施防止污染。PCR技术的一个关键步骤是对小段的DNA片段进行克隆扩增，操作人员的一滴汗水或者一个喷嚏就能完全改变实验的结果。

## 在化石形成过程中，有机分子能生存下来吗？

　　正是从20世纪90年代起，化石研究中分子测量层面的污染，尤其是远古生物DNA研究方面的污染问题引起了科学界的重视。审查发现，DNA污染源不仅可能来自人类。还有可能来自当代的其他动物。事实上最初报道提取出植物和昆虫DNA的实验室，此前曾经也分析研究过其他昆虫和植物，这其中存在巨大风险。在提取的白垩纪的象鼻虫和白蚁的DNA中，很可能就混入了当代的象鼻虫和白蚁的DNA。因此，在远古生物DNA的研究过程中，必须要建立更严格的程序。

　　从20世纪90年代开始，研究远古生物DNA的实验室纷纷采取了极其严格的措施以防止污染。首先是所有进入实验室的人员必须脱去外套，换上带有头套的干净工作服；所有的操作人员还必须戴上面罩，以防止头发掉落或者是在呼吸的过程中带来污染。第二，所有涉及对古生物DNA的研究，只能在固定实验室中进行，对所有现代生物DNA的研究都在其他的实验室，这样可以避免交叉污染。第三，所有的分析结果都要在另外的单独实验室中进行重复验证，以排除污染风险。第四，研究古生物DNA的实验室，每天晚上都要使用紫外线进行完整的消毒，以确保杀灭从苍蝇到细菌等所有可能带来污染的生物。

　　这些预防措施基本上可以消除污染，但是，DNA究竟能够存活多久？对寻找远古生物DNA不乐观的人很多，英国生物化学家托马斯·林道尔（Tomas Lindahl）是其中比较著名的一位。他指出，DNA的降解时间很短，正常就是几天、几个月到几年。通常情况下，一个生物的DNA信息在

100年以后基本上就不太可能存在了，更何况是1亿年！后续的一些研究证明，从博物馆的一些刚灭绝不久的动物标本上获取其DNA是可能的，比如100多年前灭绝的南非斑驴（quagga），以及1681年灭绝的渡渡鸟（dodo）。时间记录被不断刷新，很快是5000年前的埃及木乃伊，然后是1万年前的猛犸象，直至2013年，科学家从距今70万年的马的骨骼化石中提取到DNA。

　　这个马的DNA信息要比其他那些动物的DNA久远得多，而且都是很小的碎片。实际上，即使是只过了100年，科学家所提取到的斑驴DNA也已经破坏严重，很难做进一步分析。如果一个DNA片段上只有少于10个碱基对，那么基本上不太可能在此基础上重建任何长度的原始DNA序列。唯一的解决方法就是使用计算机的超级计算能力对所有可能的组合进行筛选，直到某个看似合理的结果出现。因此，要获取恐龙或者任何100万年前的生物的DNA几乎都是不可能的，更不要说是1亿年前的了。

　　经历了这么多努力之后，答案已经很明确，DNA分子没那么顽强。实际上，化学家对有机分子的强度做过一个排序，有些能够承受极高的压力，而有些则很容易被破坏。在石化的过程中，绝大部分的生物组织会被迅速分解掉，要么是在空气、泥土和水中腐烂，要么是被其他动物吃掉，或者是被细菌分解。在一些极端状况下，某些动物的皮肤、肌肉和内脏不会很快被分解，这主要出现在它们的尸体被水和沉积物覆盖并与氧气隔绝时。在这种情况下，生物分子虽然被掩埋，但是它们需要承受极高的压力和温度，绝大部分还是会消失，或者是被破坏而无法辨认。

　　能够保存下来的分子包括木质素（lignin）、甲壳素（chitin，又称几丁质）和黑色素等。木质素是构成木材的一种结构分子，能够生存上亿年。同样，构成节肢动物坚硬角质层的甲壳素也可以生存极久的时间。还有我们在第四章中提到的能够表现出黑色和褐色的黑色素，它广泛存在于羽毛、头发、深色皮肤和雀斑、视网膜、乌贼喷出的墨液、肝脏和脾脏周围组织以及脑膜中。如前文所述，正是因为黑色素的顽强特性，我们今天才可以确定化石中的鸟类和恐龙的羽毛颜色。

　　科学家们模拟化石形成的环境对甲壳素和黑色素进行了一系列实验，发现随着压力和温度的改变，它们的复杂分子结构变化与化石中的表现是一致的。同样，和预想的一样，模拟化石形成的环境对DNA之类的生物分

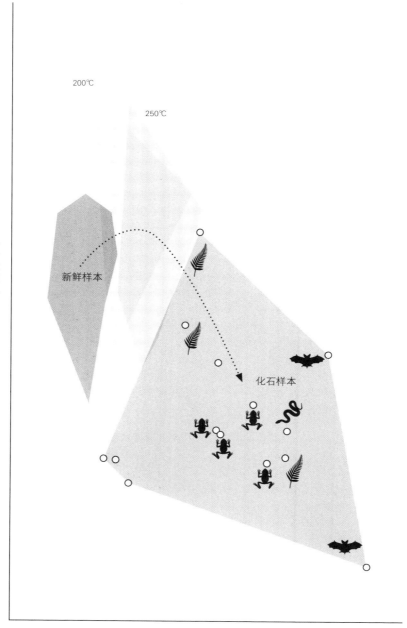

PC2（15.686%，差异率）

PC1（23.436%，差异率）

200℃

250℃

新鲜样本

化石样本

实验结果显示，在高温、高压下，黑色素的衰退速度极其缓慢。
实验指标与化石中的指标很接近。

子进行同样的实验时，这些生物分子很快就都被完全破坏，无法生存，也不可辨认。因此，虽然宣称发现远古恐龙血液的报导从来就没有停止过，但生物化学家们已经基本达成了共识，就是如果要寻找远古的有机分子，那么只能是寻找木质素、甲壳素和黑色素，寻找DNA将是徒劳无益的。就在我的这本书即将出版的时候，出现了戏剧性的转折，一个新的报导既部分证实但也部分否定了我的怀疑观点。

## 我们能鉴别出恐龙的软组织和血液吗？

人们不得不接受DNA无法存活上万年这个令人失望的事实，因此，所有那些宣称发现了百万年之前的昆虫、植物和细菌等DNA的研究都被否决了。但是在恐龙骨骼化石中是否有可能存在其他的物质，比如说某种特殊的蛋白质？1997年的一篇关于恐龙血液痕迹的研究报告重新点燃了希望。蒙大拿州立大学（Montana State University）的古生物学家玛丽·施韦策（Mary Schweitzer）的团队发表报告称，她们从保存非常完好的君王暴龙的骨骼化石中提取到了蛋白质和血液化合物。这一研究如果被证实，将为我们研究恐龙的生理学提供极大的帮助，因为我们可以从它们的血红蛋白结构分析其血液中的含氧量，进而推断恐龙究竟是不是温血动物。

对于能够从保存得如此完好的恐龙骨骼化石中发现远古时代的蛋白质，玛丽·施韦策也非常开心。她提到，化石内部的某些部分几乎与现代的骨骼一样，还没有矿化。骨骼的外层非常坚硬，阻止了水分等物质的侵袭，因此骨骼的内部看起来非常完好。施韦策从骨骼内部发现了蛋白质和类似DNA的物质，她描述了当时这一激动人心的一幕：

> 实验室里响起了一阵激动的窃窃私语的声音，因为我眼前所看到的这块骨骼化石血管中的物质是我们大家从未见过的，一些中心颜色较深的红色半透明状圆形物体。一个同事凑过来看了一下，然后大叫起来："这是红血球！你发现了红血球！"这块骨骼化石切片看起来就和现代的骨骼差不多，这实在是让人难以置信！我对大家说："这些

骨骼是6500万年前的，这些红血球怎么可能保存这么久？"

施韦策的团队对这些可能含有红细胞的骨骼化石进行了仔细的检测，看起来它们中间确实含有血红素（haem）。血红素是血液中血红蛋白分子里能够与氧结合的物质。血红素中含铁，与氧结合时呈现红色，因此血液是红色的，就好比日常生活中我们看到的铁与空气中的氧气接触后生锈产生的锈红色一个道理。很多科学家对这一发现持怀疑态度，他们认为那些红色球形痕迹与血液等毫不相干，很有可能只是骨骼掩埋后内部生长出来的类似铁矿石的物质。

批评的声音很多，有的中肯，有的也许过于苛刻。2005年，施韦策团队在《科学》杂志上发表了后续的研究论文，标题是《君王暴龙的软组织血管和细胞的保存》（*Soft-tissue vessels and cellular preservation in Tyrannosaurus rex*）。她的团队将肢骨化石硬质的磷酸钙（calcium phosphate）部分进行溶解，然后将溶解之后剩余的狭窄血管中所包含的球形物质挤出。清除了矿物质之后剩下的骨基质（bone matrix）呈纤维状，而且还有一定的弹性，这实在是不可思议，因为这可是7000万年前的化石。施韦策的团队在对这块化石做了一系列后续的检测后发现，这些纤维状物质主要是胶原质（collagen），和普通骨骼中的一样。

骨骼的成分主要有坚硬的磷酸钙和柔软的纤维状胶原质两种，它们的结合给了骨骼一定的韧性。缺少磷酸钙时，单独的胶原质会形成软骨，比如我们耳朵和鼻梁间的骨骼，还有鲨鱼的大部分骨骼也是软骨。

很快，在2008年，托马斯·凯伊（Thomas Kaye）及其研究团队发文称这些化石的细微结构是某种假象。他们认为所谓的血管组织可能是细胞黏膜，而疑似的红细胞可能是黄铁矿（pyrite）晶体。玛丽·施韦策团队当然不认可这一说法，而且后来在2015年，另外一个团队对11块属于白垩纪的恐龙骨骼化石中的胶原质和红细胞的进一步研究似乎也证实了她们的结论。

然而，到了2017年，曼彻斯特大学的迈克尔·巴克利博士（Michael Buckley）和同事发表论文称，施韦策团队的君王暴龙的胶原质中含有实验室污染物，包括土壤细菌和疑似鸟类的血红蛋白和胶原质。而且，他们发现施韦策团队所发现的恐龙蛋白质与现代鸵鸟的蛋白质序列一致，如果该实验室曾经分析过类似的化石那么就会比较容易犯这样的错误。紧接着又是一些证实的报导。耶鲁大学的博士生亚斯米娜·魏曼（Jasmina Wiemann）带领研究人员对骨骼化石中的血管状和其他黄褐色组织再次进行了检测和研究。她们在2018年发表论文称，经过严格的检测，她们发现那些血管和软组织都是真实的，只不过除了胶原质，其他的可能都已经不是原来的蛋白质，而是已经衰退成了氮杂环类聚合物（N-heterocyclic polymers）等其他的形式。因此，玛丽·施韦策团队确实发现了恐龙骨骼化石中的血管、皮肤细胞，以及部分神经末梢，只不过它们当中的蛋白质在骨骼石化过程中早已被彻底转变。

如果采取足够的措施防止污染，那么化石中的胶原质是可以被提取出来的。1992年，德国学者杰拉德·穆泽尔（Gerard Muyzer）从两块白垩纪的骨骼化石中提取出了另外一种骨蛋白——骨钙蛋白（osteocalcin）。骨钙蛋白存在于所有的脊椎动物骨骼中，可以促进骨骼的修复，同时也有其他的生理功能。骨钙蛋白是一种非常顽强的蛋白质，它能够与骨骼中的矿物紧密结合，因而结构非常稳定。同时，骨钙蛋白分子量也相对较小，只含有大约50个氨基酸。2002年，科学家们对一块55000年前的北美野牛骨骼化石中的骨钙蛋白分子进行了分析，获得了完整的氨基酸序列信息（amino acids）。希望有一天，我们也能测出恐龙的骨钙蛋白氨基酸序列。

## 能否确定恐龙的性别？

一直以来，古生物学家们认为至少有一些恐龙是具有性别二态性的，也就是说它们的雄性和雌性在外观上有明显区别，这一特征我们在第四章中提到过。科学家们曾经提出性别二态性主要存在于头上长有尖角或鸭嘴状吻端的角龙类和鸭嘴龙类。在晚白垩世时期，这些植食性恐龙遍布地球，它们的骨骼几乎一样，但是头部外观上区别很大。然而，后来的一个惊人发现显示，在某一个时期的某一个地点发掘出的都是雄性恐龙的化石，而所有头部有明显区别的雌性恐龙，却都生活在另一个时期的另一个地点，二者没有交集，这个发现推翻了性别二态性假设。

最神奇的化石：一块石板上两只孔子鸟（confuciusornis），一只是雌性，一只是雄性（有长长的旗帜状尾羽）。

但是，现在我们可以确定恐龙羽毛的颜色和特征等细节，性别二态性假设再次成为研究人员的关注焦点。现在学界已经广泛接受的一个观点是，很多恐龙羽毛的主要功能是展示性的，就和现代的某些鸟类一样。我们在第四章中还提到过，某些恐龙的条纹状羽毛和头部的冠饰主要是雄性用来吸引雌性的工具，这在其演化过程中起到了性淘汰的重要作用。

令人欣慰的是，在性别确认上有一些证据是无可辩驳的，我们可以使用这些证据确认一些恐龙的性别。在很多雌鸟的体内有一种髓质骨（medullary bone），这是一种填充于骨骼空腔中的松质骨（spongy bone），1934年，在鸽子骨骼中首次发现，然后发现麻雀和鸡鸭等禽类体内也有。髓质骨的形成和分解都很快，其主要作用是储存钙质，当禽类产卵需要形成蛋壳时，髓质骨就能迅速派上用场。后来的研究显示，这一现象在所有的现代鸟类体内均有发生。生理学实验表明，在雌鸟体内的卵黄刚刚形成时，髓质骨即开始在很多骨骼中产生，然后在体内钙质聚集形成蛋壳的过程中逐步分解。髓质骨的形成和分解是周期性的，随着鸟类繁殖周期内雌激素等荷尔蒙的变化而变化。

2005年，玛丽·施韦策首次从暴龙骨骼化石中发现髓质骨，而此前髓质骨仅存在于现代鸟类体内。之后，从其他的兽脚类恐龙、鸟臀目的腱龙（tenontosaurus，参见第146页）和橡树龙（dysalotosaurus），早已灭绝的孔子鸟（参见第146页）和大海雀（pinguinus）化石中也相继发现了髓质骨。位于开普敦的南非博物馆（South African Museum in Cape Town）的安瑟亚·金萨米-杜兰（Anusuya Chinsamy-Turan）和他的同事们发表的孔子鸟化石研究报告尤其有说服力，因为他们的报告证明了髓质骨所属的化石标本确实属于雌性孔子鸟（参见彩图13）。中国各地的博物馆中有上千块孔子鸟化石，它们的个头大约和乌鸦差不多，而且有明显的雌雄形态差异。有一块标本非常著名，在一块石板上同时有一雌一雄两具孔子鸟骨骼化石，其中推断为雄性的孔子鸟有很长的旗帜状的尾羽，而另一只则没有，可能是雌鸟。也就是说，和很多现代的鸟类一样，雄鸟身上会有一些花里胡哨的装饰，用来展示和吸引雌鸟，显示自己多么迷人，而且一定能做个好父亲。

金萨米-杜兰和同事们仔细研究了孔子鸟骨骼化石中的松质骨部分，使用显微镜从骨骼空腔中发现了髓质骨。他们发现的髓质骨都只存在于雌性

| 属： | 腱龙 |
| --- | --- |
| 种： | 提氏腱龙 |

| 属： | 孔子鸟 |
| --- | --- |
| 种： | 圣贤孔子鸟 |

| 命名人： | 侯连海等人，1995年 |
| --- | --- |
| 年代： | 早白垩世，1.25亿年前 |
| 化石发掘地： | 中国 |
| 分类： | 恐龙类—蜥臀目—兽脚类—手盗龙类—初鸟类（鸟） |
| 体长： | 0.5米 |
| 体重： | 0.5千克 |
| 冷门小知识： | 这是目前发现最多的鸟类化石，世界各地的博物馆中有有数千具孔子鸟骨骼化石。 |

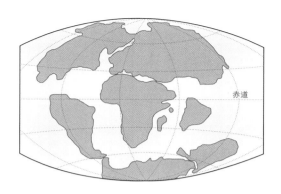

| 命名人： | 约翰·奥斯特罗姆，1970年 |
|---|---|
| 年代： | 早白垩世，1.15亿—1.08亿年前 |
| 化石发掘地： | 美国 |
| 分类： | 恐龙类—鸟臀目—鸟脚类—禽龙类 |
| 体长： | 6.5—8米 |
| 体重： | 0.8—1吨 |
| 冷门小知识： | 第一块腱龙化石发掘于1903年，但是直到20世纪60年代，完整的腱龙骨骼化石被发掘后人们才对这种恐龙有较为完整的了解。 |

孔子鸟化石中，雄性孔子鸟体内从未发现。当然，也不是所有的雌性孔子鸟化石骨骼内都会有，因为它们死的时候并非都处于繁殖状态。

其他还有一些关于暴龙和异特龙等体型较大的恐龙的髓质骨研究，这些研究争议较大。对于这些大型恐龙体内存在的髓质骨有另外一种解释，即这些恐龙存在快速生长期，它们能够在几个月的时间里增加上千斤的体重，所以它们需要储存和利用足够的钙质，这一点我们将在后面的第六章中继续阐述。髓质骨在现代鸟类体内所起到的繁殖辅助作用是确凿无疑的，对于一些远古鸟类应该也是如此，因为对于鸟类和一些小型恐龙来说产卵是一个很大的负担，所以在它们体内会存在髓质骨。

通过对恐龙骨骼化石的研究可以了解其生理学和择偶习性，可是并没有回答本章开始时提出的问题，我们能复活恐龙吗？

## 可以通过基因编辑技术复活恐龙吗？

因为DNA分子的衰减速度很快，所以我们可能永远也无法获得恐龙的DNA。那么用克隆技术行不行？我们都听说过著名的克隆羊多莉（Dolly），也一直有很多科学家提议用克隆技术复活已经灭绝的猛犸象，这可以实现吗？

1997年，克隆羊多莉的消息首次向公众披露，并在科学界掀起了轩然大波。那是在两年前的1995年，爱丁堡罗斯林研究所（Roslin）的一个科研小组开始了对家畜的基因改造研究。此前他们在实验室中克隆了两只羊的胚胎，但是都只发育了几个星期，没能成功。多莉诞生于1996年7月5日，但是这个消息1997年初才公布。这是第一例成功的克隆哺乳动物，消息一传出就轰动了全世界。

然而不幸的是，2003年2月，克隆羊多莉就去世了，6年的寿命只是普通绵羊寿命的一半。多莉的早夭是否和它是克隆羊有关？它算不算是疯狂的科学家在实验室里造出来的怪物？对于克隆也有很多伦理道德方面的争议，很多人从宗教、政治等角度完全反对克隆技术，也有一些人认为科学家应该自由进行科学研究，以不断将人类的知识向新的领域拓展。实际上，在和食物相关的农作物研究领域中，对农作物进行基因编辑的工作已经开展了几十年，我们食用的绝大多数甜玉米以及很多其他的谷物和豆类都经过了基因改造，目的是增加产量或是营养成分。

克隆的意思是"制造一个一模一样的副本"，克隆技术的理念是要寻找一种方法直接使用DNA物质制造受精卵并发育，避开通常的雄性使雌性体内卵子受精的两性繁殖方式。在实验室中，克隆主要有以下几个步骤：（1）从想要克隆的动物或植物体内细胞中取得完整的DNA；（2）将从宿主动物体内取得的卵子的细胞核去除；（3）将DNA物质注入去除细胞核的卵细胞中；（4）将合成后的卵细胞放入另一只雌性动物子宫中发育，通常是同种动物，或者是亲缘关系很近的其他动物。这就是克隆羊多莉的整个诞生过程。

科学家们进行了一系列克隆动物的尝试，他们首先选择的是那些濒临灭绝的动物。其中的一个例子是印度野牛（gaur），这种动物生活在印度和东南亚国家，体型较大，身高约2米，体重近1吨。印度野牛曾经有较大的种群数量，但是由于人类的猎杀，其总量已经减少到大约36000头。于是，位于美国马萨诸塞州的一家名叫先进细胞科技（Advanced Cell Technology，简称ACT）的生物公司决定尝试克隆印度野牛。不过ACT公司采取的方法和克隆绵羊多莉的方法不太一样，他们选了另外一种动物作为克隆牛的母亲。虽然他们也可以选择用雌性印度野牛作为母亲来受孕分娩，但是他们没有这么做，因为这个实验还有另外一个目的，就是测试是否能够将已经灭绝的动物复活。要知道，如果一个物种已经灭绝了，那么自然就不可能还有雌性个体的存在，要复活它只能考虑借助亲缘关系较近的其他物种。

2001年，这只名叫诺亚（Noah）的克隆印度野牛成功降生，但是很快就夭折了，只存活了不到48小时。ACT的科学家们认为死亡原因与克隆程序应该没有关系。诺亚是跨物种克隆的产物，科学家从一只死于8年前的雄性印度野牛的皮肤细胞中取得遗传物质，然后将其注入一个去除细胞核的奶牛卵细胞中，最后将受精卵置入另一只奶牛体内发育。整个实验用了692个卵细胞，最后只存活了一个，也就是诺亚。诺亚死于痢疾，这是一种很普通的疾病，或许与它是克隆牛没什么关联。提供代孕的那只奶牛一直身体健康，没有异常。

图为庇里牛斯山羊，画家绘制这张图的时候
它们还没有灭绝。

1.从冰冻的猛犸象尸体上取得
保存完好的细胞。

4.将猛犸象的基因植入到
现代大象的卵细胞中。

2.从猛犸象细胞中提取出细
胞核。

5.将卵细胞置入大象子宫
中发育。

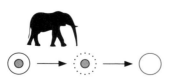

6.大象分娩，生下一只从冰冻
的猛犸象尸体上获得的完整体
细胞克隆而来的猛犸象。

3.取得现代大象的卵细
胞，并去除其中的DNA遗
传物质。

复活猛犸象的步骤。

庇里牛斯山羊（pyrenean ibex）是科学家尝试复活的第一种已经灭绝的动物。最后一只庇里牛斯山羊死于2000年，科学家们给它取名西莉亚（Celia），它是一只雌山羊。西班牙生物学家在西莉亚死亡之前曾经捕获过它，并从它的耳朵上取得了皮肤组织样本。ACT公司后来宣布，西班牙政府委托他们使用克隆技术复活西莉亚。

ACT公司从西莉亚耳朵上的皮肤组织中提取出体细胞，将其注入到去除细胞核的山羊卵细胞中，发育形成的是庇里牛斯山羊的胚胎。然后再将胚胎植入作为代孕母亲的普通山羊体内。经历多次失败之后，2009年，终于有两只庇里牛斯山羊成功出生，但是不幸的是它们都很快夭折。2014年，科学家们又进行了一系列尝试，目前结果不得而知，但是假如成功的话，就是人类首次复活已经灭绝的物种。

此外，科学家还进行了一些复活其他近期灭绝的哺乳动物的尝试，掀起了一场"去灭绝"（de-extinction）行动，也被称为"复活"（resurrection）行动。试图复活的动物除了庇里牛斯山羊外还有袋狼（thylacine），也叫塔斯马尼亚虎（tasmanian tiger），包括欧洲野牛、斑驴、候鸽（passenger pigeon）等。有一些团队甚至提出了一个更大胆的想法，利用雌性现代亚洲象代孕，复活几千年前灭绝的猛犸象。不过，到目前为止，所有的这些设想都还只是纸上谈兵，没有一个可以实现。

如果说，使用亲缘关系非常接近的物种（如庇里牛斯山羊和普通山羊）进行物种间代孕都很难成功，那么可以想象，要跨越物种间的巨大鸿沟，用亚洲象复活猛犸象会是多么困难。再进一步设想，对于恐龙来说，现存的哪一种动物能成为它们的代孕母亲？虽然，和鸟类和鳄鱼一样，恐龙是下蛋的，所以它们的代孕母亲不需要将人造的恐龙胚胎一直装在体内，但是就如同《侏罗纪公园》电影里所描述的那样，生物学家还是需要编辑恐龙胚胎，并为胚胎寻找一个现存物种的卵，让胚胎在其中发育。从目前来看，这只是一个梦想。

# 我们对恐龙基因组了解多少？

基因组是我们体内细胞中的所有遗传信息。在基因组研究方面，科学家通常会提及两个方面，一个是基因组的整体大小，也即基因的总量，还有就是基因在染色体上的结构方式，比如X染色体和Y染色体的排列。

从基因组整体大小来看，似乎鸟类、兽脚类和蜥脚形类恐龙的基因组较小，而鸟臀目恐龙的基因组较大。虽然不可能有人见过真正的恐龙基因组，但是有证据证明基因组的大小与细胞的平均尺寸有关联，所以哈佛大学的克里斯·奥根（Chris Organ）等人通过测量骨骼化石中细胞尺寸推测基因组的大小。他们认为鸟类和一些恐龙的基因组较小是因为它们是温血动物，而且与兽脚类恐龙和鸟类的飞翔起源也有关联。

在一份2018年的论文中，英国肯特大学的分子生物学家丽贝卡·奥康纳（Rebecca O'Connor）等人重建了恐龙的基因组。她们将现代鸟类和爬行类动物的DNA进行了比对，找出了其中共同具有的部分以及各自独有的染色体。通过对鸟类和乌龟的完整基因序列的比对，她们确定这些基因组涵盖了乌龟和鸟类及它们的所有近亲，自然也包括恐龙在内。

研究团队使用荧光标记法（fluorescent labels），也即DNA探针法（DNA probes），识别出乌龟和鸟类的完整DNA序列中的共有部分，并假定这一部分存在于乌龟和鸟类共同祖先的DNA序列中。它们的共同祖先很可能是3亿年前的某种爬行动物，那时候恐龙还未诞生。基本可以断定的是，乌龟和鸟类所共有的那部分DNA在恐龙身上也存在。

她们认为现代鸟类的绝大部分的遗传信息以及它们在40对染色体上的排列方式和其远古祖先是一致的，而且这些基因组的确立时间要早于恐龙诞生的时间，据此推断与恐龙的基因组也一致。这是一个比较惊人的发现，因为这表明鸟类遗传密码中有一些特殊的特征的产生比此前预想的要早很多。比如说，鸟类有多达40对染色体，相比之下乌龟是33对，而人类只有23对，新的研究显示染色体的增加变化很早就已经产生，而且这一变化也会体现在恐龙的遗传信息中。

在爬行类动物和鸟类的共同基因序列基础上，科学家们提出了恐龙基因组的最小构成假设，不过他们并没有进一步推测恐龙基因组能否成为克隆恐龙的依据，而是作出了另外一些推测，比如"恐龙的整个基因组序列和染色体的演化等很可能决定了它们在形态上的多样性、各项生理机能以及最终的生存"。他们还提到，恐龙较早获得的鸟类具有的基因组或许与化石中发现的兽脚类恐龙具有的很多鸟类独有的特征相关，比如有羽毛、叉骨，还有中空的骨骼。

⋯⋯⋯⋯⋯⋯⋯⋯⋯⋯⋯⋯⋯⋯⋯

综上所述，复活恐龙的可能性微乎其微。从技术层面讲，方法基本可行，但是因为DNA无法长时间保存，从目前来看几乎不可能获得恐龙的DNA，而没有DNA中的遗传物质，整个《侏罗纪公园》中的场景也就轰然倒塌了。即便我们现在能够克隆已经灭绝的动物，前提条件也是要获得这种动物的DNA，但是目前所有尝试复活已灭绝动物的实验都以失败告终。

虽然复活恐龙的目的难以实现，但是整个追求的过程也并非一无所获。不否认某些科学家过于乐观，在数据并不充分的情况下就急于宣布他们在化石中发现了恐龙DNA、细胞和其他重要的物质，但是这些目前都还没有定论。同样也有一些人不认可我们发现的黑色素和黑色素体。古生物学研究领域的一个重要特征是它涵盖了很多学科，需要分子生物学、遗传学、有机化学等各个学科专家的广泛参与。希望我们能够发现更多、更好的化石，开展更深入的研究，获得更丰硕的收获。

# 第六章

# 从小婴儿到巨无霸

在恐龙研究领域一直有一个难解之谜，就是有很多恐龙的体型异常巨大，但是相比之下恐龙蛋却很小，所以要么它们生长的速度很快，要么它们可以生长和存活很长时间。在恐龙古生物学研究中，恐龙的生长速度和体型大小一直是很多课题都无法避免的核心问题，多年以来众说纷纭，一直没有确切的定论。

但是，即便我们无法真实重现《侏罗纪公园》中的场景，还是可以了解很多恐龙从孵化到成年的成长过程的。我们有恐龙各个生长阶段的骨骼化石，从还在蛋壳中尚未孵化的胚胎，到刚孵化不久的的幼龙，再到少年和成年时期的恐龙。因此，佛罗里达大学的古生物学家格雷格·埃里克森（Greg Erickson）说了这么一段话：

> 刚开始，我们对恐龙基础生物学知之甚少，比如它们能活多久，长多快，各项生理机能如何，怎样繁殖等。我一直从事的就是如何寻找合适的方法搜集这些信息。一开始我研究的是恐龙能够长多快，也就是它们的新陈代谢率问题。那时候，关于恐龙生长速度的争议很大，有人认为它们长得很慢，就和现代那些冷血爬行类动物一样，可能要生长100年才能成年，在我看来这完全不可能；也有人认为它们长得很快，类似于温血的鸟类和哺乳动物一样。

虽然埃里克森小时候很喜欢古生物学和地质学，但他在华盛顿大学读书期间并没打算将来要投身科学事业。大学毕业时埃里克森获得了地质学的学位，但是那时候他仍然还没确定自己的人生方向。后来，一位古生物学家邀请他参加了一些地质考察，并鼓励他在学术上作出一些成就。毕业后，他做过一段时间的建筑工人，在这段枯燥乏味的日子里他充分思考和体会了那位古生物学家对他说的话："在做我不想做的事情的时候，我明白了什么是我真正想做的事情——古生物学。"

他回忆到，在他刚刚成为教授时，有一次来到芝加哥的菲尔德自然历史博物馆（Field Museum），那里陈列着一具目前世界上最大最完整的君王暴龙骨骼化石，那是菲尔德博物馆花了836万美元从拍卖会竞拍购得的。埃里克森看到了这具恐龙骨骼上的生长轮，于是他就问馆方："能让我切开你们这具天价的化石做一些研究吗？"埃里克森很幸运，在经过了激烈争论之后，博物馆的高层同意了他的请求。恐龙骨骼化石中的生长轮对于研究恐龙的年龄至关重要，这为埃里克森等人绘制恐龙的生长曲线提供了可能，这一点我们在后面还会讲到。

恐龙都是从蛋里孵出来的。鸟类和鳄鱼都下蛋，所以恐龙下蛋也是正常的，硬质蛋壳的主要成分是碳酸钙。据报道，首次发现恐龙蛋化石是在1859年，其年代属于白垩纪，至于发现的地点，不是北美也不是蒙古，而是在法国南部。

当时有一位名叫让·雅克·博科（Jean Jacques Pouech）的罗马天主教

图为发现于法国的恐龙蛋，由化石碎片修复，
属于蜥脚类恐龙中的高桥龙（*hypselosaurus*）。

牧师，他是帕米耶神学院（Pamiers Seminary）的院长，当时正在比利牛斯山的山脚下勘探，他发现了很多表面有粗糙的脓疱状的壳状碎片。他写道：

> 最让人惊讶的是我们发现了很多尺寸巨大的蛋壳碎片。一开始我以为它们是某些爬行类动物脱落的坚硬外皮，但是后来发现这些碎片的厚度非常均匀，内外层表面曲线完全平行，纤维结构也一致，尤其是曲率很规则，这些都证明了它们是巨大的蛋壳。经测量，这些蛋大约有鸵鸟蛋的四倍那么大。

博科认为这些是"巨鸟"生的蛋。

后来，20世纪20年代，在中国北部的蒙古发现的白垩纪期间的恐龙蛋和恐龙巢要著名得多。美国自然历史博物馆雇佣了罗伊·查普曼·安德鲁斯（Roy Chapman Andrews）到蒙古进行勘探。安德鲁斯带领探险队从当时并不太平的北平出发，多次深入中国北部的茫茫沙漠。探险队驾驶着黑色福特T型车，带着上千斤的水和其他补给，还有枪支弹药。他们的探险可谓身入险地，因为当时的中国正处于军阀混战之中，探险队的大本营就位于危机四伏、险象环生的北平。查普曼·安德鲁斯每一次都要在这样的环境下准备好充足的设备和给养，然后带领探险队驱车1000多千米，前往考察地点。尽管危险重重，探险队还是取得了非常丰硕的成果，在第一次行程中他们就发掘出了数十件恐龙骨骼和巢窝的化石。

在美国自然历史博物馆的展厅中有一个非常著名的场景复原，几只个头很小的角龙和原角龙（protoceratops）守在它们的巢旁边，而不远处有几只窃蛋龙（oviraptor）正虎视眈眈，伺机下手。那些巢窝直径大约1米，每一窝中有大约20—25只恐龙蛋，呈同心圆状排列。恐龙蛋是细长型的，尖尖的小头朝内时，所有的蛋自然而然就会呈发散状的圆形。当自然历史博物馆展出第一批恐龙蛋化石时，立即吸引了很多观众，而且人们非常喜欢观看那个复原场景。吃草的温顺角龙类守护自己的蛋，不让邪恶的偷蛋贼得手，这最能激起人们心底的共鸣了。可是，这样的场景真实吗？

恐龙出生的时候都很小，但是有一些最后长成了庞然大物，这为我们出了不少有趣的谜题。根据成年恐龙的体型，如果按比例计算的话，它们的蛋

| 属： | **原角龙** |
|---|---|
| 种： | **安氏原角龙** |

| 命名人： | 沃特·格兰杰（Walter Granger）和威廉·格里高利（William Gregory），1923年 |
|---|---|
| 年代： | 晚白垩世，8400万—7200万年前 |
| 化石发掘地： | 蒙古 |
| 分类： | 恐龙类—鸟臀目—角龙类—原角龙科 |
| 体长： | 1.8米 |
| 体重： | 83千克 |
| 冷门小知识： | 原角龙头骨可能是人类最早发现的恐龙骨骼化石。古希腊人在沙漠中发现原角龙头骨时，把它们当作是远古时代巨龙的遗骸。 |

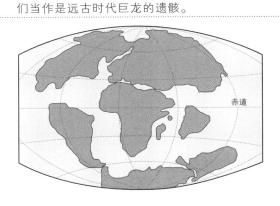

赤道

应该要比我们实际发现的大得多。当然，首先要说的是，有些恐龙的体型简直是匪夷所思。它们中最大的有大象的10倍那么大，现在陆地上最大的动物在它们面前都很渺小。相关研究揭示了一些恐龙体型巨大的可能原因。

## 为什么恐龙蛋和刚出生的恐龙都很小?

恐龙蛋和刚出生的恐龙是不是特别小? 是的。如果以现代鸟类和它们生的蛋为参照物的话，最大的恐龙蛋应该要达到一辆奔驰精灵（Smart）车那么大，也就是要达到2米长。然而，目前发现最大的恐龙蛋不过长约0.6米，直径约0.2米，呈细长的香肠状。这些最大的恐龙蛋是2017年，在中国发现的，和以前发现的恐龙蛋相比，它们已经非常大了。恐龙蛋很少能达到橄榄球那么大，也就是大约0.3米长。在中国出土的这些恐龙蛋中发现了细小的骨骼，经鉴定属于和窃蛋龙亲缘关系比较接近的某种恐龙的胚胎。和窃蛋龙相比，这种恐龙的体型要大得多，虽然出生时只有几千克，但是成年后体重可能达到2吨。

我们发现，完全无法用现代鸟类的幼年和成年个体的体重比例关系来比较恐龙，在恐龙身上这个比值是呈曲线形的，而且蛋的重量和成年雌性的体重比例也一样是变化的。像蜂鸟和山雀这样一些小型的鸟类，它们的蛋可以达到体重的五分之一，相对自身体重而言可算是巨大无比。相比之下，如鸵鸟和鸥类这样的大型鸟类，它们的蛋只占体重的5%，甚至更低。如果我们按照随着成年个体体重的增加，其所生的蛋占体重的比例逐步下降的趋势，一只10吨重的恐龙所生的蛋占其体重的2%计算的话，这个蛋应该有200千克重。如果是一只50吨重的蜥脚类恐龙，按1%的比例计算，它的蛋也要达到500千克重。然而，实际情况是它们的蛋通常只有2千克到3千克重，小到令人难以置信。为什么会这样?

这是基础力学和能量节约共同作用的结果。从力学角度出发，蛋壳的厚度要与蛋的重量成正比，因为蛋壳必须要足够坚硬才能承受蛋壳内部的压力而不至于破裂。鸡蛋壳大概1毫米厚，鸵鸟蛋大概2到3毫米厚，从理论上讲，一只500千克的恐龙蛋的蛋壳厚度需要达到几厘米，但是如果真是这样，就会带来两个灾难性的后果。首先是氧气无法穿透蛋壳进入内部，而蛋壳内的二氧化碳也排不出去，这样蛋壳内的胚胎就无法发育和存活；其次是即使胚胎能够存活，在孵化的时候，因为蛋壳过于坚硬，可怜的小恐龙虽然有马驹那么大，但要破壳而出还是几乎不可能。

从生存策略上来讲，产较小的卵可以节约能量，这也是恐龙蛋尺寸较小的原因之一。生态学家们经常会以动物在繁殖后代时偏重数量还是偏重质量将它们分为两类。那些偏重于数量的动物通常只是尽可能多地产卵，产卵之后基本上什么也不管。以鳕鱼为例，鳕鱼一次可以产下百万颗卵，听起来似乎鳕鱼可以很容易地填满整个海洋。但是实际上鳕鱼的卵和幼鱼是很多其他掠食者的美食，一百万颗卵中可能只有两三颗能活至成年，不过这已经足够鳕鱼种群的延续（排除人工滥捕的情况）。也就是说，所有的后代中绝大部分都成为其他动物的食物，因此这种偏重数量的繁殖方式看起来非常浪费资源。

与之相反，包括人类在内的哺乳动物们选择了偏重质量的繁殖方式，也就是说父母一次只生育很少的几个后代，但是花费很多精力在抚育上，以确保它们存活下去。但是，这种方式同样也要浪费很多资源，因为亲代，有时候仅仅是母亲，需要付出很多时间抚育下一代，有时候甚至危及到她们自身的生存。

恐龙不可能一次产一百万个蛋，通常情况下有些恐龙下3—5个蛋，有的多一些，如窃蛋龙一窝能下15—20个蛋，数量和现代鸟类差不多。经过对5000多种鸟类的研究发现，现代鸟类一窝蛋的数量从1—18只不等，平均是3个。只生一个蛋的通常都是那些体型较大的海鸟，如信天翁和海燕，这些鸟的生存状况非常艰苦，所以很难同时抚育两个或更多后代。数量较多的一般是一窝产7—18个蛋，这些主要是在温带地区生活的如野鸡、野鸭、鹧鸪等鸟类，而且这些鸟类通常都选择在食物比较丰富的季节产卵繁殖。

那么，恐龙究竟是选择了哪一种繁殖策略？一方面，鳄鱼和其他现代的爬行动物们主要采取了数量模式，它们产下很多的卵，但是产完之后就弃之不管。另一方面，鸟类选择了质量模式，和哺乳动物类似，只产较少数量的卵，但是在孵化后会尽心尽力抚育。恐龙选择的似乎是一个折中的策略，但是略偏重于数量。恐龙会产下一窝比较合理数量的蛋，然后就让它们自生自灭。从这个角度来看，尺寸较小的蛋能够让恐龙在繁殖问题上节约很多能量。而且，这一和现代爬行类动物相似的繁殖习惯也为恐龙为什么能够长成那样的庞然大物提供了理论支持，这一点我们后面还会提到。

## 我们对恐龙胚胎了解多少？

古生物学家最初发掘恐龙蛋化石的时候，通常发现的都是些蛋壳碎片。后来，当他们发现完整的恐龙蛋的时候，也没人想过要去看看蛋里面的情况，要知道，蛋壳完整说明蛋还没有孵化，那么其中很可能就会有胚胎存在，除非它和我们日常吃的鸡蛋一样没有经过受精。

后来，从一些破碎的恐龙蛋化石中人们看到了细小的骨骼痕迹，但是需要在显微镜的帮助下，经过极其费力的清理，将化石中的砂岩全部清除，才能将完整的骨骼展现出来。而且，尽管小心翼翼，刮刀和錾子等工具还是很容易对细小易碎的胚胎骨骼化石造成损伤。看起来似乎没什么好办法研究恐龙蛋中的胚胎化石。

扫描技术的出现带来了希望。我们之前提到过，CT扫描仪能够对石头中细小的化石进行扫描，并且能够展现详尽的细节，只不过，不是所有的实验室都买得起昂贵的CT扫描仪。传统的化石清理方法加上扫描技术的辅助，已经为人们揭示了很多恐龙胚胎化石的秘密。1976年，南非著名古生物学家詹姆斯·基钦（James Kitching）发掘出一窝6只恐龙蛋化石，并将它们带到了约翰内斯堡的伯纳德普莱斯古生物学研究所（Bernard Price Palaeontological Institute），不久之后，一个来自不同国家的科学家组成的科研团队对这些化石展开了研究。

黛安·斯考特（Diane Scott）是加拿大多伦多大学的化石标本制作员，她小心翼翼地用剔针一点一点地清理这些恐龙蛋化石中的砂岩，最后露出完整的胚胎化石。经过确认，这些是大椎龙（*massospondylus*，参见第162页）的胚胎，它们是当时数量最多的植食性恐龙之一，体长可达5米。胚胎呈蜷曲的状态，头和身体清晰可见，前肢和后腿整齐地叠在一起，尾巴弯曲着贴在背部。化石中的各段骨骼互相之间是脱落的，不过这很正常，

恐龙蛋化石中呈蜷曲状的完整大椎龙胚胎。

因为在发育的早期阶段，很多骨骼还未愈合。实际上这种情况在人类身上也存在，大家都知道，人类婴儿刚刚出生时头顶上会有一块因为颅骨没有完全闭合而形成的缺口，叫作囟门（fontanelle）。经过测量，这个南非大椎龙胚胎的头部只有1厘米长，整个体长大约15厘米，约为其成年体长的3%。作为对比，人类的婴儿出生时的体长已经占到成年时体长的25%到30%，两岁时的身高就已经达到成年身高的一半（参见彩图16、17）。

| 属： | 大椎龙 |
|------|--------|
| 种： | 刀背大椎龙 |

　　它的四肢在胚胎阶段已经发育得相当强健，看起来完全可以像现代的小鹿和小牛一样，在出生之后很快就能奔跑。与它们相比，人类的婴儿出生时四肢短而无力，要经过好几个月才能勉强支撑身体的重量。从大椎龙胚胎化石上我们可以看到成长过程中一些有趣的现象。大椎龙胚胎的头部和眼睛都很大（这一点和人类的婴儿一样，所以婴儿看起来很可爱），脖子和尾巴却非常的短。但是在孵化后的成长过程中，其头部和眼睛的生长速度就明显不如身体的其他部位那么快，而与此相反，它脖子和尾巴的生长速度则要比身体的其他部位快很多。

　　扫描是避免化石清理工具损伤细小易碎的胚胎化石的一个好方法。研究人员将其中的一个大椎龙胚胎带到了法国的格勒诺布尔进行扫描。格勒诺布尔是法国重要的科研和高新技术工业城市，有一座欧洲同步辐射装置（European Synchrotron Radiation Facility，简称ESRF）。ESRF坐落于德拉克河（Rivers Drac）和伊泽尔河（Rivers Isère）之间，主体为一座

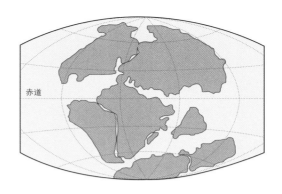

赤道

| | |
|---|---|
| 命名人： | 理查德·欧文，1854年 |
| 年代： | 早侏罗世，2.01亿—1.91亿年前 |
| 化石发掘地： | 南非，津巴布韦 |
| 分类： | 恐龙类—蜥臀目—蜥脚形类—大椎龙科 |
| 体长： | 4米 |
| 体重： | 490千克 |
| 冷门小知识： | 美国亚利桑那州曾发掘出大椎龙的一个近亲物种莎拉龙（*sarahsaurus*）。 |

容纳周长844米储存环的环形建筑。建筑里有一台直线加速器，可以制造出世界上最强大的X射线。ESRF现有四十四条输出光束线，每年都为来自世界上多个国家、不同领域的研究人员开展数千次实验。借助ESRF，古生物学家们对胚胎化石进行了超高分辨率扫描。

扫描结果（参见彩图16）显示，这具大椎龙胚胎的头骨完好，头骨中各个部分用不同颜色做了标记。从图中可以看到，胚胎头骨中已经有一整套发育完整的牙齿，前端是较长而且锋利的门齿（incisors，即切牙），后端是比较宽的臼齿（cheek teeth，即颊牙）。这一套发育完整的牙齿似乎是在告诉我们，这个小家伙早已做好吃东西的准备，就等着破壳而出了。或许是因为小恐龙孵化之后立刻就可以走向最近的植物开始自主进食，所以在这里我们看不到任何亲代抚育的迹象。而且从胚胎骨骼化石上分析，它们的四肢非常健壮，也从另一个方面证明了它们一出生就可以独立生存。

2018年，伯纳德普莱斯古生物研究所的两位科学家发布了一幅成年大椎龙的头骨扫描图（参见彩图17），这次他们的研究没有借助ESRF的帮助，因为威特沃特斯兰德大学（University of Witwatersrand）自己采购了一台CT扫描仪。扫描图像显示，成年大椎龙的眼窝占头骨比例依然很大，但是相比幼年时要小一些，同时鼻口部的比例基本没有变化，一般来说动物幼兽的鼻口部会稍短一些。

## 恐龙的巢窝和亲代抚育现象

小恐龙孵化后，父母会照顾它们吗？从前面提到的恐龙一窝可以产很多卵，以及它们在出生后可以很快独立生存来看，似乎恐龙不存在亲代抚育的行为。母鳕鱼产卵后不会理会后代的生存状况，但是有一些鱼不同，它们会保护自己的卵，有一些会选择在自己的口中孵化鱼卵。大家熟知的雄

| 属： | 慈母龙 |
| --- | --- |
| 种： | 皮氏慈母龙 |

性海马（seahorse）的腹部有一个专门用于养育后代的育儿囊，最多的时候能一次养育近2000只小海马。鳄鱼和乌龟会选择在沙滩或者是河岸上比较安全的地方产卵。我们经常会从电影里看到母海龟产卵的场景，它们在沙滩上努力挖出一个深坑，将卵产在其中，用沙土盖好，然后就会离开。当小海龟孵化的时候，它们都是靠自己的努力，从孵化地点爬向大海。

短吻鳄和其他的鳄鱼会在河岸边的泥土中挖一个碗状的巢窝，产下一窝卵，数量通常在10—45个。产卵之后鳄鱼会用泥土和树叶将它们覆盖好，而且通常情况下不会离开太远。上世纪60年代，当自然学家们发现鳄鱼有亲代抚育行为后非常吃惊，因为这颠覆了人们心中鳄鱼的形象，那个时代人们认为鳄鱼是一种非常残暴的动物，它们最好的归宿就是用来做皮具。雌鳄鱼和雄鳄鱼会共同守护它们的后代，但是敌人很多，浣熊就是其中之一，有时候一只浣熊就能把一窝鳄鱼卵全部吃光。当小鳄鱼孵化的时候，它们会叽叽地叫喊，呼唤父母。

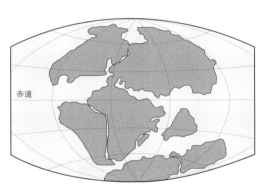

赤道

| 命名人： | 杰克·霍勒、罗伯特·麦克拉（Robert Makela），1979年 |
| --- | --- |
| 年代： | 晚白垩世，8000万—7500万年前 |
| 化石发掘地： | 美国蒙大拿州 |
| 分类： | 恐龙类—鸟臀目—鸭嘴龙科 |
| 体长： | 9米 |
| 体重： | 4~5吨 |
| 冷门小知识： | 外界主要关注的是雌性慈母龙（*maiasaura*），不过雄性慈母龙也很有趣。在求偶时，雄性慈母龙之间可能会用头部的尖角争斗。 |

小鳄鱼用鼻子前方的卵齿（egg-tooth）顶破蛋壳（鸟类也是如此，因此几乎可以确定恐龙与它们一样用卵齿破壳），出生后就会发现鳄鱼父母就在身边，保护它们不被掠食者吃掉。母鳄鱼经常把小鳄鱼含在嘴里，然后把它们送到水中。小鳄鱼们很快就学会捕捉食物，它们吃的东西很多，有蜗牛、昆虫、蝌蚪，还有各种小鱼小虾。母鳄鱼会保护小鳄鱼达两年之久，然后她就会把小鳄鱼们赶走，继续产卵，开始下一轮的繁殖。早期的那些自然学家们在看到母鳄鱼嘴里含着小鳄鱼时，他们立刻就断定鳄鱼会吃自己的后代，因为在他们看来，这才符合鳄鱼的凶残本性。

确定恐龙是不是有抚育后代的习性实际上还有点政治意义。在维多利亚时代，人们的观点是"没有的"，对他们来讲，恐龙是个残暴的动物，就和鳄鱼一样，所以自然不可能有抚育后代这么温情的事。但是到了上世纪70年代，有人提出了新的观点，认为恐龙是活跃的温血动物，一下子恐龙在人们心中的形象就变得可爱了很多。导致这一改变的是慈母龙。科学家在蒙大拿州的晚白垩世地层中发现了非常多的慈母龙巢窝和蛋的化石。当时有一个观点是很多雌性慈母龙会聚集在一起产卵，它们的巢窝距离很近，但又不是紧挨着，它们互相之间可以通过叫声交流。从化石发掘情况看，该区域中有很多巢窝，而且有的还互相重叠，这表明慈母龙有一定的巢穴忠诚度，它们每年都会回到旧巢来产卵繁殖。而且还有报告称慈母龙会照顾刚出生的小恐龙，它们会为小恐龙准备富含水分的植物，还会守候在巢窝的附近。

当初那些学者们已经摒弃了一些很离谱的解读，要知道，不管人们心里希望恐龙有多么可爱、温顺，最基本的证据还是必要的，那些完全没有化石证据支撑的假设是站不住脚的。上世纪20年代，查普曼·安德鲁斯在蒙古发现的一些所谓的原角龙的巢窝化石似乎更让人信服，但后来发现当时的古生物学家们的推测完全是错的。

1993年，美国自然历史博物馆再次组织了团队去蒙古进行考察。马克·诺瑞尔（Mark Norell）等人又发现了一些与查普曼·安德鲁斯当年发现的类似的巢窝化石，这次他们进行了更为细致的研究，结果在一些蛋中发现了细小的胚胎骨骼，经鉴定根本不是原角龙，而是属于一种肉食性的兽脚类恐龙。原来，当时人们认为的那个在巢窝边鬼鬼祟祟想要偷蛋的"窃蛋

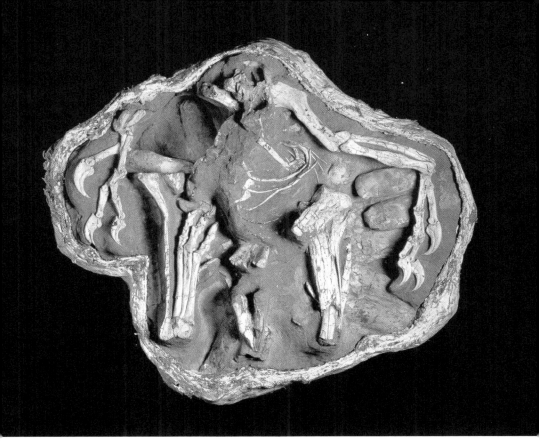

著名的窃蛋龙孵卵化石。

龙"是被诬陷的,其实它才是巢窝真正的主人。

而且更有说服力的是,诺瑞尔发现了一具正在孵蛋的窃蛋龙的完整骨骼化石。科学家们推测这只窃蛋龙是雌性,它的双腿蜷缩在整个身体下方,左右是两堆均呈半圆形分布的蛋,两只上肢在身体两侧展开。窃蛋龙身上是长有羽毛的,因此很显然,它当时是处于孵蛋的状态,就和现在的鸵鸟孵蛋一样。科学家们推测,当时的情形是这样的:窃蛋龙将整窝蛋从中间分开,小心翼翼地站到中间,展开上肢,用羽毛将身体两侧的蛋盖住,然后慢慢蹲下孵蛋。

这个故事完美诠释了科学研究中的自我纠正过程,其意义不仅在于确定那些恐龙蛋的真正主人,更重要的是告诉我们恐龙有孵卵的习性,这个习性和现代的鸟类一致,而此前的推测都是恐龙和鳄鱼一样,产完卵之后将它们

| 属: | 窃蛋龙 |
|---|---|
| 种: | 嗜角龙窃蛋龙 |

| 属: | 鹦鹉嘴龙 |
|---|---|
| 种: | 蒙古鹦鹉嘴龙 |

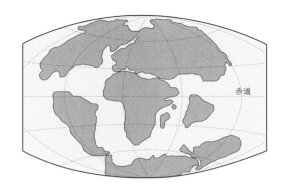

| 命名人： | 亨利·奥斯本，1924年 |
|---|---|
| 年代： | 晚白垩世，7600万—7200万年前 |
| 化石发掘地： | 蒙古 |
| 分类： | 恐龙类—蜥臀目—兽脚类—窃蛋龙科 |
| 体长： | 2米 |
| 体重： | 20—30千克 |
| 冷门小知识： | 窃蛋龙口鼻部较短，而且长有冠饰，据推测冠饰形状鲜艳，主要用于展示。 |

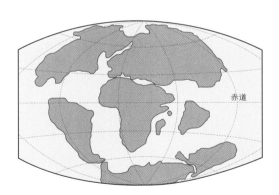

| 命名人： | 亨利·奥斯本，1923年 |
|---|---|
| 年代： | 早白垩世，1.25亿—1亿年前 |
| 化石发掘地： | 中国内蒙古 |
| 分类： | 恐龙类—鸟臀目—角龙类—鹦鹉嘴龙科 |
| 体长： | 2米 |
| 体重： | 40千克 |
| 冷门小知识： | 鹦鹉嘴龙是已知发现化石种类最多的恐龙，在中国北部已经发掘了数千件。 |

从小婴儿到巨无霸

用泥土和树叶盖上，然后就会离开。现在我们可以确定，那些中小体型、与鸟类亲缘关系最为接近的兽脚类恐龙，确实和鸟类一样，有孵卵习性。

那么，它们有没有亲代抚育的习性？上文提到过，在孵化前大椎龙就已经有了发育完整的牙齿，提示其一出生就可以独立生存，而且在其他一些恐龙的胚胎中也发现有发育完整，甚至有细微磨损的牙齿，这些证据对于亲代抚育的观点很不利。但是，时不时会发现整窝的小恐龙化石，其中一个比较著名的是角龙类的鹦鹉嘴龙（*psittacosaurus*）。这是一种头上长角的植食性恐龙（参见第168页和彩图15）。在中国华北地区的早白垩世地层中已经发掘出数百件鹦鹉嘴龙化石，其中包括一些幼龙，不过，很有可能这些幼龙聚集在一起只是为了安全，并没有证据证明它们的父母就在旁边。虽然在一个有大约二十只幼龙骨骼的鹦鹉嘴龙化石中发现了一只成年鹦鹉嘴龙的头骨，但是这个证据还存在较大争议。

## 恐龙能长多快？

格雷格·埃里克森在他早期的研究中提出，一种动物如果刚出生的时候很小但是最后体型变得巨大，那么只能有两种解释：要么长得很快，要么活得很长。他的观点是恐龙可以很快从幼年长到成年的体型。

证据来源于骨骼化石。我们在第四章中提到过，恐龙骨骼大致属于现代爬行类动物和哺乳动物骨骼的中间阶段。从具体的骨骼切片内容看，恐龙骨骼和现代动物的骨骼从组织结构上是一致的，因此可以直接进行比较。从恐龙骨骼切片中我们可以看到，有因骨骼重塑所需的矿物质循环利用而造成的稀薄骨组织，这一点和哺乳动物类似。同时，在另外一些恐龙骨骼切片中，我们又能看到非常明显的生长轮，这和鳄鱼骨骼生长轮和树的年轮很相似。在生长速度较快（通常是夏天）的时候，鳄鱼骨骼中的生长轮和树的年轮颜色都比较浅，而且间距较大。在生长速度较慢（通常是冬天）或者生存环境很恶劣的时候，生长轮和年轮的颜色就比较深，而且间距较小。

格雷格·埃里克森通过观察骨骼中生长轮的方式研究了很多恐龙的生长率，其中有一项是关于暴龙及其近亲的。埃里克森研究并记录了多个不

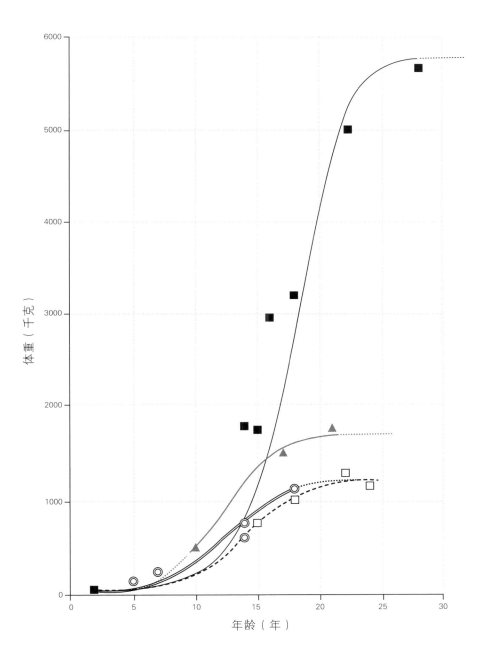

根据不同标本计算出的
生长曲线图。

最大生长率

暴龙=767千克/年

惧龙=180千克/年

蛇发女怪龙=114千克/年

艾伯塔龙=122千克/年

同年龄段恐龙的生长轮，但这并不是一件很容易的事情。比方说在某一个骨骼化石切片中有19个生长轮，再往外就是坚硬的骨密质外层，但实际上这只恐龙的骨骼生长轮受到骨骼重建的影响，它死亡的时候是28岁。这项工作开展起来很不容易，埃里克森说道："那些馆长们开始都不愿意让我们对化石进行切片研究，但是现在好多了。通过骨骼化石分析，我和其他一些团队在标本年龄测定上都取得了一些进展，所以现在大家愿意把化石提供给我们做研究。"经过这么多年的数据积累，埃里克森绘制出了暴龙及其近亲恐龙的生长曲线。

埃里克森发现，所有的暴龙的生长曲线都是"S"形，在0岁到5岁生长率较低，然后进入快速生长期，直到14岁至18岁这段时间增长最快，接下来生长趋向平缓。如果将体型增长速度明显放缓看作成年时间，不同种类的恐龙成年时间有较大的区别。体型较小的艾伯塔龙（*albertosaurus*）、蛇发女怪龙、惧龙（*daspletosaurus*）的成年时间大约是13岁到15岁，而君王暴龙则是20岁到25岁。也就是说，暴龙的体重从刚出生时的1到2千克生长到成年的6吨所用时间并不长，而且主要增加是在14岁到18岁，这期间每一年都要增加0.5吨重。

这项研究结果的争议很大。有些学者认为那些生长轮不一定是每年都

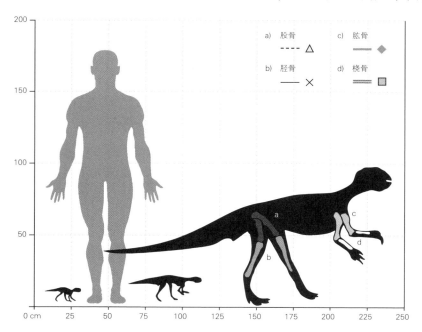

有的，而且，假如食物充足或者气候不是那么冷，那么就不会有那道颜色较深的冬天生长轮。同样，如果遇到极端气候，食物变得稀缺，那么即便是在夏天，也可能导致生长缓慢，出现颜色较深的生长轮。对此，埃里克森是这样解释的：

······他们说的好像有道理，但是通过对现代爬行类动物的研究，我

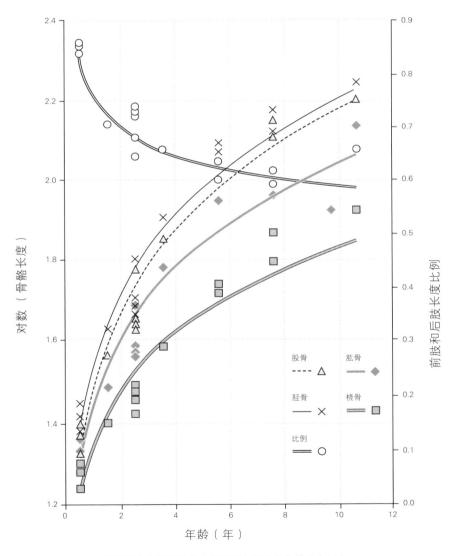

鹦鹉嘴龙的形态变化（左页图）和生长曲线（上图）。

们发现生长轮和年龄是非常匹配的，而且受周围环境影响不大。而且，不管是在季节性环境下还是在非季节性环境下生活的爬行类动物的生长轮都是一样的，这说明生长轮的产生主要是生长过程中年度变化的结果，与气候的变化关联不大。所以，我认为在恐龙年龄测定上我们的方法是有效的。

他还说道："我们还对很多相同尺寸的不同标本数据进行了交叉核对，结果显示，从这些标本的生长轮得出的年龄数据基本上都是一致的。"

也有其他的一些科学家应用生长轮方法进行研究，比如我之前的一个博士生赵祺。他最喜欢的恐龙是鹦鹉嘴龙，这种植食性恐龙体长大约2米，主要分布在中国北部的早白垩世地层中，亚洲其他地区也有发现。鹦鹉嘴龙的头部短而结实，喙部和鹦鹉很相似，能够咬断和咀嚼比较粗糙的植物。成年鹦鹉嘴龙用两足行走，前后肢都很强壮。刚出生的鹦鹉嘴龙很小，只有约10厘米到20厘米长，而且是四足行走。赵祺使用生长轮方法测定了一组鹦鹉嘴龙幼龙化石中的每一个小恐龙的年龄（参见彩图15）。出乎意料的是，这一组6只鹦鹉嘴龙幼龙中有5只是两岁，还有1只是三岁，而我们通常推测每一组幼龙的年龄应该是一样的。这几只小恐龙可能是兄弟姐妹，它们聚在一起躲避掠食者，但是不幸突然爆发了火山喷发，它们被火山灰掩埋。这一块恐龙集群化石的发掘地是中国辽宁的陆家屯，因此有人把这里称为"中国庞贝"（Chinese Pompeii）。

关于鹦鹉嘴龙的另外一个有趣发现是它们在三岁左右时会从四足行走变为两足行走。赵祺测量了不同鹦鹉嘴龙标本的四肢骨骼长度，并与年龄段进行联系比对。结果显示，鹦鹉嘴龙在四岁之前生长速度很快，体长基本上每年都会增加一倍，到了六七岁时即已成年，可以繁殖后代。和其他恐龙一样，成年之后鹦鹉嘴龙还是会一直生长，只是体型增长有限，现代的绝大部分爬行类动物也是如此，因此我们常常听闻一些故事里讲，有旅行者看到了超大的千年鳄鱼或者巨蟒。不过，一般来说动物活不了那么久。哺乳动物和鸟类则不同，它们在性成熟之后很快就停止生长，身高或者体长基本上不会再有变化。

德国波恩大学的古生物学家马丁·桑德（Martin Sander）研究了很多

种恐龙的年龄,他测定了一具大型蜥脚类詹尼斯龙(*janenschia*)的骨骼化石,这只恐龙有50岁,体重达到了20吨。到目前为止,尚未有明确的证据证明恐龙能活到100岁,但是它们都是很早就达到性成熟,可以繁衍下一代,从演化的角度来讲这完全讲得通,因为生物需要尽可能快地开始繁衍。

到目前为止,我们已经介绍了恐龙的4种特征:可以高效利用氧气的和鸟类相似的呼吸系统、因体型巨大而产生的温血性、质量和数量并重的后代繁殖模式,以及从幼小个体到庞大成年体型的超快生长率。这4个特征似乎都可以帮助恐龙节约能量,但是,它们是否足够解释恐龙为什么能长成那样的庞然大物?

## 恐龙为什么能长得那样庞大?

经常有人问我为什么要研究古生物学,我通常会用起源和演化,生命的历史和地球环境等话题来搪塞。然而确实有一个很重要的问题是我一直想要解决的,就是为什么有些生物能完全颠覆所有的规则。生物学家认为,大象是陆地上能够存在的最大的动物,它们的体型已经达到陆地动物的极限,如果再大的话,一是支撑不了自身的重量,二是一旦气候发生变化,它们一定会因为无法获得足够的食物而饿死。因此,恐龙就成了最好的反例,尤其是那些庞大的蜥脚类恐龙,它们完美诠释了什么叫匪夷所思。侏罗纪时代的地球引力和现在是一样的,它们也不是海洋动物(不过确实有人提出过恐龙生活在海里这种怪诞的观点),然而那些庞大的蜥脚类恐龙的确曾经在地球的陆地上存在过,对此究竟该如何解释?

在马丁·桑德和很多古生物学家的共同努力下,这个问题终于有了答案。桑德教授发起了一个大型研究项目,并为此筹集了500万欧元,这个项目的名称叫"蜥脚类恐龙的生物学:庞然大物的演化历程"(Biology of the sauropod dinosaurs: the evolution of gigantism)。项目从2004年开始,直到2015年才结束。桑德教授的研究团队有二十多人,而且不仅仅是古生物学家,还有营养学、植物学方面的专家,甚至还有动物园饲养员,他希望彻底解决为什么蜥脚类恐龙能够如此庞大这个问题。

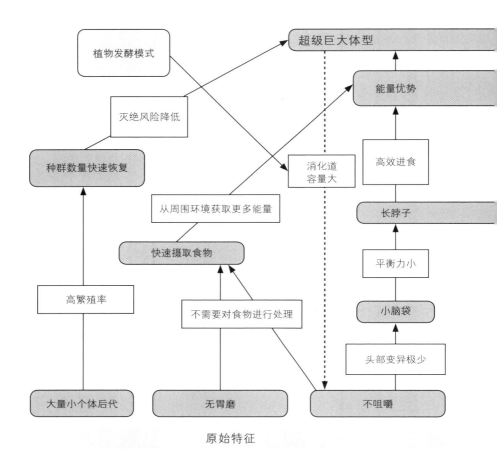

原始特征

　　桑德教授的目标是有史以来最大的恐龙——腕龙（参见第178页）。腕龙化石发掘地点主要是东非坦桑尼亚的晚侏罗世地层，在美国也有分布。它的体长可达26米，相当于两辆大巴车首尾相连。它抬起头时高度可达9米，也就是三层楼那么高。和其他的蜥脚类恐龙不同的是，腕龙的前肢非常的长，因此它躯干的前半部比后半部高，这一点和长颈鹿比较类似。根据其长脖子中的椎骨排列，正常情况下腕龙的脖子与地面呈大约45°，而梁龙和圆顶龙等其他的蜥脚类恐龙的脖子基本是和地面平行的。桑德教授等人的任务就是弄清楚这些体重40吨到50吨的巨兽是怎么来的。

　　2011年，我参加了桑德教授的项目在德国波恩举办的一次会议，在现场我听到了一些比较有意思的实验。有一些美国教授招募了一些学生参加一项人体生理学实验，实验对象需要接受一些特殊的饮食，比如1个月内只

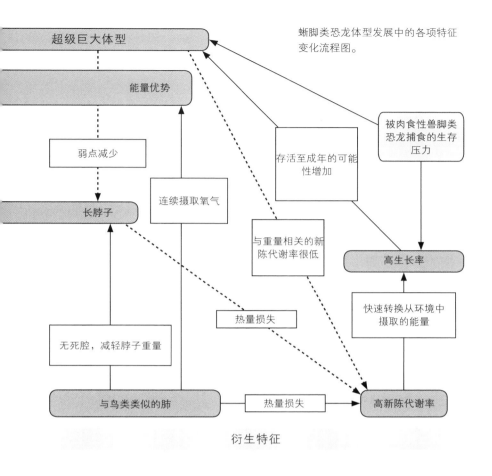

蜥脚类恐龙体型发展中的各项特征变化流程图。

超级巨大体型

能量优势

弱点减少

存活至成年的可能性增加

被肉食性兽脚类恐龙捕食的生存压力

长脖子

连续摄取氧气

与重量相关的新陈代谢率很低

高生长率

热量损失

快速转换从环境中摄取的能量

无死腔，减轻脖子重量

与鸟类类似的肺

热量损失

高新陈代谢率

衍生特征

吃汉堡或者只吃卷心菜（这种实验现在应该不会获得批准）。还有一些动物饲养员仔细测量了他们园里的大象和其他动物每天的进食和排泄量，根据他们的数据，一只大象每天需要吃掉270千克的植物。桑德教授提到，如果蜥脚类恐龙和大象的生理机能相似的话，那么它们一天要吃掉的食物也是大象食物的十倍，也就是大约2.7吨。这么多的植物可以装满一辆大巴车，而且这只是1天的进食量。此外，动物饲养员们还给了一个让人目瞪口呆的数据，就是大象每天将把这270千克的食物转化成70千克的大便，用手推车得推好几趟。

桑德教授想要搞清楚在中生代时那些蜥脚类恐龙以什么植物为生，以及它们的生理机能和大象有什么不同。从骨骼组织学来看，蜥脚类恐龙是温血动物，但是它们的体型实在是过于庞大，所以如果参照大象的食量，它们的小

| 属： | **腕龙** |
| --- | --- |
| 种： | **高胸腕龙** |

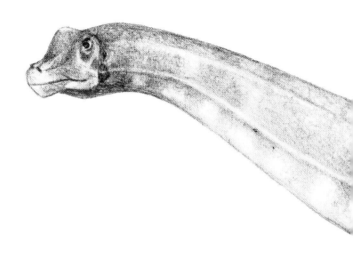

| 命名人： | 埃尔默·里格斯（Elmer Riggs），1903年 |
| --- | --- |
| 年代： | 晚侏罗世，1.57亿—1.52亿年前 |
| 化石发掘地： | 美国，坦桑尼亚 |
| 分类： | 恐龙类—蜥臀目—蜥脚类—腕龙科 |
| 体长： | 26米 |
| 体重： | 58吨 |
| 冷门小知识： | 世界上展出的最大恐龙化石是柏林洪堡博物馆（Humboldt Museum）的一具腕龙骨骼化石，高9米，发掘于坦桑尼亚。 |

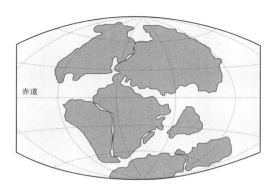

赤道

脑袋和长脖子根本不可能每天处理那么多的食物。因此，桑德教授将我们对于恐龙（尤其是蜥脚类恐龙）各方面的研究进行了综合，给出了一个答案。

这是多方面原因综合的结果。它们产下数量较多并且重量较小的卵，而且不花费精力去抚育；头部很小且进食时不咀嚼；和鸟类相似的呼吸系统，氧气摄入效率比爬行类和哺乳类动物高很多。所有这些因素结合起来使得蜥脚类恐龙能够用最少的食物摄入维持巨大的体型，比如用与大象差不多的食物摄入量维持10倍于大象的体重。大象和人类维持恒定体温靠的是大量的食物摄入和复杂的内部调节，但是蜥脚类恐龙不是，它们靠庞大的体型就可以做到。它们产的卵很小，而且产卵之后不会花费精力看护。相比之下，人类和大象会生下一到两个后代，然后耗费巨大的时间和精力抚育后代成长，这将极大消耗父母的食物储备。马丁·桑德绘制的蛛网图以比较令人信服的理由解释了为什么蜥脚类恐龙能够突破体重的限制。

## 有没有矮恐龙？

既然能够变成庞然大物，为什么有的恐龙还会选择变得更小？兽脚类中的手盗龙类恐龙的体型就变得越来越小，两只前肢则越来越长，帮助它们逐渐适应树栖生活，并最终获得飞翔的能力（相关内容见第四章和第八章）。它们选择在树上跳来跳去，因此身体会往小型化发展。此外有一些恐龙因为生活在孤岛上所以体型也会矮化。其中最著名的是特兰西瓦尼亚（Transylvania）矮恐龙（dwarf dinosaurs），听起来似乎有点像科幻电影的主角，不过亿万年前它们确实在现在罗马尼亚的特兰西瓦尼亚地区生活过。最先将它们介绍给世人的是19世纪末罗马尼亚的一个落魄贵族法兰兹·诺普乔（Franz Nopcsa）男爵，当时的罗马尼亚正处于奥匈帝国的统治之下。

我第一次去罗马尼亚是1993年，BBC的《探索频道》（Discovery Channel）打算拍一部法兰兹·诺普乔的纪录片，因为他的一生非常有意思。他不仅仅是个贵族，还是个同性恋，他的恋人名叫多达（Bajazid Doda），是他的秘书。诺普乔会讲好几种语言，他在英国、法国、德国等欧洲各国参加和恐龙有关的学术会议，并介绍他在恐龙研究方面的发现。他

身穿阿尔巴尼亚自由战士服装的法兰兹·诺普乔男爵。

经常需要变卖搜集的恐龙化石以维持生活。在第一次世界大战期间，他化身双面间谍，同时为奥匈帝国和英国搜集情报，还和阿尔巴尼亚游击队有往来，而且他还自封为阿尔巴尼亚的国王。1933年，在贫困和绝望之中，诺普乔开枪打死了多达，然后自杀身亡。基本上这些内容已经足够拍一部30分钟的影片，但是我还是坚持认为里面需要加一些科学的东西，因为诺普乔所提到的矮恐龙在生物学上有非常重要的地位。

1912年，在维也纳的一次学术会议上，诺普乔第一个提出特兰西瓦尼亚恐龙是一种侏儒化（dwarfed）恐龙。他观察到，特兰西瓦尼亚恐龙的体长几乎都不超过4米，其中最大的一条也不足6米，这一条后来被命名为达契亚马扎尔龙（magyarosaurus dacus）。而同时期在其他地方发掘出的它们的近亲恐龙能长到15米至20米长。在诺普乔作完报告之后的讨论中，著名的奥地利古生物学家奥瑟尼奥·亚伯（Othenio Abel）表示赞同诺普乔的观点，并认为这种现象和冰河时期地中海岛屿上发生的大象、河马和鹿

| 属: | 马扎尔龙 |
|---|---|
| 种: | 达契亚马扎尔龙 |

| 命名人: | 弗雷德里希·冯·休尼（Friedrich von Huene），1932年 |
|---|---|
| 年代: | 晚白垩世，7200万—6600万年前 |
| 化石发掘地: | 罗马尼亚 |
| 分类: | 恐龙类—蜥臀目—蜥脚形类—巨龙科 |
| 体长: | 6米 |
| 体重: | 0.75吨 |
| 冷门小知识: | 马扎尔龙是一种"岛屿侏儒"（Island dwarf），它们生活在特兰西瓦尼亚的哈提格岛岛上，因此比内陆的同类蜥脚类恐龙小很多。 |

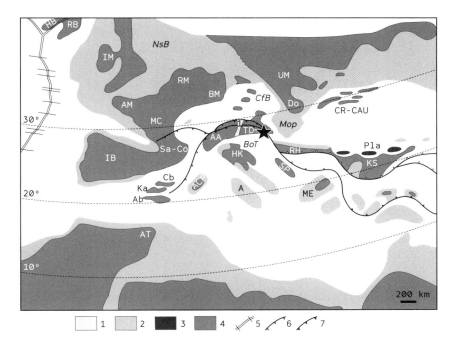

图为晚白垩世时代欧洲的古地理分布，显示南部和东部因为海平面上升
而形成很多岛屿。黑色星号标记的为哈提格岛。

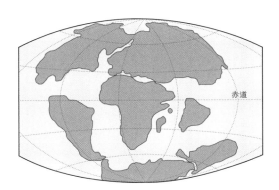

赤道

等动物的侏儒化现象很相似。

诺普乔和亚伯达成了一致的观点。从演化角度出发，学者们对这种动物侏儒化现象提出了很多种解释，但是很显然，最大的可能是，和广袤的内陆相比，这些岛屿能够养活的物种较少，生态系统也更简单。物种较少，食物缺乏，生存空间有限，在这样的生态系统中生存的动物必须要调整自身的体型大小、进食和生存习惯，因此就产生了侏儒化现象。在过去的几百万年间，包括马耳他岛、西西里岛和撒丁岛在内的诸多地中海岛屿上曾经生存着一种矮象，它们身高只有0.5米到1米，而现代的大象正常身高可达4米到5米。很显然，在地中海的水位没有现代这么高的时候，大象、河马和其他一些哺乳动物来到了这些地方。随着水位上涨，这些岛屿也就与内陆隔绝。

特兰西瓦尼亚矮恐龙曾生存于哈提格岛（Haţeg island），该岛直径在100千米到200千米，是晚白垩世时期地中海上的几个大岛屿之一，当时海平面上升较高，现在欧洲南部的大部分地区都在海平面以下。科学家们研究了三种成年矮恐龙的骨骼组织，蜥脚类的马扎尔龙（magyarosaurus），鸟脚类的沼泽龙（telmatosaurus）和查摩西斯龙（zalmoxes）。结果发现，从身体长度看，它们都只有同时期生活在欧洲和北美大陆的近亲恐龙成年个体的二分之一到三分之一。

· · · · · · · · · · · · · · · · · · · · · · ·

这些矮恐龙不仅在体型上出现了侏儒化的迹象，在其他方面似乎也更"原始"。从演化特征上看，矮恐龙要比同时期内陆的近亲恐龙慢2000万年到3000万年，这很有可能是因为与内陆隔绝的缘故。内陆的恐龙继续演化、改变，而岛上的恐龙则因为生态系统较为简单，也没有较大的竞争压力，所以演化速度减缓。

因此，在演化的历程中，大部分恐龙的体型越来越大，但也有一些越来越小。也就是说它们具有和哺乳动物相似的适应环境的能力，如果对生存有利，它们可以选择变小。

恐龙为什么能够演化成庞然大物一直是古生物学研究中的一个难题，甚至已经成为一个哲学问题，促使人们思考为什么能有这样一种十倍于大象的生物存在，这是一个对于人类在生理学和演化研究方面的挑战。同时，这个问题也提醒科学家要作科学的推测，而不要胡乱提出那种巨型恐龙生活在水下，或者远古时代有较低的地球引力等毫无意义的臆测。

近年来，科学家们通过研究恐龙骨骼组织和生长轮确定生长率方面做了很多工作，也取得了非常重大的进展。2017年，格雷格·埃里克森团队发表了一篇论文，他们对恐龙胚胎的牙齿进行了生长轮分析，发现恐龙胚胎发育的时间较长，持续2个月到6个月，与现代爬行类动物的卵的孵化时间比较接近，但比鸟类要慢很多。现代鸟类从产下受精卵到小鸟孵化的时间大致是从11天到3个月。这些学术研究取得每一步进展都要花费很长时间，而且都很艰难。研究的内容越是复杂，受到的批评也越激烈，然而这正是对科学研究所具有的自我修正特征的最佳诠释。

接下来会有什么新发现？埃里克森是这么说的：

新一代的古生物学家们一直在探索复活恐龙的方法，并在研究恐龙的生存历史等方面取得了很多重大进展，其中很重要的一项就是绘制了与年龄和体重相关的生长曲线。生长曲线是一种量化研究方式，它使得对恐龙生长的研究从单纯的推测进入到科学的领域。通过生长曲线，科学家们可以将恐龙与现代的动物进行直接对比，也可以在不同恐龙之间进行对比，为我们理解恐龙的诸多生物特性开辟了新的渠道。比方说，我们可以探寻恐龙与现代鸟类在生长、演化、生理机能、繁殖、种群生物特征等各方面的关联。当然，还有很多物种需要深入研究，还要进行更多的重复验证加强数据的可靠性。包括同步加速器X射线成像技术在内的科学技术为恐龙骨骼化石研究开辟了新天地，并且极大加速了我们的知识积累。曾经的取样、切片等破坏性研究方式令我们无法研究那些珍贵的稀有化石，而这些新技术能够在不破坏化石的前提下进行快速而精确的分析，因此就为我们研究更多化石标本扫清了障碍。

第七章

# 恐龙怎样进食？

　　用测试摩天大楼建筑方式的电脑软件来测试恐龙的咬合力听起来似乎有点勉强。不过，借助20世纪40年代研发出的一种工程设计方法，科学家们对恐龙的进食方式有了全新的了解。最初尝试这种方法的是英国古生物学家埃米莉·雷菲尔德（Emily Rayfield），她现在是布里斯托大学的教授。她非常严肃认真，父亲是约克郡的一个养猪农场主，而这一家庭背景多少还为她的工作提供过一些帮助：她有一次做骨骼强度的计算机模型测试时曾向她父亲要过几个猪的头骨。雷菲尔德辅导了很多学生，近年来她和她的学生们在恐龙生理机能的工程学研究方面取得了很多骄人的成果。

　　1997年，雷菲尔德在剑桥大学开始博士研究，当时她的研究方向是异特龙进食方式的力学研究。异特龙（参见第188页）是一种晚侏罗世的大型肉食恐龙，发掘于北美的莫里逊组。异特龙的化石比较丰富，已经发掘出大量的躯干骨和头骨。它是当时位于食物链顶层的肉食恐龙，主要捕食各种双足植食性动物，而我们熟知的那种脑袋很小、拱形背部上有两排硬质骨板、长尾巴末端还有四根竖立尾刺的剑龙，也是异特龙的食物之一。

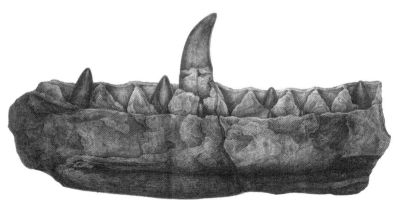

图为巨齿龙的下颌，从中可见肉食性动物特有的
锋利牙齿。巨齿龙是第一种被命名的恐龙。

异特龙是双足直立恐龙，体长可达8.5米，两条后腿强健有力，两只前肢虽然很短小，但是也很强壮，足以用来抓住猎物。角鼻龙也是当时极其凶残的肉食性恐龙之一，它们体长可达6米，体型壮硕，头骨上方有角状突起。异特龙头骨很大，内部有很多空腔用于容纳各种头部的器官和其他组织，空腔之间有坚固支撑。上下颌各有约14颗到17颗弯刀形的牙齿，每颗牙

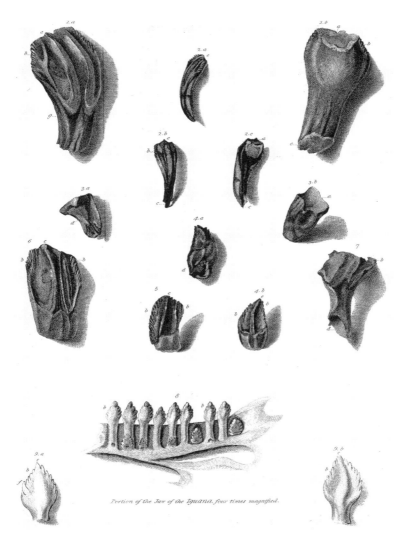

图为禽龙的牙齿，可见植食性动物特有的脊状
排列的钝边牙齿。禽龙是第二种被命名的恐龙。

| 属： | 异特龙 |
|------|--------|
| 种： | 脆弱异特龙 |

齿长达6厘米，非常锋利，而且前后都有锯齿形边缘。这些是典型的肉食性恐龙牙齿结构，而且它们的弯刀形牙齿都是朝后弯曲的，这样猎物越是挣扎反而被咬得越紧，无法逃脱。

长期以来，对恐龙的进食方式研究都是以推测为主，而埃米莉·雷菲尔德一直想要设计一种科学的方法改变这种现状。她说："从200多年前发现恐龙化石开始直到现在，我们对恐龙进食方式的了解几乎没有任何进展。"举例来说，1824年命名的巨齿龙，主要发掘于英格兰的中侏罗世地

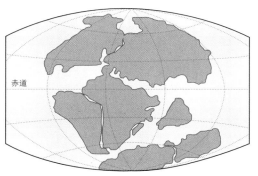

| 命名人： | 奥塞内尔·马什，1877年 |
|---|---|
| 年代： | 晚侏罗世，1.57亿—1.52亿年前 |
| 化石发掘地： | 美国、坦桑尼亚、葡萄牙 |
| 分类： | 恐龙类—蜥臀目—兽脚类—异特龙科 |
| 体长： | 8.5米 |
| 体重： | 2.5吨 |
| 冷门小知识： | 在怀俄明州发现的一具翼龙骨骼化石中发现有19处骨折，有一些已经开始愈合，但其他骨折部位受到感染。据推断，这只恐龙从受重伤到最后死亡，中间整整经过了6个月。 |

层，它们有着和异特龙一样的锋利的、弯刀状的牙齿。自发现伊始，巨齿龙就被归为肉食性恐龙，依据是其牙齿和现代的鳄鱼牙齿相似。再看看早侏罗世的禽龙，同样发掘于英格兰，它也是世界上第二种被命名的恐龙。禽龙有巨大、钝边的牙齿，它的比较对象是现代的鬣蜥蜴（iguana），一种植食性大蜥蜴。在研究恐龙的进食方式时，以前的科学家们采用的都是我们前文提过的"现存相近系统发育法"，也就是说他们的方法都基于一个常识性的假设，即过去和现在的同种动物在各个方面的特征都是一致的、不变

图为在实验室中的埃米莉·雷菲尔德，她在恐龙的
进食机能方面进行了工程学研究创新。

的，因此虽然研究的是远古时代早已灭绝的恐龙，但是仍可将它们的牙齿
形状和功能与现代其他动物的牙齿特征进行比较。

埃米莉·雷菲尔德当然也会运用这种类比方式分析恐龙进食机制，
但是她希望有更好的方法。因此，她引入了一种称之有限元分析（finite
element analysis，简称FEA）的工程学方法。有限元分析法出现于20世
纪40年代，能够帮助工程师和建筑师更有效地进行设计和建造。现代的
设计师们在建造摩天大楼前都会先设计出3D数字模型，设定好正确的材
料参数，比如说材料的密度、在不同拉力和压力下的弯曲程度、有多大的弹
性、什么情况下会产生变形，等等，然后使用有限元分析法进行测试。

在接下来的整整三年，埃米莉·雷菲尔德一直艰难地尝试用有限元分
析法研究异特龙头骨。她回忆道："如果我完不成这个实验，不能用有限元
分析法详细分析恐龙头骨的组织结构，那我就没法向博士答辩委员会提交
论文。"此前没有人做过这样的尝试，而且埃米莉·雷菲尔德也没有接受过
专业的软件训练，但是在不懈努力下，她终于成功地设计出一套可靠的工
程学方法，能够向我们展示恐龙颌骨的运动机能。

整个过程困难重重，扫描头骨就是个不小的挑战。这件约1吨重的异特龙头骨存放在蒙大拿州的落基山博物馆（Museum of the Rockies），需要用卡车运到3.2千米外的博兹曼市女执事医院（Deaconess Hospital in Bozeman）进行扫描。之后，进行三维数字模型渲染、消除偏差，最终建立一个准确的解剖模型，前前后后用了一年多的时间。扫描的图像需要在程序包之间不断转换，而每一步都有崩溃的可能，跳出一长串错误代码也是常有的事。最困难的部分，就是将模型纳入到标准FEA程序中进行实际的功能分析。恐龙头骨的三维模型被分成了很多小的几何图形，使得整个模型看起来像是用无数微小的椎体堆积而成的铁丝网。这里的每一个椎体都是一个元素，而且都被赋予了一定的物质特性，这些特性就是根据现代动物的骨骼特性确定的。通常选择的是猪和牛的骨骼，因为这些体型较大的哺乳动物和恐龙在骨骼内部结构上比较相似。雷菲尔德回忆道：

> 那段时间我的压力很大，还好最后成功了。此后我对程序作了进一步的优化，显著提升了运算速度，而且也减少了失败的风险。我们将程序的设计和化石研究紧密结合，不断根据化石研究中确定的恐龙的行为和机能来调整程序，并使用现代动物进行验证。

运用雷菲尔德设计的方法，科学界已经取得了一些新的重大进展，而且结果非常精确，这些我们后面还会提到。

## 用数字模型测定恐龙的咬合力

通过摩天大楼和飞机的设计建造等具体实践，我们确定有限元分析法是可靠的，所以就有人想到，用它来研究恐龙或许也可行。这应该是古生物学恐龙研究领域中我们能做的最接近实际状况的测试了。现在我们不再是单纯猜测恐龙的骨骼机能，而是设计最接近真实的数字模型，进行实际测试，根据结果做出相关的恐龙骨骼机能的假设，并公开接受学界的批评和验证。

那么，异特龙的咬合力（bite force）有多大？咬合力的计算单位是牛顿，1牛顿大致相当于握住一支铅笔的力，敲碎熟鸡蛋大约需要35牛顿，人类牙齿的咬合力大约在200牛顿到700牛顿，狮子则是4000牛顿。当今地球上所有生物中咬合力最大的是大白鲨，它们的咬合力能达到18000牛顿，是人类的36倍。力与重量可以简单换算，大致上9800牛顿等于1吨，因此大白鲨的咬合力大致就是1.8吨。根据雷菲尔德的研究结果，异特龙的咬合力大约是35000牛顿，比地球上任何现存的掠食者都要大很多。

暴龙的体型比异特龙大，那么它的咬合力是不是也更大一些？有古生物学家设计了一个非常精巧的实验，分两步进行验证。他们首先做的是实验室的力学测试。在一块三角龙（triceratops）骨骼化石表面有一个很深的伤口，研究人员对伤口进行了铸模，发现是咬伤，而且伤口形状与暴龙牙齿尖端完全一致。伤口深度约3厘米，是暴龙牙齿长度的四分之一（暴龙牙齿暴露在外的牙冠部分长约12厘米，另外还有埋在肌肉中的牙根部分。牙齿整体形状和长度都类似普通香蕉，尖端部分非常锋利）。然后研究人员制作了一个暴龙牙齿模型，装配在压力测试仪上，模拟咬合动作，将其插入一块牛骨。数据显示，咬入约3厘米深度所需的力是13400牛顿，大约等于1.4吨。不过，这是不是暴龙的最大咬合力？

埃米莉·雷菲尔德对暴龙的头骨和上下颌进行了极限测试，发现暴龙的牙齿结合起来能够达到的最大咬合力是31000牛顿，和异特龙的咬合力相当。英国科学家卡尔·贝茨（Karl Bates）和彼得·弗金汉（Peter L. Falkingham）等人使用一种叫作多体动力学模型（multi-body dynamic modelling）的方法作了进一步的测试，测得暴龙的咬合力介于35000牛顿至57000牛顿，约等于3.6吨至5.8吨。这样的咬合力在所有现存的和已经灭绝的动物中都是最大的，远远超过大白鲨的咬合力，也比上述实验中测得的三角龙骨骼伤口所受的咬合力大很多，可见当时那只暴龙并未尽全力。最重要的是，所有这些不同种类测试的结果值都比较接近，这从另一个角度说明这些结果可能确实是正确的。关于恐龙的咬合力，有一个听起来很傻但确实有很多人会问的问题：恐龙能把汽车咬成两半吗？现在我们可以确切地回答：能！

雷菲尔德比较了三种兽脚类肉食恐龙：晚三叠世的腔骨龙（coelophysis）、晚侏罗世的异特龙还有晚白垩世的暴龙。研究发现，它们的进食方式完全不同（参见彩图10）。暴龙咬合力最强的部位在口鼻部，而异特龙和腔骨龙咬合力最强的部位比较靠后，靠近眼眶附近。这说明暴龙采取的方式是用锋利的前部牙齿深深咬住并杀死猎物，用其有力的双足踩住猎物的同时，撕扯猎物并进食。而另外的两种恐龙整个的上下颌部都比较有力，因此它们可能主要采取上下颌牙齿咬合切割的方式将猎物的肉切碎后进食。

后来雷菲尔德和同事研究了长着狭长口鼻的兽脚类棘龙（*spinosaurus*），这是早白垩世期间生活在北非的一种外形非常奇特的恐龙。研究发现，棘龙头部的运动机能与现代的恒河鳄[gharial，也叫长吻鳄（gavial）]的特征比较接近，与口鼻部短而宽阔的鳄鱼和短吻鳄

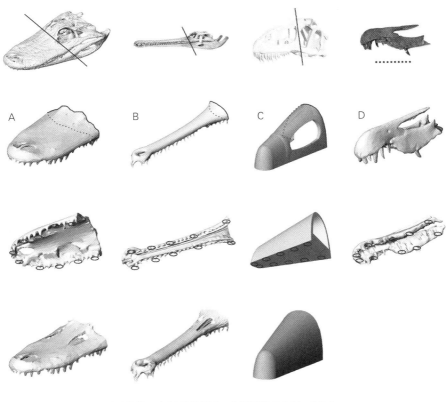

四种动物的口鼻部机能测定，分别是鳄鱼（A）、恒河鳄（B）、异特龙（C）和棘龙科（spinosaurid）的重爪龙（*baryonyx*，D）。

（alligator）差别较大。恒河鳄主要生活在印度北部的恒河中，口鼻部狭长，主要以鱼类为食。研究人员设计了上述这几种动物的头骨模型，并使用有限元分析法进行测试。现代的鳄鱼和短吻鳄在捕食的时候主要采取的是一种扭曲撕裂的方式。它们潜伏在河岸边，将前来饮水的角马一口咬住，拖入水底，然后自己不停扭动身体，通过头部扭曲的力量直接咬下猎物的皮肉。恒河鳄捕鱼的时候则是主要靠猛烈闭合狭长的上下颌，通过两排细长的牙齿直接咬住鱼类进食，这也正是棘龙的掠食方式。棘龙上下颌的骨板非常坚硬，可以防止狭长的口鼻部发生前后的弯折，而在鳄鱼和短吻鳄头骨中，上下颌的坚硬骨板主要是防止口鼻部的左右弯折。

# 关于恐龙食物的化石证据

从牙齿的形状我们可以区分恐龙是植食性的还是肉食性的，同时还有关于恐龙食物的化石证据提供佐证。比如，古生物学家们会细致地查看骨骼化石上的牙齿咬痕，目前已经发现了几十件类似的化石，其中一些也得到了准确的鉴定。假如一只暴龙咬住了另一只恐龙，很可能就会在猎物的骨头上留下几排平行的齿痕，科学家们可以测量牙齿的间距，并与暴龙头骨中的牙齿间距进行比对。

另外还有一些关于恐龙胃容物甚至排泄物化石的研究，不过关于胃容物的化石研究争议很大，因为首先需要确定恐龙骨骼化石中胸腔部位的那些骨骼或者小石头确实是胃容物，而不是在骨骼石化过程中从外部进入的沉积物。后来的研究发现，那些大型蜥脚类恐龙很少会吞食小石头，但是与鸟类亲缘关系较近的小型兽脚类恐龙的胃容物中却有很多。很多现代鸟类会吞食大量的小石头，尤其是那些以粗糙植物为食的鸟类。这些小石头会沉积在位于食管后段、胃部前段的嗉囊（crop）中，它们起到了类似牙齿的作用，可以帮助将食物磨碎，使其更易于消化，因此又被称为胃石（gastroliths）。哺乳动物有牙齿，可以咀嚼食物，因此基本上不需要胃石。

现在我们来了解一下有关粪化石（coprolite）的知识。前文我提到过英格兰古生物学家威廉·巴克兰，他曾任牛津大学地质学教授和威斯敏斯

巨大的暴龙粪便化石。

特大学校长，他对各种各样的粪便化石非常着迷，是世界上第一个正式研究并为其命名的学者。1820年前后，著名的化石采集家玛丽·安宁（Mary Anning）在英国南部著名的多塞特海岸（Dorset coast，又称侏罗纪海岸）采集了很多海洋爬行动物的化石，巴克兰画了一幅侏罗纪的海洋图，把所有这些海洋爬行动物都画了进去，而且他的画还有一个最特别之处——这些动物们都在往海洋里拉大便！现在已经有数百起关于恐龙粪化石的发掘报告，要确认这些化石的真假很容易，但是要确定它们的主人就很困难了。1998年，凯伦·钦（Karen Chin）发表了一篇论文，主人公是一块巨无霸粪化石，长44厘米，粪便内有其他恐龙的骨骼碎片。凯伦·钦在论文中称："我们非常确定这块粪化石属于暴龙，但是要证明这一点并不容易。"

　　研究恐龙的牙齿和粪便主要是基于化石，这对了解恐龙的进食方式并不能提供实质性的帮助。除了它们是吃肉还是吃树叶之外，还有很多复杂的问题需要解决，比如，某种植食性恐龙主要吃高处还是低处的树叶？是用牙齿切断还是扯断树叶？它们每天要吃多少？对于某些肉食性恐龙，我们需要了解它们是主动出击捕食的猎手，还是靠其他动物尸体为生的食腐动物？进食时是用切咬的方式还是撕扯的方式？雷菲尔德的有限元分析法能够解决这其中的一小部分问题，但是我们还需要对恐龙牙齿的基本构造作进一步的研究。

# 牙齿工程学和植食性

到目前为止，我们对牙齿并未做深入的分析，实际上牙齿是一种设计精巧、非常复杂的工具。我们人类的牙齿主要由三部分组成，最外层是坚硬的半透明牙釉质（enamel），构成中间主体部分的牙本质（dentine）和最内层包含神经和血管的牙髓腔（pulp cavity）。当牙釉质被酸性食物等溶解损伤之后就会变得特别敏感，不得不进行牙冠修补，这种情况很多人都经历过。假如牙釉质和牙本质损伤太多，那就得拔除坏牙后再种植假牙。我们的牙齿深深长在牙床里，而且互相之间紧密排列，拔一颗牙要花很大力气，绝不是小手术。

不过，大部分人都不想轻易拔掉牙齿，因为我们只有两套牙齿：乳牙和恒牙。包括人类在内的哺乳动物一生中都只会换一次牙，而且是在年纪很小的时候，之后就不可能再长出新牙。鱼类和爬行动物则不同，它们一生中都在不断换牙。如果哺乳动物也能不停换新牙的话，我们就能随心所欲想吃什么就吃什么，也用不着刷牙或者剔牙，恐怕有很多牙医也要失业。

恐龙的牙齿化石很常见，我曾有一次在撒哈拉大沙漠的边缘地带捡到两枚肉食恐龙的牙齿化石，都有成人手掌那么长，后来鉴定一件属于棘龙，一件属于鲨齿龙（carcharodontosaurus）。其他很多古生物学家也有类似的经历。当时我就在思考一个问题，为什么会发现这么多单独的恐龙牙齿化石？其实原因很简单，就是恐龙和现代的鲨鱼一样，它们的牙齿始终在生长。有些肉食恐龙一生要换几百颗牙齿，相当于是满口牙齿整体换掉二三十遍。在恐龙上下颌中，牙齿排列在眼眶的下方，新牙一直在长出，有时候甚至旧牙还没有磨损就已经被新牙顶出替换掉。

然而换牙也给肉食性恐龙和鲨鱼带来了一定的风险。比如，当异特龙咬住猎物后猛烈转动头部以切断猎物的皮肉时，牙齿就很容易发生折断或者脱落。恐龙和鲨鱼的新牙长出没有固定的顺序，因此它们上下颌的两排牙齿始终参差不齐，总是有大约一半正在萌出。

单纯从繁衍数量来衡量的话，最成功的恐龙当属植食性的鸭嘴龙。它们的前上颌骨和前齿骨的延伸和横向扩展，构成了宽阔的鸭嘴状吻端，所以被称作鸭嘴龙。有人将鸭嘴龙称作是"白垩世的绵羊"（sheep of the cretaceous），它们的骨骼化石很常见，在北美和蒙古等地经常一次就发掘出上百件鸭嘴龙化石。不同种类鸭嘴龙的躯干骨骼和头骨形状高度一致，但是头顶的冠饰却各不相同。研究显示，鸭嘴龙特殊的牙齿结构可能是它们能够大量繁衍的原因，但是从胃容物和粪化石判断，鸭嘴龙主要以坚硬的松果和长着尖刺的松针为食。松柏类植物并不是什么好的食物来源，所以这一点颇令人费解。

2012年，古生物学家格雷格·埃里克森发表了一篇更深入的研究报告，揭示鸭嘴龙的牙齿由6种不同的组织构成，它们的共同作用使得鸭嘴龙的牙齿能够充分、持久地发挥作用。鸭嘴龙最出名的就是它的牙齿数量，最多可达近2000颗！它们的牙齿绝大部分都是替换齿，密密麻麻地隐藏在上下颌两边正常使用的几十颗牙齿下方的肌肉中。它们的牙齿呈直线排列，上下牙之间的不断研磨使得齿尖锋利无比，而且牙齿中间的硬质组织有着非常精巧而复杂的结构，因而能够令牙齿外部坚硬的牙釉质充分发挥作用，轻松切碎那些其他动物难以处理的植物。其他几种牙组织包括不同类型的牙本质、牙骨质以及牙髓腔中的血管等。

当鸭嘴龙进食的时候，上下颌的牙齿互相紧密结合，切开并磨碎食物，就像是木匠用的木锉。埃里克森对鸭嘴龙的牙齿化石进行了硬度和磨损实验，结果发现，化石中的硬质组织还是能够正常发挥作用，和新牙很相似，其数据和现代的具有类似牙齿结构的哺乳动物的牙齿数据有较大的可比性。

鸭嘴龙能够应付其他植食性动物难以应付的食物，这可能是它们获得成功的原因。它们锉刀状的牙齿非常有效，而且能够永无止境地替换下去，所以它们完全不用担心牙齿的磨损。从鸭嘴龙的牙齿磨损模式来看，如果能够借助显微镜等现代技术，或许可以判断恐龙的进食习性。


## 根据牙齿的细微磨损判断食物类型

最先开展这方面研究的是古人类学家，他们根据远古人类牙齿化石上磨损的凹槽判断远古人类的食物，究竟是肉类还是各种软硬程度不一的植

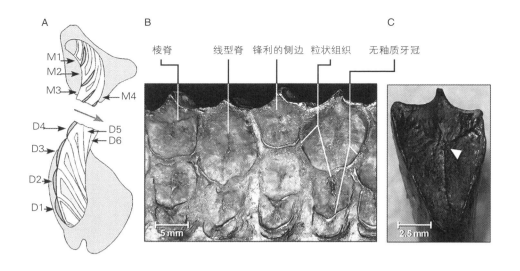

A

M1
M2
M3
M4

D4
D5
D6
D3
D2
D1

B

棱脊　　　线型脊　　锋利的侧边　粒状组织　　无釉质牙冠

5 mm

C

2.5 mm

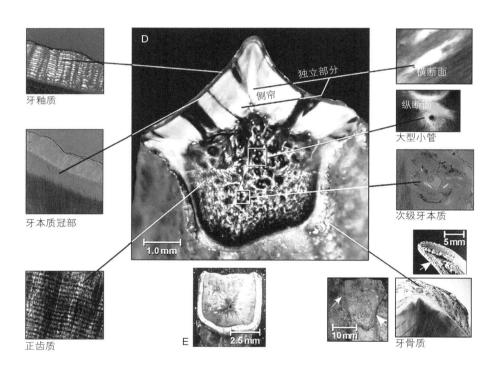

D

牙釉质

牙本质冠部

正齿质

独立部分

侧帘

横断面

纵断面

大型小管

次级牙本质

1.0 mm

E

2.5 mm

10 mm

5 mm

牙骨质

图为鸭嘴龙牙齿，从中可见其惊人的数量和排列方式（B、C）。
其牙齿表面的脊状分布与北美野牛和马的牙齿特征很相似。

物，或者两者兼有。20世纪70年代的一本教科书曾提到，应该用牙齿化石与现代的动物牙齿做对比实验。后来确实有科学家进行了相关的实验，他们给猴子和猩猩分别只投喂不同的食物，比如白菜、谷物或者水果等，过几个星期之后再分别检测它们的牙齿状况。现在是文明社会，所以不用担心这个实验里的那些猴子和猩猩的生命安全。科学家们抓住猴子，固定在两腿中间，掰开它们的嘴巴，然后塞入一块塑形材料模具，当猴子用力咬这块模具的时候，就在模具上留下了清晰的齿痕。书上还配了一幅图，里面那只猴子被牢牢夹在工作人员的膝盖中间，从那只猴子脸上露出的愤怒表情来看，我估计那次测量的结果应该很准确。

然而，每一个牙齿表面都有划痕，最大的难点在于确定这些刮痕是食物带来的，还是其他刮伤造成的。对于牙齿化石来说尤其难以辨别，因为它们被冲刷上河岸的时候也可能留下很多划痕。现在，科学家们会使用电脑控制的显微镜对牙齿表面做非常精细的扫描，然后对表面的各种痕迹进行分类。经过较长时间的数据积累，通过设定好的程序，电脑可以将那些在化石形成过程中外界偶然造成的划痕剔除，只保留较为可信的，可以确认为是在进食过程中形成的划痕。

虽然这些关于恐龙牙齿的研究才刚刚起步，但是已经取得了一定的进展。潘·吉尔（Pam Gill）和埃米莉·雷菲尔德带领的团队研究了两种最早期的哺乳动物的牙齿，它们分别是摩尔根兽（morganucodon）和对齿兽类（symmetrodonts）。这两种哺乳动物体型很小，目前发现的主要是它们的牙齿和颌骨化石，此外在南威尔士的早侏罗世地层中也发现过它们的一些骨骼。它们的牙齿细长如铁钉，显示它们可能以昆虫为食。科学家同时对现代蝙蝠的牙齿特征和进食习惯也进行了记录，并利用这些数据建立了空间模型。经过研究，科学家们认为摩尔根兽主要以甲虫之类的硬壳昆虫为食，而对齿兽类主要吃的是软体的昆虫。这一结论也得到了其他研究方法的印证。使用有限元分析法对两种动物颌骨机能进行分析发现，摩尔根兽的牙齿咬合力要比对齿兽类大很多。

其他还有一些关于恐龙牙齿磨损方面的研究，但是那些研究的争议很大。比如说鸭嘴龙牙齿上有一些方向较为一致的划痕，我们可以用这些划痕来确定其上下颌的运动方向。此前也有学者试图使用这些划痕研究鸭

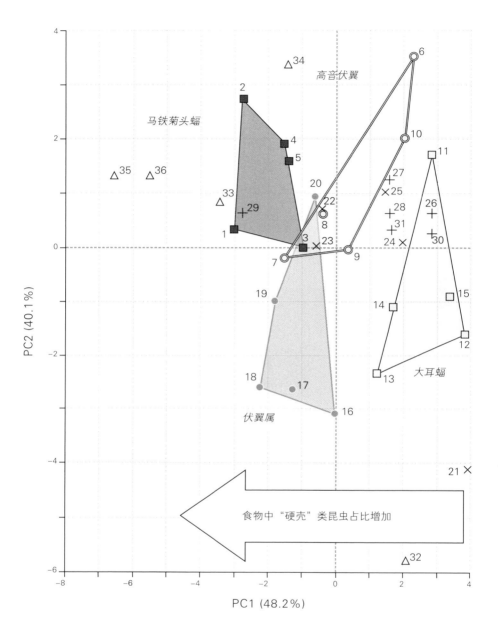

图为当代几种蝙蝠牙齿磨损特征和其昆虫类食物占比关系的空间模型。在研究摩尔根兽和对齿兽类的牙齿化石以判断它们的食物类型时，这些数据可以提供有益的参考。

△ 摩尔根兽（P3）

× 孔耐兽（P3）

+ 孔耐兽（P5）

嘴龙的食物类型，但是学术界基本上不认可他们的研究结论。在牙齿划痕研究方面，一个主要的困难就是如何利用现代动物建立合适的类比模型。

## 恐龙的食物网

所有的物种都位于一张复杂的关系网中，它们既要寻找食物以求生存，自身又是其他物种的食物，而且还要与某些物种争夺食物。在本书第二章中我们提到过威尔德地区远古生物的食物网，这是古生物学家研究物种间关系时常用的一种方法。植物从阳光中获得能量并生长，然后成为植食性动物的食物，而植食性动物又会变成肉食动物的口中餐，但是最终所有生物都会死亡、腐烂，最后被细菌和腐生生物分解，释放出碳和能量。食物网通常以蜘蛛网图的形式绘制，所有掠食者和猎物的关系一览无遗。比如，狐狸吃兔子，兔子吃草，但有些掠食者在各自的食物链中始终位于顶端，所有线条最终都指向它们，比如狮子、虎鲸和暴龙。不过，恐龙的食物网恐怕与我们今天任何一种食物网都有很大差异。

第202—203页图为根据从阿根廷的阿达曼蒂纳组（Adamantina Formation）发掘出的晚白垩世期间的部分恐龙和其他物种编制的食物网。最顶端的掠食者（1号）是大型兽脚类恐龙，主要包括头大臂短的食肉牛龙（*carnotaurus*）、鲨齿龙类（carcharodontosaurids）和大盗龙（*megaraptor*）等。有的食物链从底层到顶层有四、五级，最底部的是鱼类、蛙类、乌龟和甲虫等。哺乳动物、鸟类、蜥蜴、蛇，以及身披铠甲的犰狳鳄（*armadillosuchus*）等都吃昆虫，另一种鳄类巴雷鲁鳄（*barreirosuchus*）主要以鱼类为食。

这幅图里最奇怪的是鳄类（crocodiles）占据了主导地位，图中黑色标记的都是鳄目动物。它们有的像现代的鳄鱼一样潜伏在河岸边，以鱼类为食，有时也突然袭击来河边喝水的其他动物。但它们中的大部分都适应了陆地生活，四肢较长，能够像狗和土狼一样站立，口鼻部很短，牙齿类型复杂多样，显示它们能够适应各种不同的食物。有些鳄类也是非常积极的掠食者，甚至能够攻击恐龙，虽然有可能它们的对象只是那些未成年的或者

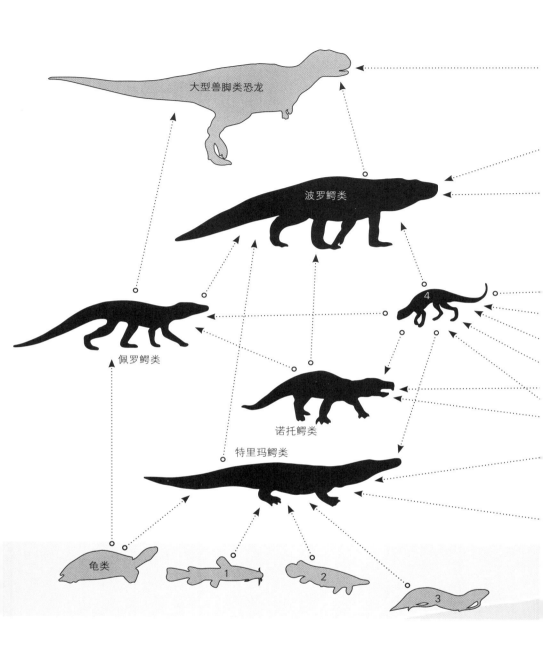

大型兽脚类恐龙

波罗鳄类

佩罗鳄类

4

诺托鳄类

特里玛鳄类

龟类

1

2

3

是年老体弱的恐龙。更令人惊奇的是，这些阿达曼蒂纳组的鳄目动物里有些是以昆虫为食的，甚至还有几种鳄类是植食性的。刚开始人们很难想象这个结论，但是牙齿化石的鉴定结论非常明确。在阿达曼蒂纳组发现的鳄类有近二十种，可见它们曾经有多么繁盛。在南美洲，有很多鳄鱼在白垩世

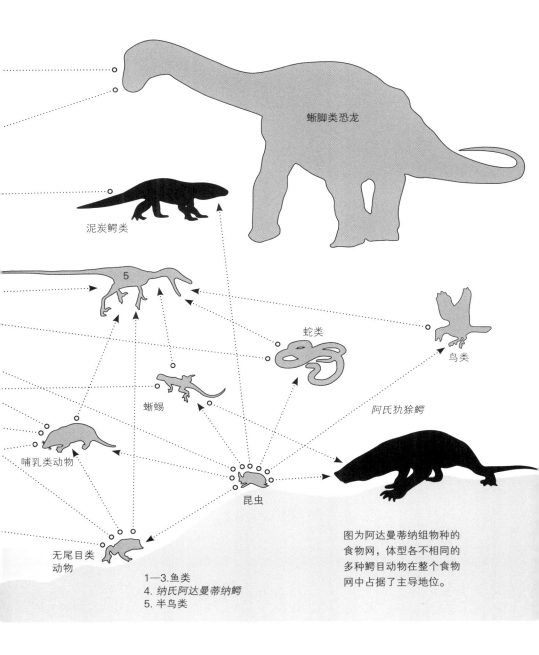

蜥脚类恐龙

泥炭鳄类

5

蛇类

鸟类

蜥蜴

阿氏犰狳鳄

哺乳类动物

昆虫

无尾目类
动物

1—3.鱼类
4.纳氏阿达曼蒂纳鳄
5.半鸟类

图为阿达曼蒂纳组物种的
食物网，体型各不相同的
多种鳄目动物在整个食物
网中占据了主导地位。

末期的大灭绝（我们将在第九章中讲述）中生存了下来，在肉食性哺乳动物登场并成为新的王者之前，鳄类一直是地球上最主要的掠食者之一。

在阿达曼蒂纳组动物种群中有9种恐龙，其中有4种兽脚类恐龙，3种体型较大，1种较小，另外还有5种蜥脚类恐龙。由于它们的食物类型很难细分，所以在图中未作具体列明。将来关于粪化石、牙齿痕迹以及同位素等方面的研究或许会帮助进一步区分恐龙的食物类型。远古脊椎动物骨骼化石中的氧同位素和氮同位素能够帮助确定骨骼主人的食物是鱼类、蜥蜴还是其他哺乳动物，但是这种方法也受到很大限制，因为气候变化等其他因素也会对同位素含量造成影响。

这个食物网中的甲虫是蜣螂，俗称屎壳郎，它们与恐龙颇有渊源。前文提到的发现暴龙的巨无霸粪化石的凯伦·钦曾经在她的一篇论文中提到，她们在蒙大拿州的晚白垩世双麦迪逊组（Two Medicine Formation）地层中发掘的恐龙粪化石上发现了蜣螂挖掘的洞穴，而且通过对粪化石进一步的研究发现，那只恐龙吃的主要是松针。蜣螂挖开恐龙粪便，以其中未消化的植物为食，吃完之后再将恐龙粪便盖上，这个习惯和现代的蜣螂是一样的。凯伦·钦的那篇论文发表于1996年，在那篇论文最后，她说道："这一发现向我们揭示了粪便的循环过程，也提醒我们或许圣甲虫（scarabs）的食粪性形成与恐龙有关。"食粪性（coprophagy）即以粪便为食的习性。事实证明，凯伦·钦的判断非常有预见性，2016年的一项关于基因组的研究结果显示，圣甲虫确实在早白垩世期间经历了一次较大的演化，或许是因为那个时代对于甲虫来说太慷慨了，想象一下那时候的那些庞然大物们每天要排泄多少吨的粪便啊！

## 食物网的崩溃

恐龙食物网其实是古生物学家们基于现代动物的食物网模型，根据对恐龙的粪便和牙齿等化石证据的研究而形成的理论成果。当一个食物网建立以后，就可以用来进行计算和分析。比如说，如果要检测一个生态系统的稳定性，那么可以去除食物网中的某一种或几种动物个体，然后预测食物网的恢复状况。在一个食物网中，存在一些基本假设，如物种之间的捕食与被捕食关系，以及每一个物种大致的生物量，也即该物种的全部个体数量乘以个体重量。如果一个生态系统很稳定，那么即便去掉几个物种，也不会对整个系统造成太大影响。但是如果这个生态系统不稳定，比如说刚刚经历了一次较大的自然灾难，那么去除几个物种很可能就会导致整个生态系统的崩溃。

随着各种开花植物、新的昆虫、蜥蜴、鸟类和哺乳类动物的出现，白垩世的生态系统变得越来越复杂，貌似更加稳定，却又更加脆弱。植物和植食性动物之间、猎物和掠食者之间的联系愈发紧密，这为生态系统中的各个环节增加了稳定性，如果有一个物种灭绝，很快就会有其他的物种替代进来，整个系统不会受到影响。然而从整体上来看，不管是在现代还是在侏罗纪，无论多么复杂的生态系统在巨大的环境灾难面前还是可能像纸牌屋一样不堪一击。

随着科技的发展，科学家们越来越多地借助数学模型来研究现代自然环境系统的稳定性及其存在的风险，当然，人类的影响是其中必须要考虑的因素之一。同样，这些模型也可以被用来分析远古时代生物大灭绝前后的自然环境状况。古生物学家彼得·罗普那林（Peter Roopnarine）等人研究发现，在白垩世末期，与之前的生态系统相比，北美大陆上最后存在的、仍由恐龙占据主导地位的生态系统存在"较低的系统崩溃阈值"（lower collapse threshold），也就是说较小的环境影响就可以导致它们生存的生态系统崩溃。究其原因，很可能与之前的1000万年间恐龙生态系统中的两个变化有关：一是仅在某一地点或局部区域产生的当地物种大量增长，二是原本位于食物网中心位置的很多大型植食性动物相继灭绝。或许正是这两个变化导致了晚白垩世的生态系统较为脆弱。


## 食物类型的选择与详细划分


在阿达曼蒂纳组的动物种群食物网研究中遇到的另一个难题是如何进一步区分5种蜥脚类恐龙的食物，究竟它们吃的是同一种类型的植物，还是有各自食物来源的分配？在这个具体问题上目前还没有研究成果和答案，但是在另外一项关于莫里逊组植食动物多样性的研究中我们已经看到了一些成果，这些我们后面将进一步讲述。

在现代的生态系统中，各种动物通常都有较为单一的食物来源，比如各种禾草、树叶、水果或者坚果，而且食物所处的位置也相对固定，有的就在地面上，有的位于树上，还有介于两者之间。食物来源的特殊化是有原因的，这样各个物种就都有专属于自己的食物，从而避免了和其他物种的竞争，而且它们也因此而演化出了独特的牙齿和消化系统以应对各自的食物。物种之间的竞争在演化和生态系统中占据核心地位，而避免竞争就是

| 属： | 剑龙 |
| --- | --- |
| 种： | 狭脸剑龙 |

最正常的竞争方式。

　　莫里逊组中蜥脚类恐龙的种类非常多，这既是一个很有趣的现象，更是恐龙研究领域中的一个难题。在莫里逊组中既有最凶猛的异特龙和角鼻龙，也有背上长着硬质骨板的植食性的剑龙，此外已经发现多达10种蜥脚类恐龙[分别为双腔龙（*amphicoelias*）、迷惑龙（*apatosaurus*）、重龙（*barosaurus*）、腕龙、圆顶龙（参见第208页）、梁龙（参见第210—211页）、简棘龙（*haplocanthosaurus*）、小梁龙（*kaatedocus*）、超龙（*supersaurus*）以及春雷龙（*suuwassea*）等]。虽然莫里逊组岩层的年代跨度长达1000万年，但是在这个时间段里的任何时点，至少有5种蜥脚类恐龙同时存在。想象一下这么多庞然大物比肩站立，那场景该是何等壮观！有学者认为它们有不同的食物来源，而脖子的长度和形态就是例证。比如，腕龙不仅脖子很长，

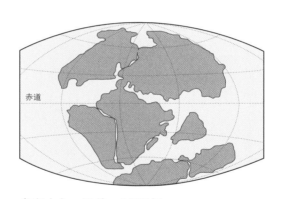

赤道

| 命名人： | 奥塞内尔·马什，1887年 |
| --- | --- |
| 年代： | 晚侏罗世，1.57亿—1.52亿年前 |
| 化石发掘地： | 美国、坦桑尼亚、葡萄牙 |
| 分类： | 恐龙类—鸟臀目—覆盾甲龙类—剑龙类 |
| 体长： | 9米 |
| 体重： | 4.7吨 |
| 冷门小知识： | 剑龙的尾锤可以用来自卫。研究人员在一块异特龙椎骨化石上发现过一处伤痕，经证实是剑龙的尾锤攻击所致。 |

| 属: | **圆顶龙** |
|---|---|
| 种: | **至高圆顶龙** |

| 命名人： | 爱德华·柯普（Edward Cope），1877年 |
|---|---|
| 年代： | 晚侏罗世，1.57亿—1.52亿年前 |
| 化石发掘地： | 美国、坦桑尼亚 |
| 分类： | 恐龙类—蜥臀目—蜥脚形类—圆顶龙科 |
| 体长： | 15米 |
| 体重： | 18吨 |
| 冷门小知识： | 在一件圆顶龙腰带骨化石上，科学家们发现了最凶猛的肉食恐龙异特龙留下的咬痕。 |

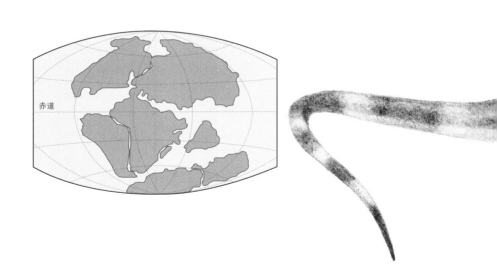

赤道

| 属: | 梁龙 |
|---|---|
| 种: | 卡内基梁龙 |

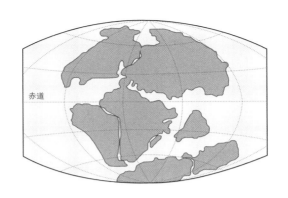

赤道

| 命名人： | 约翰·海彻尔（John Hatcher），1901年 |
| --- | --- |
| 年代： | 晚侏罗世，1.57亿—1.52亿年前 |
| 化石发掘地： | 美国、坦桑尼亚 |
| 分类： | 恐龙类—蜥臀目—蜥脚形类—梁龙科 |
| 体长： | 25米 |
| 体重： | 16吨 |
| 冷门小知识： | 这种梁龙是以当时的千万富翁安德鲁·卡内基（Andrew Carnegie）的名字命名的。在由他资助的发掘中发现了这种恐龙。 |

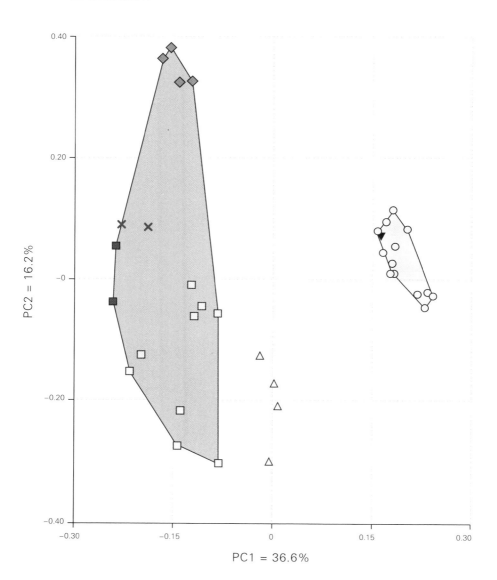

各种蜥脚类恐龙在取食树叶时的不同习性的形态空间图。
左边集合中的恐龙主要采取从枝条上咬住并扯断树叶的方
式，右边集合中的恐龙主要采取切断并咀嚼树叶的方式。

前腿也很长，因此它可以高高地抬起头，像斑马一样取食高处的树叶，而梁龙虽然也有很长的脖子，但是它的脖子几乎与地面平行，因此只能取食中间高度的树叶。

埃米莉·雷菲尔德团队中有一位研究人员名叫戴维·巴顿（David Button），他运用有限元分析法对圆顶龙和梁龙的上下颌运动机能进行了进一步研究。研究发现，圆顶龙的咬合力要比梁龙大一些，提示圆顶龙的食物可能也相应更硬一些，对两者头骨的应力测试进一步证实了这一猜测。应力测试显示圆顶龙头骨的应力值比梁龙头骨要低，这说明圆顶龙的头部能够承受较大的压力（参见彩图9）。戴维·巴顿进一步将研究对象扩大到35种蜥脚类恐龙，结果发现，可以根据咬合力、头骨强度和牙齿咬合方式将这些蜥脚类恐龙归为两类。从形态空间图上看，这两类恐龙的机能分类区域间隔较远，圆顶龙属的恐龙的机能特征集聚度较高，说明它们具有较高的相似度。

戴维·巴顿在研究报告的结论中写到，圆顶龙主要以质地较硬的植物甚至树枝为食，而梁龙的食物是软而粗糙的植物，如木贼类和蕨类植物的叶子。梁龙细小的铅笔状牙齿只长在嘴的前部，因此研究人员推测它们用这些牙齿咬住长满树叶的枝条，然后往后拉扯，将树叶撸下来，直接咽下肚。梁龙的头部后方和颈脖都有较为发达的肌肉，因此头部可以进行这种有力的拉扯和摆动。圆顶龙的整个上下颌都有短而宽阔的牙齿，因此它们可以采取一种比较正常的进食方式，即连同枝条和树叶一同咬住，直接用牙齿切断并咀嚼。

......................................

在过去的20年间，我们一直在研究恐龙的进食方式，埃米莉·雷菲尔德对此作过一番评价：

在我刚刚开始研究恐龙的时候，手头只有一些化石方面的资料，比如牙齿形状和划痕，还有一些胃石和粪化石等。当时曾有一些生物力学方面的专家建议我根据杠杆作用原理设计恐龙颌骨模型，这样就可以做一些简单的计算。现在，我们可以使用计算机辅助，解决更复杂，也更实际的问题。

2018年，埃米莉上过一期关于鱼龙类（ichthyosaurs）的电视访谈节目，鱼龙是中生代一种状似海豚的水生爬行动物。主持人大卫·艾登堡问埃米莉："鱼龙是不是侏罗纪时代的海中之王？"埃米莉俏皮地回答道："也可能是女王。"

和以前的方法相比，新的研究方法都是可验证的，古生物学家在研究灭绝动物的进食方式时再也不用只是单纯的猜测。在生态学研究方面也出现了一些非常有用的新方法，如食物网的设计等，但是还有很多工作需要完善。可以确定的是，如果将进食方式方面的准确数据与食物网模型相结合，一定可以更好地互相促进，也能更好地研究在外界环境变化压力下恐龙生态系统的稳定性。埃米莉现在正带领她的团队努力研究恐龙的进食模式与演化之间的关系，这将有助于我们理解为什么有些恐龙比其他恐龙繁衍得更成功，并一窥中生代生物进食习惯的多样性。

第八章

# 恐龙的行走和奔跑

古生物学已经完成从推测到科学的转变，而恐龙运动方式的研究就是这场转变的最好证明。有两个先驱者在这场转变中起到了至关重要的作用，一个是长着大胡子的英国教授，另一个是定居在英格兰的美国教授，他目前还没留胡子。

前者是已故的英国利兹大学生物力学教授罗伯特·马克内尔·亚历山大（Robert McNeill Alexander，1934—2016年）。他是科学界的一位传奇人物，开辟了从鱼类到哺乳动物等各种动物的生物力学研究，从20世纪60年代开始到2000年的数十年间出版了很多专著，所著的《动物力学》（*Animal Mechanics*）、《鱼类的机能设计》（*Functional Design in Fishes*）和《动物的运动方式》（*Locomotion of Animals*）等都已经成为专业领域的经典教材。亚历山大教授的课非常有名，他不仅有极其丰富的知识，对从跳蚤到大象在内的各种动物的运动方式有很深入的研究，而且还非常风趣，人们总是记得那个身材瘦削、满脸大胡子的老人在讲台上模仿动物的奔跑、跳跃甚至飞翔。亚历山大教授出生于北爱尔兰的阿尔斯特，他抑扬顿挫的北爱尔兰口音也为他的讲座增色不少。他还为古生物学的恐龙研究领域作出了杰出贡献，比如他建议设计塑料模型推测恐龙的体重或者计算恐龙的奔跑速度。因为他的天才的洞见，自1976年开始，古生物学家们终于有了计算恐龙速度的可靠方法，再也不用只是单纯猜测。

另一位是约翰·哈钦森（John Hutchinson）教授，他进入生物力学领域的时间较晚，他自述亚历山大教授的书对他产生了很大影响："亚历山大的书非常有想象力，而且他思想敏锐，他告诉我们可以对现代动物的运动方式进行分析，并大胆地将数据应用到恐龙研究领域。"哈钦森和亚历山大一样痴迷于生物力学，只是哈钦森要壮实很多，剃着光头，像一个橄榄球运动员。哈钦森有一档非常著名的电视节目，在节目中他为观众展示解剖各种动物，包括马、鸵鸟，甚至大象。他开通了个人博客，名字叫"约翰的冰箱里有什么？"（*What's in John's Freezer*），而且在2011年被《国家地

图为罗伯特·马克内尔·亚历山大教授在讲述如何
推测恐龙的原始体重。

图为约翰·哈钦森，面前是一堆骨骼。

理》(*National Geographic*)杂志称为"冰箱里有最多大象腿的人"。他在位于伦敦北部的英国皇家兽医学院工作，所以能够接触到各种各样的动物标本，其中有很多来自动物园。他的工作忙碌而有趣，经常是这个星期正在研究大象究竟能不能跑步，下个星期就要去好莱坞为恐龙电影做顾问，要不就是帮助学生设计运动力学的电脑模型。此前的学界的研究结论是大象无法奔跑，但是约翰·哈钦森认为大象可以奔跑，只是奔跑的方式比较奇特，并为此制作了一个视频展示。

约翰·哈钦森的博士论文是关于鸟类和鳄鱼腿部肌肉的解剖学研究。他说道：

> 这些工作为我后来研究恐龙打下了坚实的基础。我解剖了9条鳄鱼，很多蜥蜴、蛇、乌龟还有几十只鸟，研究了支撑它们运动的肌肉的共同特征。在我开始做博士研究的时候，我比较感兴趣的是生物体的演化，当时我还没有完全确定将来的研究方向，但是我很喜欢《侏罗纪公园》这部小说和电影，当时我想到，或许可以用现代生物力学的方法检验暴龙的站立和移动方式。在我的整个读博期间我一直在研究这个问题，很庆幸我最后成功了。以前的解剖工作同样为我后来研究各种脊椎动物的肌肉组织基本结构的共同特征提供了很大帮助。

这就是我们在前言部分中提到的"现存相近系统推断法"（参见第17页），古生物学家们可以根据现存相近系统中的鳄鱼和鸟类的相关特征确定恐龙的肌肉组织特征。哈钦森在解剖中也发现，所有脊椎动物的四肢肌肉基本特征都是一样的，那么很可能恐龙也是如此。因此，古生物学家们需要确定恐龙骨骼上的肌痕，也即肌肉附着的位置，通过肌痕测量肌肉宽度。通过肌肉的宽度或者直径可以计算肌肉强度，通过肌痕位置可以确定肌肉的方向，结合起来就可以计算力量大小。不过，哈钦森也解释道：

> ……光有肌肉方面的数据是远远不够的，我们还需要了解它们怎样抬脚落脚，身体的重量如何通过腿部传递到地面，行走过程中关节和肌肉的变化和衔接过程，等等。而且，仅就移动来讲，还有很多的

步态，比如说马的步态就有5种，分别是慢步、快步、小跑、中速跑和疾驰。其他动物，尤其是恐龙，是不是也都有这些不同步态？

在恐龙移动方式的研究上我们看到了科学与时代的深刻结合。对于恐龙形象的描绘会受到所处时代的影响，比如以前恐龙在人们眼中是呆蠢、缓慢的爬行动物，后来才转变成机警、迅猛的掠食者。足迹和骨骼等化石证据是古生物学研究的基础，而新的计算机技术能让亚历山大和哈钦森等科学家对各种推测进行验证，所以，现在我们可以确定恐龙的站立和行走方式、移动的速度，以及它们能不能游泳或者飞行，也可以用科学方式来检验好莱坞电影中的那些令人震撼的恐龙场景是否真实。

## 恐龙姿态与运动研究的时代性

在不同的时代，科学家们设想的恐龙形态是不一样的。一开始是类似巨大的鳄鱼，然后是巨型的犀牛，接着是形如袋鼠的快速奔跑的双足动物，最后才是我们今天普遍接受的模样。其实所有设想都是以骨骼为基础，根据四肢的特征确定体态，然后从现代的动物中找一个最合适的。现在看以前的恐龙图形，有一些会让人觉得荒唐得可笑，可是我们现在辛辛苦苦建立起来的成果，很可能也会被未来的古生物学家们嘲笑。希望我们的努力经得起时间的检验，毕竟用伊萨克·牛顿（Isaac Newton）的话说，我们的工作虽然未必是"站在巨人的肩膀上"，好歹也是"站在前人的肩膀上"的。

古生物学家们刚开始尝试建立恐龙模型时，是按照巨型蜥蜴或鳄鱼的模样设计的。1830年左右，英国地质学家和古生物学家吉迪恩·曼特尔重建了一个禽龙模型，看起来就是一只巨大无比的蜥蜴，长达61米，四足行走，腹部贴地。其他一些恐龙模型看起来就是巨型鳄鱼，同样匍匐行走，移动缓慢，据估计它们的猎物也一样行动很缓慢。本书开始的时候我们提到过，理查德·欧文在19世纪四五十年代描绘的恐龙形象深入人心，他将恐龙描绘成类似犀牛的温血动物，虽然行动还是很缓慢，但至少看起来威

图为英国地质学家和古生物学家吉迪恩·曼特尔建立的
巨型蜥蜴状禽龙模型，长达61米。

图为理查德·欧文于1853年建立的巨型犀牛状恐龙模型。

武雄壮。

　　不过，很快从北美发掘出了完整恐龙骨架，证明恐龙并不是欧文描绘的犀牛状。1858年，美国古生物学家约瑟夫·莱迪（Joseph Leidy）发现了第一具鸭嘴龙骨骼化石，根据化石，很显然鸭嘴龙是一种双足站立动物，其后肢要比前肢大三到四倍。根据莱迪的设想，鸭嘴龙的体态是直立型的，它用后肢站立，尾巴拖在地面，看起来就像是一只警觉的袋鼠，而且莱迪的这种袋鼠状恐龙体态假说直到1970年才被推翻。此外，还有其他一些学者提出过两足恐龙奔跑时体态类型的假说，其中有一些人已经意识到恐龙在奔跑时躯干应该平行于地面，脊椎和尾巴呈一条直线，身体的前段和尾部就像是跷跷板的两端，调节身体平衡。其他人则坚持认为恐龙的躯干

图为第一具完整鸭嘴龙骨骼化石的仿制模型。1898年，该模型曾在普林斯顿大学（Princeton University's）的拿骚楼（Nassau Hall）展出。

是直立的，尾巴拖在地面。然而这种假说是明显错误的，因为在这样的体态下，它们的脖子和尾巴非常容易折断，而且奔跑的状态会非常滑稽，没有哪一种动物会以这样的方式奔跑。

关于恐龙形态认识的变革发生于1970年。那一年，两位年轻的古生物学家分别独立发表了相同的结论，他们是美国的鲍勃·巴克尔和英国的彼得·加尔冬。我们在第四章中曾经提到，巴克尔将恐爪龙画成身手敏捷、奔跑时身体平行于地面的肉食性兽脚类恐龙；而彼得·加尔冬笔下的鸭嘴龙类鸭龙（*anatosaurus*）也是同样的体态，身体平行于地面，呈急速奔跑状。他们提出的恐龙形象立刻为大众接受，自那时起，除了那种粗制滥造的儿童读物，再不会有哪种出版物把恐龙画成袋鼠的样子。巴克尔和加尔冬重建的恐龙形象依据的不是袋鼠，而是生活在中北美的一种鸟类——走鹃（road runner）。走鹃同时也是著名的动画片《BB鸟与歪心狼》（*Wile E. Coyote & Road Runner*）中的主角，这种鸟身材细长，善于奔跑，最引人注目的是其奔跑时头部和尾部分别向前后伸直拉长。

对恐龙骨骼化石的研究进一步证明巴克尔和加尔冬的恐龙形象是正确的。首先，通过对比较完整的骨骼化石进行分析，可以确定骨关节的特征。实际上，恐龙四肢骨骼关节的特征与现代鸟类和包括人类在内的哺乳动物一致，都很简单。从腿部来说，膝盖和脚踝的特征与铰链类似，从前肢来讲，相对应的就是肘部和手腕。双足恐龙的前肢非常灵活，好比鸟类

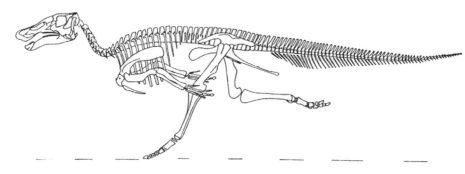

图为彼得·加尔冬于1970年画的奔跑中的鸭龙。

转动肘部和腕部拍打翅膀，人类能够打网球，猿猴用双臂交替握住树枝在树林里穿行。在所有这些移动方式中，灵活的肩部关节让上肢不仅能前后移动，还能做旋转运动。

与它们那些只能匍匐前进的爬行类祖先不同，所有恐龙的体态都是站立式的。在大约2亿5200万年前的二叠纪—三叠纪生物大灭绝中，所有的大型匍匐型爬行动物都灭绝了，它们的继任者们都采取了站立式体态（参见第一章）。现代还有一些小型的匍匐型的爬行动物，比如蝾螈和蜥蜴等，这些动物的四肢从体侧伸出，前行的时候需要大幅度地前后摆动。它们的身体紧贴地面，由于支撑身体离开地面需要耗费很大能量，而且前进时的步伐长度受到很大限制，因此这些匍匐型的爬行动物无法长时间快速奔跑。如果是站立体态，那么移动的速度就要快很多，也不需要耗费太多的能量。

实际上，恐龙从诞生时就已经可以双足站立，而且不可能呈爬行的体态。双足行走有巨大优势，能够让它们快速奔跑和躲避掠食者，但这不是站立体态演化的唯一方向，双足性、巨大体型和某些兽脚类恐龙和后来鸟类的飞翔能力都是在站立体态的基础上演化而来的。蜥蜴等爬行类动物的四肢关节要比恐龙和哺乳动物的四肢关节复杂得多，移动时关节转动的幅度也更大。

关于恐龙运动方式研究的最初证据来源并不是骨骼化石，而是足迹化石。

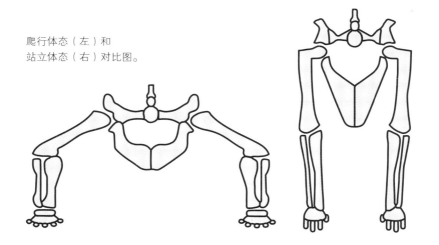

爬行体态（左）和
站立体态（右）对比图。

# 足迹化石能告诉我们什么？

　　最早的恐龙足迹化石是200多年前发现的，但是当时人们并不知道它们发现的是什么。最早的报道见于1807年，是当时美国康乃迪克州阿默斯特市（Amherst）的一位教士记载的巨大三趾足迹化石。这位教士名叫爱德华·希区柯克（Edward Hitchcock），有人带他去看了一块当地的晚三叠世红砂岩地层的化石，据说是一个农家小男孩几年前挖出来的，小男孩把这块石板放在了自家门口当石阶用。

　　希区柯克立刻对这种化石产生了兴趣，此后的30多年间，他一直致力于搜集这些化石。在当地这种化石很常见，石匠们经常需要从当地的红色和黄色砂岩层中挖掘合适的石材来建造房屋。当他们撬开岩层中的一块块石板时，石板上的足迹就展现在人们面前，有时候会有一排好几十个足迹，重复着左—右—左—右的顺序。希区柯克搜集了很多化石，并将它们全部捐献给了阿默斯特学院（Amherst College），有一些现在应该还在。希区柯克发表了几本专著，详细绘制了他搜集的这些化石，其中最著名的当

图为康乃迪克州于1810年左右展出最早的恐龙足迹时的宣传画。

希区柯克搜集的一块恐龙足迹化石石板，现存于康乃迪克州阿默斯特学院博物馆。
上图为足迹化石俯视图，右页图为这四只三趾足迹的倒模。

属出版于1858年的那本《新英格兰足迹化石学》（*The Ichnology of New England*）。

　　希区柯克一直认为这些是鸟类的足迹，非常大的鸟！他从现代的爬行类动物中找不到类似动物有这样的脚掌，比如鳄鱼和蜥蜴通常有5个趾头，而且会用比较宽阔的手掌和脚掌撑地，但是康乃迪克州发现的足迹化石都是三趾的，和现代的鸟类相似。希区柯克是个教士，他的一些教会中的朋友认为这些石板可能属于大洪水时代，上面的足迹是大洪水之后诺亚放出来的乌鸦在寻找陆地的时候踩出来的。类似的足迹非常多，而且其中的很多足迹尺寸巨大，如果是乌鸦留下的，那么这些乌鸦的体型比鸵鸟还要大一倍。

现在我们知道希区柯克搜集的那些足迹是早期的一些恐龙留下的，比如体长大约2米的近蜥龙（*anchisaurus*），这种恐龙在新英格兰地区其他同时期的地层中也有发现。近蜥龙身材纤细、头骨很小，从牙齿判断为植食性恐龙。它们的脖子和尾巴都很长，前肢和后肢的长度相差不大，因此古生物学家推测近蜥龙可以四足行走，奔跑的时候可能会变成两足奔跑。年代较晚一些的足迹可能来源于近蜥龙的近亲大椎龙，它的体长可达6米。近蜥龙和大椎龙都是蜥脚类恐龙，它们是有着细长脖子的雷龙和其他蜥脚类恐龙的祖先。

那些恐龙在地球的各个角落都有分布，但为什么只在康乃狄克州留下这么多足迹？比较令人信服的解释是康乃狄克河谷的自然条件比较适合恐龙足迹的石化和保存，此外在南非的一些地方也有类似的自然条件。当时的新英格兰地区气候炎热，湖泊众多，湖里有各种鱼类，湖边有体型较小、类似蜥蜴的爬行动物，它们以蟑螂和蜻蜓等为食。大量的植食性恐龙拥挤在湖边，享受着遍布湖泊四周的各种繁盛的绿色植物。

现在的新英格兰地区和德国、北非等地在那个时代距离赤道都很近，因此气候炎热。那时大西洋才刚刚开始形成，即将分开欧洲大陆和北美大陆。各大地质板块之间持续的火山喷发和漂移导致的张力拉伸在地球表面形成了巨大的裂痕，比如我们今天看到的东非大裂谷。这些地质运动也形成了无数大大小小的湖泊，涵养、繁盛了各种昆虫、植物和鱼类，为恐龙提供了丰富的食物来源。

1850年之后，世界各地发现的晚三叠世、侏罗纪和白垩纪的恐龙足迹化石越来越多，古生物学家在根据足迹的大小和形状推断其主人时也越来越熟练。简单来讲，如果足迹是三趾的，而且趾尖有利爪，那么这个足迹的主人就可能是兽脚类恐龙；如果没有利爪那就可能是鸟脚类恐龙；如果足迹呈巨大的圆形，那么很可能就是大型蜥脚类恐龙留下的。

希区柯克的记载中提到，康乃狄克河谷很多足迹深达10厘米到20厘米，因此他推断当时那里的地质一定很松软。在希区柯克的年代没有好办法进行数据分析，但是现在不一样了，史蒂芬·盖茨（Stephen Gatesy）和彼得·弗金汉姆（Peter Falkingham）都是移动研究方面的专家，他们现在可以用扫描和数字技术来分析足迹化石。他们在电脑上建立了一个恐龙足部的完整移动过程，这只左脚的三个趾头完全展开，踩入淤泥，稳稳站立，支撑整个身体的重量。然后随着恐龙的躯干向前移动，支撑腿变成右腿，左腿需要继续向前迈出。在拔出左脚的时候，原本最大限度张开的3个脚趾紧紧靠拢，蜷缩到一起，这样在从淤泥中拔出的时候只需花费最小的力气。

在很多地层沉积中我们都发现过体现完整的足部移动方式的足迹痕迹，现代扫描和建模技术为我们重现了这一过程——脚掌着地，脚趾伸展，牢牢印在地里，身体重心前移，足部从后往前抬起，收缩蜷曲脚趾并拔出地面，往前迈步，开始下一个循环。

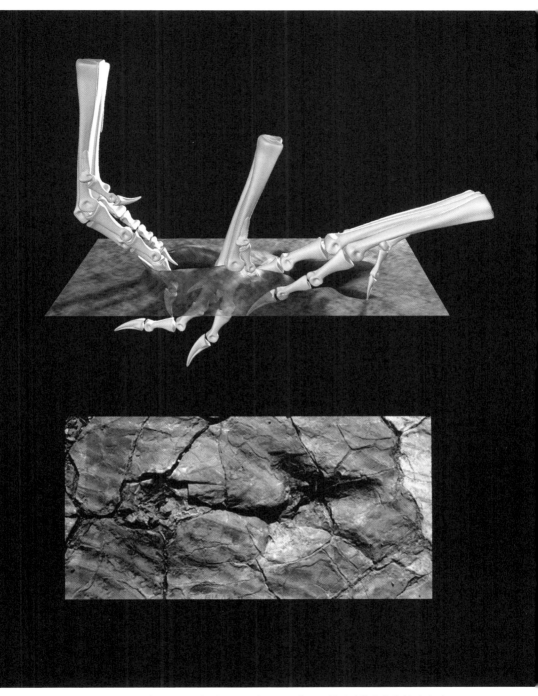

从上图中可见，恐龙细长的足部踏入淤泥中，脚趾伸展，然后随着身体往前移动时，
脚趾收缩蜷曲，拔离地面。

# 恐龙能跑多快？

要准确算出恐龙的奔跑速度似乎不太可能，但这是个躲不开的基本问题。1976年时，马克内尔·亚历山大提出了一个计算移动速度的方法，他认为动物的运动是有"规律"的，而且对双足动物和四足动物都适用。他基于对各种动物运动方式的观察，提出随着移动速度的提高，步长也会扩大，如果是快速奔跑，步长可以达到行走时步长的两倍到三倍。

不过亚历山大也明白，所有的生物都要遵循速度和体型关系方面最基本的生物力学规则，即，相对而言，体型越大移动就越缓慢。不过他最大的灵感来源于船舶制造时依据的基本公式。那是在1861年，维多利亚时代

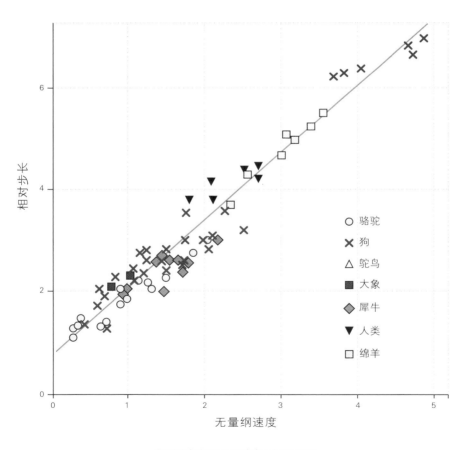

相对步长与无量纲速度之间的关系。

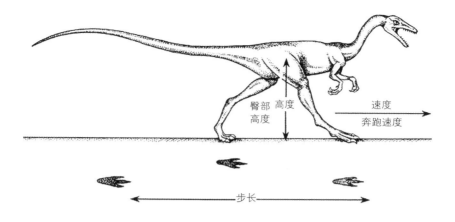

臀部 高度
高度
速度
奔跑速度
步长

通过步长与臀部高度测算速度。

伟大的工程师威廉·弗劳德（William Froude）提出了一个力学定律，这个定律对现代船舶设计建造产生了重大影响。弗劳德提出，当船的速度对长度平方根比值相同时，其单位排水量的剩余阻力相等。这个比值叫"弗劳德数"（Froude number）。马克内尔·亚历山大是第一个意识到既然"弗劳德数"可以用于研究船舶和鲸鱼等在水中的移动方式，那么如果稍加变通，是否也可以用来研究奔跑的速度？经过详细测算，马克内尔·亚历山大提出，可以用"弗劳德数=2.3（相对步长）$^{0.3}$"这个公式来计算很多现代动物的移动速度与步长关系。

　　这就是马克内尔·亚历山大在1976年发表的一篇著名论文的核心内容。论文总共只有两页纸，但是他明确提出了可以通过研究恐龙足迹化石计算恐龙的移动速度。他的观点无可辩驳，因为依据他给出的公式，我们在当代的各种动物身上进行验证，包括马、狗、大象、鸟类、老鼠等，包括我们人类在内，得出的数据都很准确。我还记得在上世纪70年代末，BBC地平线系列节目做过一期对亚历山大教授的专访，当时他们一家正在北诺福克（North Norfolk）的沙滩上度假。亚历山大教授在镜头前再次用狗和马验证了他提出的公式，他用尺子在沙滩上丈量狗和马奔跑的步长，镜头里，他那长长的大胡子在风中飘动。

　　马克内尔·亚历山大提出可以用他的公式计算恐龙的奔跑速度。根据公

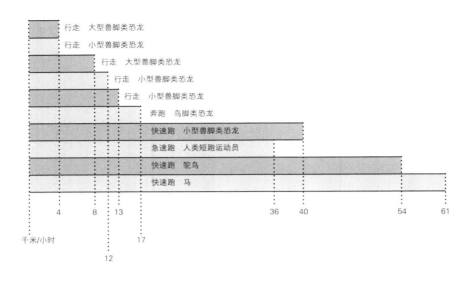

恐龙与一些现代动物和人的行走和奔跑速度比较。

式和足迹间的距离计算奔跑速度非常简单，而古生物学家们手头的恐龙足迹有上千组。得出的典型结果是恐龙的移动速度介于每秒1米到每秒3.6米之间（大约4—13千米/时）。但是其他一些古生物学家根据自己的研究得出了不同的结果，比如鲍勃·巴克尔计算出的暴龙速度可达每秒20米（约70千米/时），并将此作为恐龙是温血动物的又一例证。不过，包括巴克尔在内的很多学者都认为，不可能用足迹准确计算出恐龙的最快奔跑速度，因为谁都无法在泥地和沙地上跑得很快，只有在坚硬干燥的平地上才能跑出最快的速度，但是在那样的地面上不可能留下能够形成化石的足迹。

　　不过，大多数计算出来的恐龙移动速度都不算快。普遍比较受到关心的是暴龙的奔跑速度，但是一直没有可供研究的成年暴龙的整组足迹化石。根据2016年发现的一组未成年暴龙足迹化石计算，它们的速度大致为每秒1.3—2.2米（5—8千米/时），这和人类快速行走的速度差不多，但是对于大型掠食动物来说似乎差了不少。或许，中生代的动物们移动速度都比较缓慢，不像现在的马和鬣狗等能够快速奔跑。这是推测的暴龙的最快移动速度，根据其他暴龙足迹计算的结果也与此相符。

　　那么，科学家们是如何将这些测算出的速度与计算机中的运动模型结合起来的呢？计算机数字模型首先必须要符合基本的物理定律，而且还要能结合对足迹化石的观测研究结果。生物力学科学家们必须从最基础的工作着手，对此，约翰·哈钦森曾讲过他做博士研究时的情景：

> 那段时间我在各个博物馆之间奔波，大量的解剖分析让我疲惫不堪。每完成一项基础内容，我就得把方向转到运动物理学方面，而这方面我们对暴龙几乎一无所知，我必须在这些未知的基础上找到研究暴龙移动方式的可行办法。要找到有价值的东西很难，有很多次我都想放弃。

## 用数字技术重现恐龙的移动方式

哈钦森没有放弃。他知道在设计数字模型时不仅要以常识性数据为基础，也要考虑到数据的全面性和完整性。因此，哈钦森和这项研究的合作者史蒂芬·盖茨决定，他们要以暴龙为研究对象，将所有可能的体态全部纳入进来。于是他们设计了各种各样的体态，总数有上千种（参见第232页图），其中有的看起来合乎常理，但也有一些很古怪。比如说，他们设计了一种俄罗斯哥萨克族舞蹈中的蹲式步态，恐龙弯曲膝盖下蹲，前进的时候膝盖与耳朵几乎位于同一高度。然后还有踮起脚尖走，蹦蹦跳跳的样子。

这些类型的体态是可以被立即排除的，因为保持这样的腿部僵直或者蹲伏的姿态需要额外耗费很多能量。体态研究中最关键的是"地面反作用力"（ground reaction force），这是一个与身体施加给地面的力大小相等、方向相反的力。如果恐龙双足站得很直，力的方向就位于膝盖前方，恐龙就会向前跌倒；如果下蹲得厉害，力的方向会位于膝盖后方，恐龙就会向后跌倒。因此，如图中所示这样的a和b两种体态类型都被排除，只有c是有可能的。

经过一系列的实验，哈钦森和盖茨得到了一组看起来比较合理的体态和步态，而且也得到了大多数人的认可。他们的实验从能量利用的角度解释了为什么有些结果可信而有些结果不可信，非常符合逻辑。随之而来的问题就是，能否在此基础上确定恐龙的最快奔跑速度？人类不可能跟着一

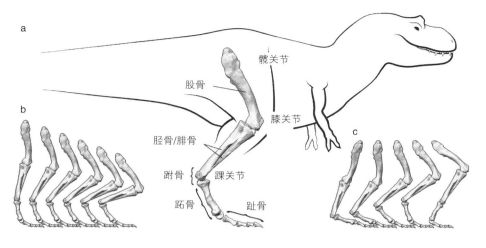

图为暴龙体型的轮廓及各种可能的腿部形态。

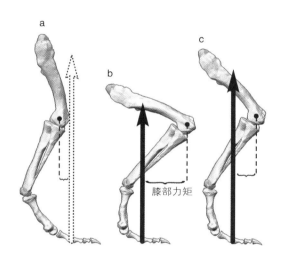

膝部力矩即腿部围绕膝盖转动的力的趋向。如图，c是站立
时用力最少的姿态，而a中腿部过于直立，b则过于弯曲。

只真正的暴龙身后去测量它的速度，但是如果根据足迹化石研究的结果和根据骨骼机能研究的结果能够互相印证，那么这个结果就有比较高的可信度。从科学研究的层面来看，这个方法有很多缺陷，但是符合常识，因此至少可以从法律思维的角度出发，采纳其为可信的证据。

2002年，哈钦森在和另一位学者马里亚诺·加西亚（Mariano Garcia）共同发表的论文中提出，可以结合骨骼和肌肉方面的研究来计算恐龙的移动速度。肌力大小与肌肉切面大小有一定比例关系，因此肌肉量和速度密切相关。奔跑时主要用到的是大腿部的伸肌（extensor muscle），如果将职业短跑运动员和普通人相比就会发现，前者的伸肌直径可达后者的两倍！同样，在人类驯养的犬类品种当中，灵猩（greyhound）和小灵狗（whippet）几乎浑身都是肌肉，其他很多品种则不然。

　　肌肉量与力量、速度的关系还受到体重的影响，体重较轻的动物只需较少的肌肉就能达到很快的速度（这里指的是与体型大小相关的相对速度）。哈钦森选取了鸡作为例证，很多人可能会觉得这个例子不太合适，但是实际上真正试过抓鸡的人都知道鸡跑得很快，要抓住它们绝非易事。

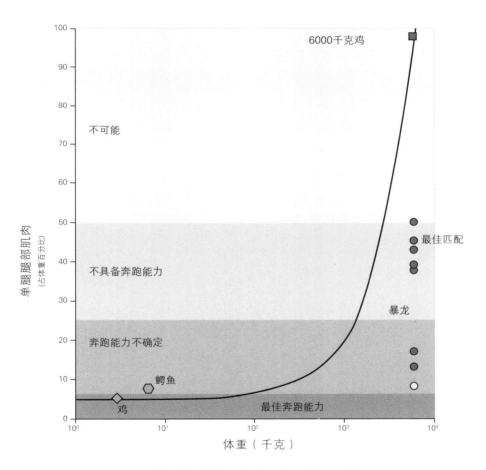

图为随着体重增长，奔跑能力的几种状态分别
所需的肌肉量占体重百分比的推测模型。

根据哈钦森的计算，一只成年的鸡大约重1千克，其腿部肌肉占整个体重约10%。如果按照鸡相对于自身体重的奔跑速度，一只6吨重的鸡（成年暴龙的体重）要有10吨重的腿部肌肉才能跑那么快，这显然是不可能的，没有哪种动物的腿部重量能达到自身体重的近两倍，实际上二分之一都不可能，因为一个正常运行的机体除了腿之外还有很多其他的重要器官和组成部分。

哈钦森和加西亚还画了一幅非常有趣的图，用于解释他们的研究工作：一只6吨重的鸡跟在一只暴龙后面。根据他们的计算结果，暴龙的腿部肌肉量最多占自身体重的30%，而据此得出暴龙只能悠闲地行走，移动速度最多只能达到16—35千米/时，而且这个是最大值，这个速度的一半才更加合理。我们之前提过，根据足迹化石计算出的暴龙移动速度约5—8千米/时，这就是科学研究中不同方法的相互独立印证：一方面是化石证据研究，另一方面是已有一定基础的动物体型与腿部肌肉比例关系的生物力学研究。

哈钦森最近的一些研究进一步提醒我们，还有很多未知的领域等着我们去开辟。2018年，他们证实了大多数鸟类可以单纯通过提高移动速度而自然且轻松地改变步态，比如从行走变为奔跑，而此前在鸟类研究中，这一直是一个争论颇多的话题。但是对于人类和其他哺乳动物来说，从行走到奔跑这样的步态变化需要一个很明显的转换。将这个新的鸟类移动方式模型应用到暴龙身上，可以推断出暴龙是以一种非常稳定的步伐向前大步迈进，步幅大约4米，但始终至少有一只脚站立在地面上，也就是说暴龙没有如鸵鸟和马等动物快速奔跑时的那种完全腾空的状态。

用哈钦森的话说，近年来的生物力学研究取得了骄人的进展，把马克内尔·亚历山大40年前开辟的这个领域推向了一个新的高度。他说道：

> 以前要模拟恐龙的移动方式只能靠直觉，但现在已经有了本质的改变。我们有足迹、骨骼等化石证据，有生物力学研究理论，有和现代动物比较的各种方法。通过这些，我们可以测试恐龙的体态和步态，而且发现它们中有很多在移动方式上与现代动物完全不同。

# 暴龙的前肢和后肢分别有什么作用？

暴龙两只后腿的主要作用当然是行走和支撑整个身体的重量，这一点毋庸置疑，但是它们也可能有其他的用途，比如踩住猎物以帮助进食。我们都知道，秃鹫等食腐鸟类会用爪子牢牢摁住猎物尸体，然后用锋利的钩形嘴撕开猎物的皮肉。非洲有一种蛇鹫（secretary bird），它们双耳后面各有一根形似鹅毛笔的长羽毛，因此又被称为秘书鸟。蛇鹫以蜥蜴和蛇类等动物为食，它们会用利爪抓住猎物的头部，用坚硬的钩喙杀死猎物并进食。猫头鹰和老鹰等猛禽都采取大致相同的方式掠食。

鸟类必须要用爪子控制或杀死猎物，因为它们的翅膀只能用来飞行，但是恐龙不一样，因为双足行走解放了它们的前肢。早期的兽脚类恐龙应该可以用两只前肢抓住猎物，同样，早期的双足植食性的蜥脚类和鸟脚类恐龙也可以用前肢帮助抓取树枝树叶。后期的绝大多数植食性动物都演变

图为一只现代的蛇鹫正在猎捕一条眼镜蛇。

属: **暴龙**

种: **君王暴龙**

成四足行走,前肢变成粗壮的圆柱形,手指退化成短小的蹄状爪,再也不具备抓取食物的功能。这些蜥脚类、角龙类、剑龙类、甲龙类和鸭嘴龙类等各种植食性恐龙都只能完全依赖嘴巴摄取食物,它们的前肢除了行走,完全没有其他用途。

　　在演化过程中,大多数兽脚类恐龙的手指头从5个减少为4个或3个,有的甚至变成了2个,如暴龙。而且,暴龙的前肢长度只有腿部长度的五分之一,作为比较,早期的兽脚类腔骨龙的前肢是后肢长度的二分之一,而人类的上肢长度能达到下肢长度的70%。那么,暴龙那么短的前肢能有什么用?

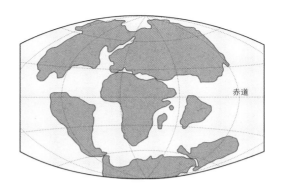

赤道

| | |
|---|---|
| 命名人： | 亨利·奥斯本，1905年 |
| 年代： | 晚白垩世，6800万—6600万年前 |
| 化石发掘地： | 美国、加拿大 |
| 分类： | 恐龙类—蜥臀目—暴龙科 |
| 体长： | 12.3米 |
| 体重： | 7.7吨 |
| 冷门小知识： | 芝加哥菲尔德博物馆在1997年以836万美元购得一具昵称叫"苏"（Sue）的暴龙骨骼化石，这是有史以来最贵的恐龙化石。其昵称来源于其发掘者的名字苏·亨德里克森（Sue Hendrickson）。 |

图为君王暴龙和普通人类体型对比。

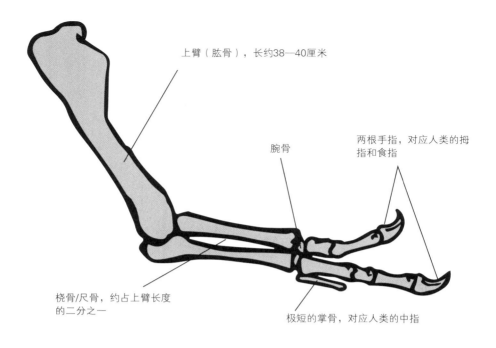

上臂（肱骨），长约38—40厘米

腕骨

两根手指，对应人类的拇指和食指

桡骨/尺骨，约占上臂长度的二分之一

极短的掌骨，对应人类的中指

图为暴龙的前肢，虽短小但也很有力。

我们在第六章中提到过，手盗龙类的前肢演化趋势是变长的，它们最后演变成了翅膀，但是暴龙的前肢极短，而且根据哈钦森和同事在2011年发表的一项研究，暴龙在成长过程中前肢的发育速度远远赶不上后肢。

长期以来，对于暴龙短小前肢的作用一直众说纷纭。暴龙杀死猎物的主要武器是其粗壮有力的双足，在掠食过程中前肢究竟有没有用？对于这个问题，学界的共识是，暴龙在掠食时其前肢没有任何作用，因为它们实在是太短了，即便暴龙能够用前肢抓住一块食物，也送不到嘴边。有些猜测认为暴龙在睡觉的时候会用前肢将身体推离地面，或者是用前肢按住已经被咬死的猎物，甚至还有人提出它们会用前肢来抚摸和挑逗异性暴龙，以达到交配的目的。这些都是纯粹的猜测，无法检验，但是根据力学研究的结果，暴龙的前肢虽然非常短小，甚至看起来滑稽可笑，但还是非常有力。暴龙的前肢功能只是恐龙研究领域诸多未解之谜中的一个，探索不会止步，而且这种有趣的课题能为研究增添很多乐趣。

发现于阿根廷的食肉牛龙也有非常短小的前肢，这是晚白垩世期间

| 属: | 食肉牛龙 |
|---|---|
| 种: | 萨氏食肉牛龙 |

| 命名人: | 何塞·波拿巴（Jose Bonaparte），1985年 |
|---|---|
| 年代: | 晚白垩世，7200万—6900万年前 |
| 化石发掘地: | 阿根廷 |
| 分类: | 恐龙类—蜥臀目—阿贝力龙科 |
| 体长: | 9米 |
| 体重: | 1.6吨 |
| 冷门小知识: | 食肉牛龙头顶有两只角，与牛角相似，据推测可能是雄性之间争斗的武器。 |

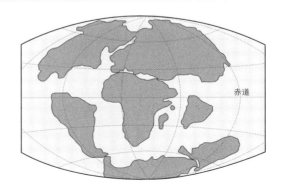

的另一种大型兽脚类恐龙。和暴龙相比，食肉牛龙的前肢又短了不少，它只占后腿长度的12%，因此实际上很多学者已经将其定义为"退化残存"（vestigial）的部分，如同我们现在能看到的鸸鹋（emus）和几维鸟（kiwis）的翅膀，原本的功能早已完全丧失。食肉牛龙放弃了前肢的抓取功能，不过，它们要是能舞动前肢，用小手卷一卷身体两侧的短毛，应该会是白垩世的一道亮丽的风景，说不定很能吸引异性食肉牛龙的目光。

如果白垩世晚期时暴龙和食肉牛龙没有灭绝，而是继续生存了下去，那么它们的前肢有没有可能最终完全消失？

## 恐龙能游泳吗？

所有的动物都能游泳，包括猫在内。虽然有些动物不喜欢游泳，但是如果是形势所迫，它们完全有能力游泳。恐龙在长途迁徙过程中遇到河流几乎是必然的，因此可以断定恐龙也会游泳。虽然目前没有确切证据证明所有的恐龙都有迁徙的习性，但是今天的很多大型野生哺乳动物，比如北美驯鹿和大象，会在季节更替的时候长途迁徙以寻找充足的食物，因此很可能恐龙也需要长途迁徙。

图为位于科罗拉多州恐龙脊（Dinosaur Ridge）的一处恐龙足迹化石群。

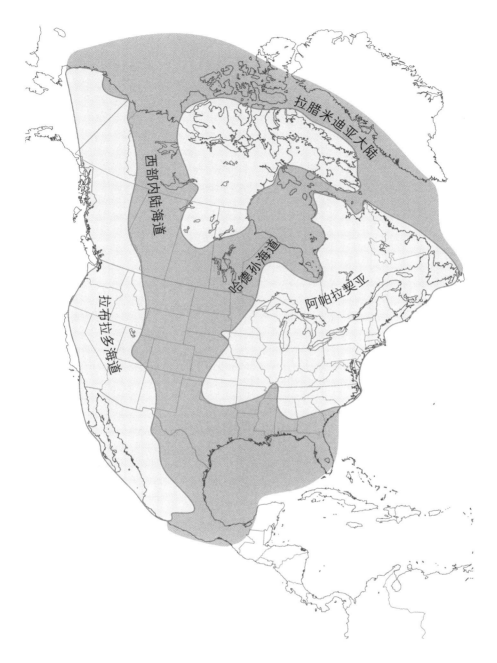

西部内陆海道（Western Interior Seaway）示意图，
成群的恐龙曾经沿着拉腊米迪亚大陆（Laramidia）的
东海岸向着南方或者北方迁徙。

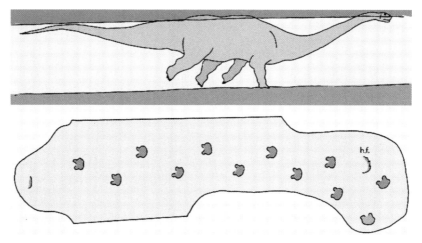

有些蜥脚类恐龙足迹群很奇怪，只有前脚掌而没有后脚掌的足迹，
上图是最有可能的解释。

在白垩纪时，北美洲被一条所谓的西部内陆海道分成了两个陆块。古生物学家马丁·洛克利（Martin Lockley）对于恐龙足迹颇有研究，他出生于英国，不过一直生活在科罗拉多。他在这片远古时期内陆海道的西海岸位置发现了多达数千枚恐龙足迹化石，大多数以整组足迹的方式出现。洛克利将这片地点命名为超级恐龙化石足迹群（dinosaur megatracksites）。这些超级化石足迹群记录下了恐龙族群南北迁徙的路程，一次季节更替的时间里，它们能走上两三千米。在迁徙的道路上，恐龙也需要游过河流，就像现在的北美驯鹿和牛羚一样。我们只能想象这支队伍行进时的壮观景象。那些体重可达50吨的成年恐龙，它们的腿比树干还粗，当它们行走时，大地尘土飞扬，发出一阵阵雷鸣般的巨响。那些未成年的小恐龙，最小的可能只有牧羊犬那么大，它们躲在队伍的中间，在父母的腿边跑来跑去，那是最安全的地方。

有一些非常罕见的足迹也支持恐龙能够游泳的假设。1944年，恐龙化石界的传奇人物罗兰·T. 伯德（Roland T. Bird）报道了他发现的一组非常特殊的恐龙足迹化石。他在德克萨斯州的白垩纪地层中发现了一组大型蜥脚类恐龙足迹，但是只有前脚掌。伯德推测这只蜥脚类恐龙当时处于游泳的状态，它用前腿踩着水底的地面前进，后腿和尾巴都漂浮在水中，后腿

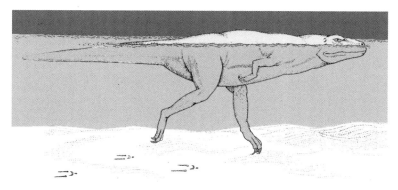

一只勇敢的兽脚类恐龙游过深水区，只在河床上留下几道浅浅的爪痕。

也有可能做出类似狗爬式游泳的动作，帮助前进或者转向。

在这个解释之外只有另外一种可能性，就是这只蜥脚类大恐龙正像体操运动员一样在做高难度的动作，只用两只前肢站立。虽然听起来很有趣，但是显然这种情况完全不可能，而且如果真的发生了，其巨大的体重落在两只脚上一定会在地上留下非常深的足迹，而不是现在我们所看到的这样浅。后来相继在韩国和中国也发现了类似的只有前脚掌的蜥脚类恐龙足迹群，进一步提示蜥脚类恐龙在水中只用双前肢行走的情形在当时可能很常见。

罗兰·伯德为美国自然历史博物馆搜集了很多化石，尤其是在德州格伦罗斯市（Glen Rose）附近的帕拉克西河（Paluxy River）沿岸发现了很多蜥脚类恐龙足迹化石。他听说当地的农夫从岩层中发现了人类足迹的化石，而且把它们卖给那些慕名而来，但是并无鉴别能力的外地游客。若这些化石是真的，那就能证明人类曾经和恐龙生活在同一片天空下！伯德花了很大的力气整理、拍照、记录那些化石，并费尽口舌地给当地人解释它们其实不是人类留下的，而是其他动物的足迹，大多数都是三趾恐龙的一个脚趾印。但是多年来，这些"人类"足迹化石一直被很多人引作"创造科学"（creation science）的证据，直到最近几年才有所改观。

此外还有关于兽脚类恐龙游泳时留下的足迹化石，包括在康州早侏罗世地层中发现的一组趾尖刮痕，其主人可能是一只和巨齿龙类似的兽脚类恐龙。黛布拉·米克尔森博士（Debra Mickelson）报道了从怀俄明州一处晚侏罗世地层中发现的一组兽脚类恐龙足迹化石，完整展示了这只鸵鸟大小的恐龙从正常行走到游泳的全过程。它先是在浅水区行走，留下了正常深度的足迹；当它朝着深水区前进，水的浮力增大，身体逐渐漂浮，足迹变得越来越浅，直到只有脚趾尖的一些刮痕，最终完全消失。

恐龙可能并没有像鳄鱼和海豹那样朝着适应水中生活的方向演化，因为恐龙没有那种游泳所需的长而扁的尾巴，而且四肢和手指脚趾也没有脚蹼化。不过我们前面提到过，几乎所有的动物都会游泳，哪怕它们的肢体完全不适合，比如马和牛，它们只靠细长的四肢在水下不停地划水，也能游过湍急的河流。

图为手盗龙类种类图，充分展示了手盗龙类种群的多样性。

# 恐龙会飞吗？

我们都知道鸟类可以飞翔，翼龙是恐龙的近亲，它们也能飞翔。我们在本书第四章中提到过，曾经大部分古生物学家认为恐龙没有飞行能力，一直到20世纪90年代，在中国发现的带羽毛的恐龙才改变了这一观点。其实，早在1969年，约翰·奥斯特罗姆在研究恐爪龙时的证据就已经足以证明恐龙有飞行能力，但是他当时没有提出来。他还是从掠食的角度解释恐爪龙细长的前肢，认为它们的作用是捕食猎物。奥斯特罗姆和鲍勃·巴克尔也猜测恐爪龙强壮的前肢上可能长有羽毛，但是当时并没有恐爪龙羽毛的化石证据，而且很多古生物学家都认为恐龙有羽毛这个设想过于荒谬。

1986年，嘉克斯·高斯特（Jacques Gauthier）建立了手盗龙类的定义，这是一个很重要的兽脚类恐龙种群，包括恐爪龙、鸟类，以及它们的近亲物种。他指出，手盗龙类都具有细长的前肢，与我们之前在讲述暴龙和食肉牛龙时提到的兽脚类恐龙的另一个演化方向——前肢退化到极短且无用——完全相反。

随着在中国不断发掘出的有羽毛恐龙化石，之前的猜测得到了证实，即手盗龙类的细长前肢上确实长满了复杂的长枝羽毛，与现代鸟类翅膀上的初级飞羽（primaries）和次级飞羽（secondaries）类似。这些恐龙会飞，但是怎么飞？要知道，飞行有很多种状态，当然那种从空中跳下直接砸向地面的不算。现在我们能看到的会飞的动物，除了鸟类和蝙蝠，还有一些奇特的四足动物，比如脚趾间有翼的蛙类，一些能够让自己身体变得扁平的蛇，还有一些蜥蜴的体侧长有翅膀一样的双翼，还有很多哺乳动物的前肢和后肢之间有各种各样能够展开的薄翼。它们都能飞，虽然不能像鸟类和蝙蝠那样振动翅膀，但是它们的翼能够帮助它们在树林间跳跃时显著增加跳跃的距离，这就可以算作是飞行。一般来说，我们把主要降低垂直下降速度的方式叫作伞降（parachuting），把降落的同时侧重于增加水平移动距离的叫作滑翔（gliding）。

手盗龙类恐龙中的近鸟龙和小盗龙采取的就是伞降或滑翔的方式。科学家现在可以采取风洞模型和数字模型等多种方式研究恐龙的飞行。有一位名叫科林·帕尔默（Colin Palmer）的工程师，他本是卖冲浪板的，

水平距离 （米）

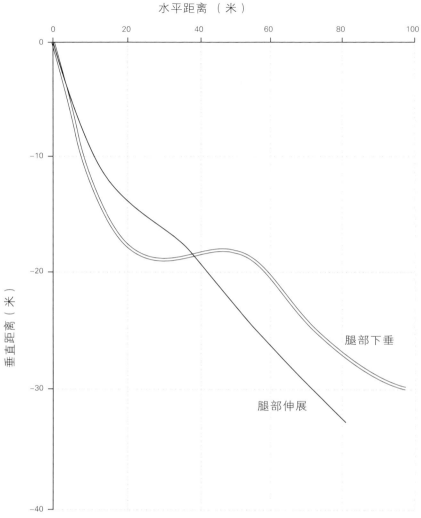

图为根据科林·帕尔默的模型测算出的小盗龙在双腿
自然下垂和向体侧伸展两种姿态下的飞行距离。

但是他对恐龙研究也很感兴趣。他用结构泡沫建造了一个等比例的小盗龙模型，用树脂对整个外表进行喷涂，并以根据化石复原的小盗龙原型图为依据，为模型的四肢插上现代鸟类的羽毛。模型被放置在南安普顿大学（University of Southampton）的一个尺寸为3平方米的风洞中进行测试。这个风洞平时主要是用来作汽车和飞机部件的空气动力学研究的。帕尔默将模型设定为两种姿态，一种是双腿自然下垂，一种是向体侧伸展，并通过调节风速、风向获取各种数据。数据显示，双足自然下垂的方式可以让小盗龙滑翔得更远。更具体一点来说，小盗龙飞行的最佳方式是从树上起跳时双足向体侧展开，在进入滑翔阶段时双足自然下垂，这样可以获得最远的飞行距离。

为什么小盗龙没有演化到振翅飞翔？帕尔默和他的同事们的观点是，对于在20—30米高的树上跳跃穿行的小盗龙来说，没有振翅飞翔的必要性。他们猜测小盗龙应该有非常好的视力和协调性，足以保证它们在树林间滑翔时不会撞到树上。再往后演化的飞行状态，就是我们在始祖鸟身上看到的，始祖鸟可以上下振动翅膀，这不仅需要有强健发达的胸肌，更要消耗巨大的能量，要以更多富含营养的食物来源为基础。晚侏罗世和早白垩世时期的森林中可能有数十种能够飞行的小型兽脚类恐龙，它们在树林中飞行，以空中或是树枝上的昆虫为食，同时也能够通过飞行逃脱被捕食的命运。


## 鸟类的飞行是源于地面还是源于树栖？


在本书第四章中我们提到过羽毛的演化，以及小盗龙虽然只会滑翔，但是其身上已经具备现代鸟类飞翔所需的飞羽。在我读大学时，有关于恐龙飞行能力的空气动力学研究争议颇大，但这些争议在中国发掘出大量有羽毛恐龙化石后基本尘埃落定。有些学者认为，从滑翔演化到振翅飞翔完全不可能，因为在那些滑翔动物身上没有振翅飞翔所需的肌肉和特殊的骨骼、关节，并举了现代的一些动物作为例证，比如体侧有延伸肋骨和皮肤的蜥蜴只能滑翔，前后肢之间有可以拍打的皮膜的果蝠（flying fox）就可以飞行。显然这些滑翔动物在飞行时的空气动力学与鸟类和蝙蝠的完全不同。还有一些学者认为鸟类的飞行能力来源于地面，它们在地上快速奔跑，同时拍打翅膀以增大奔跑和跳跃的距离，然后有一天就飞起来了。我一直认为这个想法荒谬至极。

我们可以看到，小盗龙及其近亲物种都有完整的翅膀，而且是两对，上面密布复杂的飞羽。我们在第四章中提到过的始祖鸟，目前还被视作最早的鸟类。小盗龙与始祖鸟之间的差异很小，只需增加一点翅膀的面积使之可以承担身体的重量，同时增加胸部的主要肌群为振翅提供足够的力量即可。始祖鸟的胸部肌肉不如现代鸟类的发达，但是或许已经足够支持它们在树梢高度飞上几百米远，这就足够帮助它们摆脱捕食者的追捕，或者帮助它们在树冠周围捕捉昆虫和飞到另一棵树上寻找食物。

　　鸟类的飞行究竟源于地面还是树上？或者还有其他方式？在我看来，从中国发掘出的大量化石证据是传统的"树栖起源说"（trees down）的有力证明。从物理学的角度看可能更容易理解，有些物理学家会告诉你："利用重力，你这个傻瓜！"为什么奔跑的恐龙要摆脱地心引力跳起来去捕捉昆虫？难道仅仅出于这个需求就可以演化出飞翔的能力？手盗龙类选择较小的体型，演化出细长的前肢和有力的爪子，这些都是出于爬树并在树上栖息的需要。当小盗龙的那些体型较大的远亲，如异特龙和暴龙的祖先们，在陆地上四处猎捕那些大型植食性恐龙时，小盗龙们正潜伏在树上，以各种昆虫和蜘蛛为食。和小盗龙们食性相近的还有蜥蜴、蛙类和早期的哺乳类动物。近年来发掘出的大量的缅甸琥珀化石为我们展示了侏罗纪和白垩纪期间树栖生物的繁盛景象。

　　接下来我们讲一讲关于飞行的"树栖起源"学说。侏罗纪时代的小型有羽毛恐龙会展示它们亮丽的羽毛，以此来吸引异性，或许它们的羽毛在阳光下还有伪装的功能。它们用有力的爪子抓住树枝，从一棵树上跳跃到另一棵树上，这时候那些前肢和羽毛稍长一些的恐龙就能跳得更远，因此它们也会更勇敢。演化会更青睐那些勇敢者，因为它们跳得更远，可以获得更多的食物，遇到危险时逃脱的几率也更大。羽毛越来越长，前肢更长也更强壮，这些都进一步提高了翅膀的效率。但是不管翅膀的效率有多高，如果只是滑翔，终究还是要落地，因此那些在滑翔过程中能够振动翅膀对抗地心引力的恐龙，就能够飞得更远。

　　这个理论听起来似乎有点过于简单，不过科学家们也在寻找另外的方向。很多生物力学方面的专家正在研究飞行能力与生长阶段的关联，探求未成年恐龙的飞行方式。阿什利·赫斯（Ashley Heers）和肯·戴尔（Ken Dial）等人就正在研究一些陆栖的鸟类在不同生长阶段的飞行特征。她们用石鸡（chukar partridge）作了一系列研究，发现出生不久的幼年石鸡在互相追逐打闹的时候就可以通过扑打它们刚开始发育的、还非常短的翅膀帮助奔跑和跳跃。

这种模式就是很多科学家目前关注的"翼辅助攀登奔跑"（wing-assisted incline running，简称WAIR），该模式从某种程度上解救了飞行的"地面起源说"（ground up）观点。因为即便是完全无法飞行的未成年石鸡，也可以通过在奔跑的同时扑打粗短的翅膀以提高速度和机动性。研究人员将这种模式应用到早期兽脚类恐龙身上，提出了另一种观点，即这些体型较小的兽脚类恐龙在森林里奔跑和捕食昆虫，它们可以像猫一样从地面腾空而起，然后落回地面。在这个过程中它们不停扑打前肢，而随着时间的推移，就演化出了能够振动飞行的翅膀，它们也就变成了真正的鸟类。

## 恐龙真的像电影中展现的那样吗？

1995年，BBC开拍了一部名为《与恐龙同行》（*Walking with Dinosaurs*）的电视纪录片，我是他们邀请的几名顾问之一。看到动画师和物理学家的密切协作我很开心，而且在我看来，这也佐证了古生物学已经从单纯的猜测转向科学。如果再往前推10年，我们能提供给制片人的只有一些基础性的观察工作，比如大象和鸵鸟的奔跑和行走方式；但是现在我们能够向观众展示关于恐龙的生物力学和电脑数字模型。

加拿大阿尔伯塔皇家泰瑞尔古生物学博物馆的恐龙馆馆长唐·亨德森（Don Henderson）是我以前的博士生，他有比较深厚的物理学知识积累，并将物理学知识应用到了恐龙腿部运动方式研究上。他决定将腿部的每一个部分分别视作是从髋部、膝盖和脚踝处独立悬挂的钟摆，然后将股骨、胫骨和延伸的跗骨结合起来，得出在确保最终稳定落地的前提下，三者的结合状态对步长的影响。三者组合后的步态有很多种，其中大部分步态的足部都不能准确落在地面，这些情形都被排除。

亨德森对剩下所有可能的步态建立了3D动画模型。双足动物在行走时身体会左右晃动以保持平衡，落脚点始终以左右交替的方式向前移动，落

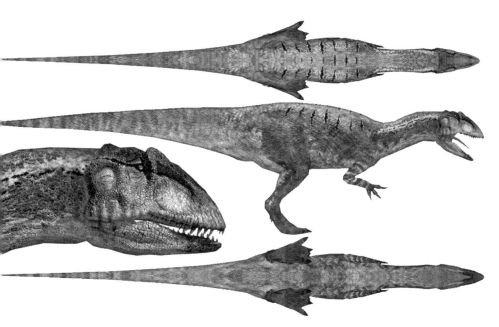

图为人工制作的异特龙皮肤，用于套在异特龙模型表面拍摄动画纪录片。

脚点之间会形成一个个三角形区域。保持身体平衡的秘密就是始终把身体重心置于些三角形之内。电脑3D模型的重心就设置在臀部前面腹部下方的区域，以这点为轴心点，模型的前后和左右摆动就可以控制，如果重心移到了三角形区域之外，模型就站不稳，肯定会跌倒。

　　了解亨德森的恐龙模型之后，我们来到了位于伦敦市中心的Framestore动画特效制作公司。在那个年代，特效公司用来制作实景恐龙的动画软件非常耗时耗力，要用多台当时最先进的Mac电脑同时处理数据。

　　动画师制作影片主要有四个步骤。首先，确定分镜头的故事板并制作背景。比如要拍摄恐龙从一棵大树前跑过，那么先由工作人员推动大树，拍摄大树的移动镜头。如果要拍摄恐龙踩过一条河，就由工作人员往水中扔东西，拍摄溅起的水花，然后将镜头中的工作人员编辑掉。第二步，在背景中加入恐龙的骨架动态模型。第三个步骤是在骨架模型外裹上灰色的圆柱形外罩，代表恐龙的四肢和躯干。最后一步就是把制作好的皮肤披在模型的外面，皮肤上已经贴上特定的皱褶、羽毛等，而且进行了着色。早期的时候模型的皮肤做得没那么贴身，拍摄过程中常常会发生恐龙皮肤掉落的小插曲。

不过这不是重点，我想说的是Framestore的动画设计师们并没有像亨德森那样做过恐龙运动的基本物理学研究，但是他们做出来的恐龙行走方式完全正确。这个纪录片的动画设计负责人麦克·米尔恩（Mike Milne）说道："我们都知道现代动物是怎么走路的，它们首先要站稳，身体保持平衡，步伐与体重必须要协调。"其实说到底就是直觉，好比篮球运动员接球和投篮的时候并不需要准确计算篮球的速度和轨迹，他只需把握住方向，剩下的全部交给直觉。

1999年，BBC的《与恐龙同行》播出之后受到了很多批评，但是没有人认为里面恐龙的移动方式有问题，这既归功于动画设计师们的辛勤劳动，也和生物力学专家的指导分不开。但是有一个问题躲不开——要做很精细的恐龙动画会很费钱，而BBC不是好莱坞电影，所以预算总是捉襟见肘。

对于那个年代的动画设计师们来说，要做出那些庞然大物行走时的震撼感非常困难。看一看那时候的恐龙动画片就会发现，里面的恐龙时常会给人没有脚踏实地的感觉，它们的足部看起来是浮在地面上的，设计师们通过添加恐龙踩踏到地面所发出的巨响和扬起的灰尘，甚至用一片灌木掩藏恐龙的足部来解决这个问题。不过，恐龙的整体移动过程被渲染得非常出色，甚至还将身体的摇摆也考虑了进去。当恐龙抬起左腿时身体就向右倾斜，抬右腿时身体就往左倾，整个过程完全符合唐·亨德森提出的重

图为当时《与恐龙同行》的宣传画。

恐龙的行走和奔跑

心位于三角区域的规则，但是他们这样设计完全是出于直觉。他们在恐龙尾巴的移动方式上也做了特别的设计，随着身体的移动，尾巴从前向后呈波浪形抖动。头部在随着身体左右摆动的同时也有一个上下的抖动，这种情景很常见，如果仔细观察你就会发现，鸽子和野鸡等禽类走路时都是一步一点头的。

对于这部纪录片中出现的每一种恐龙造型，总有一些古生物学家会冷嘲热讽。对此，我想说的是，他们做得已经近乎完美，在很多不确定的问题上，他们都能够把细节处理得非常好。如果里面有明显的错误，那么即便观众没有古生物学和机械力学方面的基本知识也可以一眼看出。很多人可能对以前那种用橡皮泥恐龙模型拍摄的定格动画还有印象，可那已经算是好的了，我还看到过在蜥蜴头上和背部胡乱插上硬纸板伪装恐龙，这可就是典型的粗制滥造了。

确定恐龙如何行走很重要，以前那些错误的观点将早期的科学家和艺术家们的工作引上了歧途。从生物力学角度出发，恐龙行走时必须保持身体的平衡，同时身体应该随着步伐的节奏，在左右和前后方向上有一定幅度的晃动。早期的恐龙移动研究中有很多错误，按照那些移动方式，恐龙根本无法正常行走，一定会跌倒。

在恐龙移动方式研究领域，马克内尔·亚历山大可算是引路人，而哈钦森则使用计算机数字建模技术将这项研究带入了新时代。现在我们很清楚恐龙的行走和奔跑姿态哪些可能，哪些不可能，也可以确定某种恐龙的速度和步态，知道它究竟是能快速奔跑，还是只能稳稳地大步向前。恐龙移动方式研究领域的未解之谜很多，比如暴龙的前肢功能，恐龙的游泳和飞行方式等，科学界已经取得了一些研究成果，但是还有更多的知识等着我们去发掘。

这些研究成果已经为相关的恐龙主题电影制作提供了直接帮助，最近的一次应用就是在《侏罗纪世界2：殒落国度》（*Jurassic World 2: Fallen Kingdom*）中，这一部巨作与第一部一样制作精良。影片中各种体型庞大、凶猛的恐龙从观众面前驰过，栩栩如生，唯一的缺憾是那些有羽毛恐龙身上的羽毛仍然没有表现出来，不过这并不是失误，而是制作方经过仔细权衡后故意为之。

约翰·哈钦森不久前说："我们现在还不清楚中生代生物的生存节奏如何，是像恐龙们一样缓慢，还是像现代人一样繁忙。"但是他很肯定现在所从事的都是可验证的科学，他说道：

> 演化领域的生物力学研究是实实在在的科学，其内容涵盖范围很广。其中，最基础也最重要的描述性研究解决的是"是什么"，一般性研究解决的是"为什么"，特定的假设验证则解决的是"对不对"。科学家们始终秉持一个理念，就是科学是一个长期持续的过程，需要随时用更好的方法和更准确的证据检验自己和他人之前的结论。对于错误必须立即更正，对于存在的各种不确定性要勇于承认，对于在探索的道路上不得不依据各种主观假设才能作出更深入研究保持希望，正确面对。科学给了我们坚实的基础，让我们可以脚踏实地，而且我们不仅有清晰的数据和可验证的方法，更有共享的理念和开阔的胸怀。

# 第九章

# 大灭绝

6600万年前，一块大石头撞上了地球，导致了恐龙的灭绝。准确地说，那是一颗小行星，或者大陨石，直径约7千米，和曼哈顿城区差不多大。撞击地点位于现在墨西哥尤卡坦半岛（Yucatán peninsula），撞击形成了一个比陨石大得多的很深的陨石坑。

撞击释放出的能量高达100亿兆吨（10 billion megatonnes），这是地球上所有核武器能量总和的1000倍。在猛烈的撞击之下，陨石瞬间被气化，强大的冲击波朝下方和周围迅速扩散。

撞击产生的巨大反作用力把大量岩石射向空中和四周，最终形成一个非常宽阔的锥形陨石坑。较大的岩石掉落到陨石坑周围，体积稍小的石块混合着岩石粉尘，夹杂着陨石撞击地壳时产生的熔化物质迅速升起，形成巨大的柱状混合物，并高速向四周迸射。

由于地球由西向东自转，因此现在地球上沿着赤道的方向有一条东风带，在6000多万年前应该也是如此。从陨石坑中迸射出的厚厚的碎石形成了周围的一圈坑沿，而大量体积较小的岩尘进入了大气层，随着气流飘向全球各地。

撞击产生了另外的两个后果，一是撞击点熔化的岩石在空气中高速飞行，经过冷却后形成了巨量的极其微小的玻璃状粉尘，粒径大约1毫米，这些粉尘从空中落下，覆盖了大片的土地和海洋。

二是撞击地点位于加勒比海沿岸，因此产生了巨大的海啸，海啸浪高数十米，时速可达800千米，和飞机速度差不多。相距只有几百千米的墨西哥和得克萨斯沿岸均被肆虐，海啸摧毁了沿岸的一切，不管是石头还是各种动植物。随着向内陆的推进，海啸的破坏力逐步减弱，因此生活在欧洲的恐龙应该没有受到太大的影响。

海啸摧毁了古加勒比海（proto-Caribbean）沿岸地区的一切生物，波及范围可能远达几百千米。恐龙们正悠闲走着，突然之间就被滔天巨浪掀翻到空中，重重地落下。空中落下的巨石也是致命因素之一，但不是主要原因，因为大多数巨石都落到了撞击点附近的海里。不过，那些飘到陆地上

图中文字标注：

北美

500千米
500英里

白垩纪末期的海平面

墨西哥湾

大西洋

希克苏鲁伯陨
石坑

古巴

尤卡坦半岛

海地

哥伦比亚
盆地陨石坑

太平洋

南美洲

白垩纪—古近纪边界沉积

○ 有与巨浪相关的海洋证据

△ 没有与海洋相关的证据

古加勒比海地区地形图，图中标记了白垩纪末期的海岸线、
陨石撞击地点和海啸侵袭证据发现的地点。

空的稍小的岩石和极细的岩尘就像是从一把巨大无比的散弹枪中射出的子弹，覆盖了地面上的一切生物，包括恐龙。

在撞击形成冲击锥带来第一次冲击波之后，从撞击点产生的巨大火球会带来第二次冲击波。火球由气化的陨石和撞击产生的巨大能量形成，在撞击后极短的时间内形成，并飞速向上空和四周扩散，所到之处，一切灰飞烟灭。和海啸的物理撞击一样，火球的影响范围也有限，其毁灭的区域主要是北美和加勒比地区。现在我们知道，火球只是第四个可能的毁灭因素，前面我们提到了空中的落石、岩尘还有海啸，这些因素都能造成生物死亡，但是都不足以导致全球性的大灭绝。

撞击后升起了厚厚的烟尘，它们飘在几千米的高空，看似毫不相干，但其实这些烟尘才是导致大灭绝的罪魁祸首。海啸、落石和烈火都只能直接影响撞击坑附近的区域，而大气层中厚厚的烟尘却在风力的推动下覆盖了整个北半球，也可能到达了南半球的部分地区。不过从全球的风向特征判断，烟尘应该不会完全覆盖整个地球。

在撞击之后，烟尘的产生维持了很多天，其扩散到全球范围也是一个长期的过程。烟尘一直在落向地面，但是完全消散要花数年之久。烟尘形成的厚厚乌云遮天蔽日，阳光无法穿透，地球陷入一片黑暗，长达约1年，这才是大灭绝的真正原因。

此外，我们还确定撞击事件发生在6月，具体细节我们稍后解释。

6600万年前的这场浩劫重塑了地球的生态环境，包括奠定了鸟类和哺乳类动物在现代生态环境中的主导地位。但在20世纪70年代，我刚开始研究地质学时这一理论还未确立，如果当时有人提出所谓小行星撞地球导致恐龙大灭绝，一定会遭到嘲笑。短短数十年间我们亲历了这一理论从猜测和被拒绝到成为基本科学知识，这期间究竟发生了什么？


## 大灭绝理论的诞生和确立过程


小行星撞击地球导致恐龙大灭绝，这一理论现在看来非常清晰，而且有充分的化石证据可以证明。然而，在我还在读大学的时候，科学界根本不会认真考虑大灭绝理论，那时候的主流观点是恐龙是逐步走向灭亡的，其灭亡时间为白垩纪末期到6600万年前的古近纪期间的数百万年。现在回头看看似乎有点不可思议：为什么那么多的地质学家和古生物学家会对岩石和化石证据作出错误的判断？

根据我的分析，20世纪70年代的地质学家和古生物学家完全不考虑大灭绝理论的原因主要是恐惧，对大灾难的恐惧、对数字的恐惧和对被人嘲讽的恐惧。

现代的地质学家门都受到地质学鼻祖查尔斯·莱尔（Charles Lyell）的影响，认为不存在什么大灾难。查尔斯·莱尔曾经做过律师，但是他

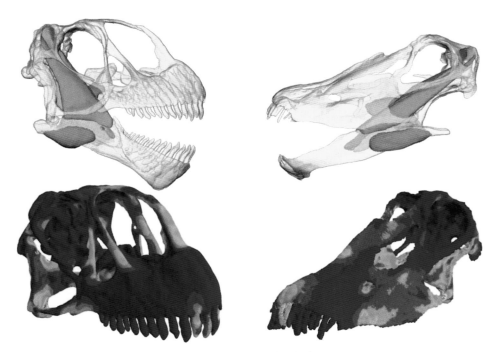

彩图9 图中左边为圆顶龙头骨，右边为梁龙头骨，其中上方为颌肌重建图，下方是载荷图。载荷图中，暖色（红、黄）部分显示承载了较高的应力。

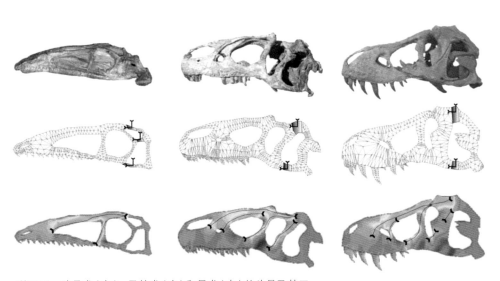

彩图10 腔骨龙（左）、异特龙（中）和暴龙（右）的头骨及其工程学属性图。第一行为头骨图片，中间一行为表面网格模型图，最下面一行是载荷图。红色区域表示有较高应力值，绿色区域应力值较低，箭头所指为力的传导方向。

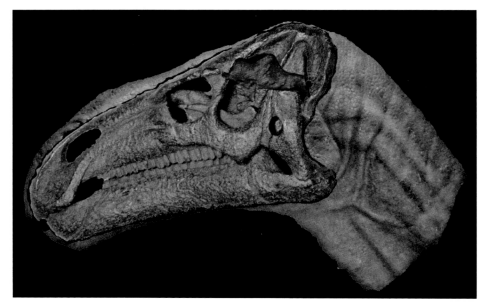

彩图11　禽龙头骨的剖面图，中间红色部分为大脑区域。

彩图12　图为君王暴龙的头骨（上）、大脑（下）和内耳中的半规管（semicircular canals，以粉色标记）。

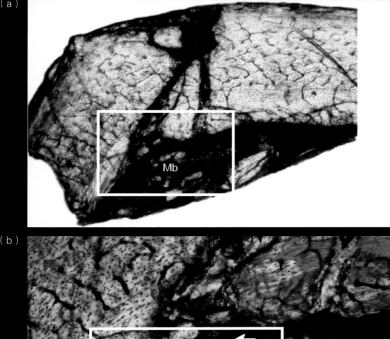

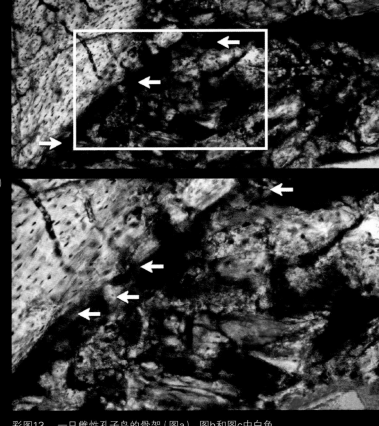

彩图13　一只雌性孔子鸟的骨架（图a），图b和图c中白色

彩图14　图为位于瑟莫波利斯（Thermopolis）的怀俄明州恐龙中心展厅中的一个场景重建，一只慈母龙正呵护着自己的一窝刚刚出生的后代。

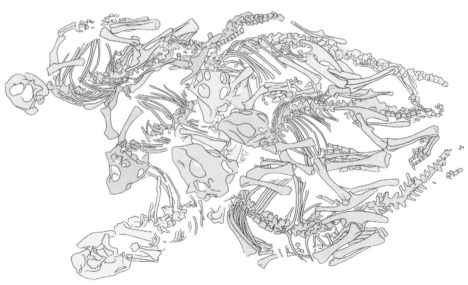

彩图15　未成年恐龙常常成群结队，图为一块包含六只幼年
鹦鹉嘴龙完整骨骼的化石。通过骨骼组织学和生长轮测定，
其中五只为两岁龄，标记为1号的粉色的那只为三岁龄。

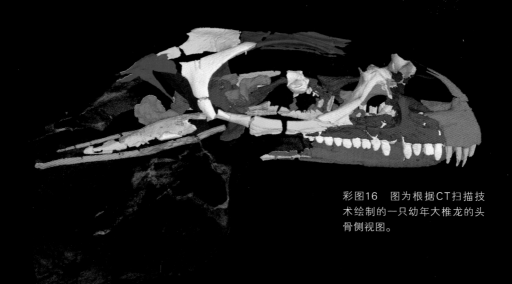

彩图16 图为根据CT扫描技术绘制的一只幼年大椎龙的头骨侧视图。

彩图17 图为根据CT扫描技术绘制的一只成年大椎龙的头骨侧视图。

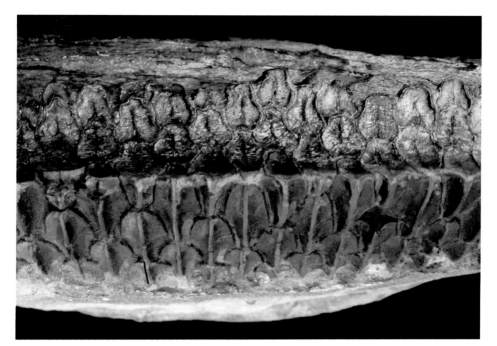

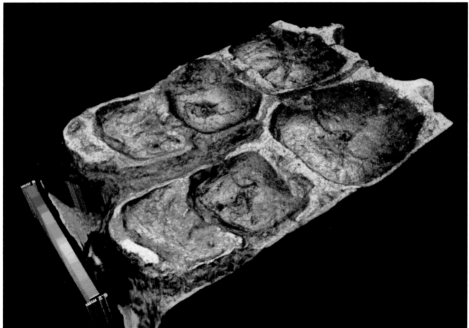

彩图18　鸭嘴龙特殊的牙齿。从上图可见大椎龙正常牙齿
下方口腔肌肉中排列得整整齐齐的用于替换的牙齿。从下
图牙体组织中可见牙齿表面的脊状分布，与北美野牛和马
的牙齿特征很相似。

彩图19　在6600万年前，一颗小行星撞击地球，最终导致了恐
龙灭绝。上图为艺术家绘制的陨石撞击古加勒比海（今墨西哥南
部）的那一刹那；下图是撞击后形成的两个同心环状的陨石坑。

通过大量的野外实地工作研究，在19世纪30年代发表了《地质学原理》（*Principles of Geology*），开创了地质科学。他出生于苏格兰，但是足迹遍布英格兰、法国和意大利，这些野外科考为他的理论奠定了基础。他的主要观点是：地球的过去只能通过对当今的地质作用的仔细观察来研究。查尔斯·莱尔提出的理论叫均变论（uniformitarianism），即地球的变化是古今一致的，地质作用的过程是缓慢的、渐进的。为了增加自己理论的说服力，他树了一个反面的观点作为靶子，即灾变论（catastrophism）。莱尔是一位超级理性主义者，他把他的对手们都描绘成笃信超自然力量的危险野蛮人，其中就包括法国著名动物学家和地质学家乔治·居维叶（Georges Cuvier），不过凑巧的是，在1832年《地质学原理》最后一卷发表时，乔治·居维叶刚好离世。

现在的地质学专业学生和我们当时一样，都要学习莱尔的均变论。很显然，我们都需要观察现在的火山喷发、河流迁移、泥沙沉积等，这样我们就可以研究它们在远古时代留下的痕迹。但是莱尔的观点更为激进，他认为这些地质现象不仅仅过程是一样的，其量级也相似。比如说，他认为远古时代的火山喷发程度和现代差不多。现在有很多学者认为他在这一点上过于固执。要知道，仅仅依靠自身经验会严重束缚人类的信息参考来源，而且我们现在知道，在远古时代确实发生过很多次比人类见过的最大的火山喷发还要激烈得多的大爆发。但是，一直到20世纪80年代，莱尔的均变论还是一直被地质学界奉为圭臬。

古生物学家们一直很害怕数字。记得1988年时，我参加过英国皇家学会的一次会议，那时我还是个讲师。会议的主题是生物灭绝，演讲者大约有20名，都是来自世界各地的专家，有一些来自美国，其中就包括芝加哥大学的著名教授大卫·罗普（David Raup）。罗普教授的演讲主题是导致大灭绝的因素来自地球以外，并对此进行了详细论证。在我看来他的演讲非常完美，他试图通过化石记录来还原物种的灭绝过程。他设计了一个数学方法，对模拟数据进行随机取样，并进行大量的重复实验，证明缺失的岩层和化石会产生错误的结果，会将研究引入歧途。

可是在罗普教授演讲结束后，听众席上一个英国教授站起来说，"你们美国人的这些想法太荒谬，我们不想听"，以及诸如此类的一些言语。我当时很震惊，而且在他说出这番言论后，听众席上居然还有人发出讥笑声表示附和。我有点后悔当时没有挺身而出维护罗普教授。罗普教授是一个非常杰出而且谦逊的科学家，几十年来一直致力于用简洁有效的方法将古生物学研究提升到科学研究的范畴，而且也颇有建树，不过他发誓再也不会踏足英国。

在这种愚蠢的攻击背后其实隐藏着更深层次的东西，首先是有一点民族主义（"我们不想听到外国人的观点"），然后是一点保护主义（"这些是我的化石，你们谁也别想染指，我才是这方面的研究专家"），再有就是对数字的恐惧。其实大家都很清楚，罗普教授是对的，攻击者是错的。古生物学应该和其他学科一样遵循科学的原则，神秘主义和对所谓权威的盲从都是不可取的。

第三种恐惧源于害怕被人嘲讽。首先是因为大灭绝理论与灾变论有关联，而且关于恐龙灭绝的研究已经有了很长一段历史，也产生了相当多的理论。我大致数了一下，自1920年以来，出现过上百种关于恐龙灭绝原因的"理论"（参见附录）。原因五花八门，有的认为是环境危机，比如气温过高或者过低，过于干燥或者过于潮湿；有人提出是食物危机，比如毛毛虫吃光了所有的植物、哺乳动物吃光了恐龙蛋，或者恐龙不适应新的植物，产生了便秘；甚至还有人提出了一些更为荒诞的观点，比如恐龙因为身躯过于庞大而患上了关节炎，大脑萎缩，头上的角和冠饰太大以致无法演化，甚至有人说它们患上了获得性免疫缺乏综合征，也就是艾滋病（AIDS），等等。在这样的情况下，提出小行星撞击地球这一推测，在别人眼里不过就是再增加一个愚蠢的假设。所以，比较保险的方式就是逃避，或者是发一通谬论，说理智的科学家都不会去做恐龙灭绝方面的研究。

现在，不仅是科学家，即便是普通百姓也能够很好地理解大灭绝理论，而且这已经被视为地球科学领域重要的发现之一。任何对于现代生物的研究都不能推测大灭绝的发生，地质学家和古生物学家运用了独特的方法研究相关的数据。其实，在研究大灭绝时，很多人可能会有一种微妙的感激心态，因为正是这场生态环境的重建导致了恐龙的灭绝，却也将鸟类和哺乳类动物这些现存的物种推到历史舞台的中央。

从拒绝到接受，古生物学家们对于大灭绝理论的态度转变大致发生在1980年，迫使他们认真审视并纠正观点的是一位诺贝尔奖获得者。

# 1980年，撞击理论带来思想的碰撞

那是1980年6月6日，也就是罗普教授被恶意嘲讽的那个伦敦会议的8年前，《科学》杂志刊载了一篇题为《地外因素导致白垩纪—古近纪大灭绝》（*Extraterrestrial cause for the Cretaceous-Tertiary extinction*）的论文。当时我正在纽卡斯尔大学读博士，阅读了大量与恐龙演化和灭绝相关的研究。这篇论文写道：

> 有一种假说是通过对地球上铱元素（iridium）含量的测定来判断大灭绝的产生原因。小行星撞击地球时，可以将相当于自身体重60倍的地球岩石等物质气化，并射入大气层，其中有一部分气化物质将在大气层中停留达数年之久，并飘散到全球各地。由于阳光被遮挡，所以植物的光合作用停止了，所带来的生物学后果也与古生物学记录中的观测结果非常吻合。

这篇论文的主要作者是路易斯·阿尔瓦雷茨（Luis Alvarez），他因在氢气泡室技术和数据分析方法方面的成就获得了1968年的诺贝尔物理奖。虽然他因为实验室分析研究技术方面的卓越贡献而备受尊崇，但是他批评其他科学家时常常口无遮掩。1988年，阿尔瓦雷茨在接受《纽约时报》（*New York Times*）电话专访时说过一句话："我不喜欢说古生物学家的坏话，但是在我看来他们不像是科学家，更像是一群集邮爱好者。"可想而知，不管他说的对不对，恐龙研究领域的学者们恐怕都不会喜欢他。

阿尔瓦雷茨的研究团队成员还包括他的儿子地质学家沃尔特·阿尔瓦雷茨（Walter Alvarez），以及地球化学家弗兰克·阿萨罗（Frank Asaro）和海伦·米切尔（Helen Michel）。他们使用阿尔瓦雷茨发明的分析方法测定各种物质中的铱元素含量。铱是铂系金属（platinum）中的一种，在地球上的土壤、岩石以及一些火成岩中都有存在，不过含量极低。但是在来自外太空的陨石中，铱元素含量要高得多，可达地球上岩石中的720倍。据此推断，地球表面发现的微量铱元素都来源于外太空，主要就是亿万年间持续不断的流星雨。

阿尔瓦雷茨父子的想法是，通过测定地壳中微量但是很稳定的铱元素含量来确定岩石年代。地质学家很久以前就已经认识到不能简单地用岩石的厚度计算年代，主要原因有两个，一是岩石沉积速度不同，有的地方快，有的地方慢。举一个比较极端的例子，在深海的海底，通常情况下一个世纪可能只能沉积几厘米，但是一旦产生导致水体浑浊的灾难性事件，比如海底地震，那么可能一天之内的泥沙和岩石沉积就能达到数百米。二是岩石之间有分层，而且我们不知道每层之间具体相隔多久。如果有一个可以具体参考的时间刻度，比如说铱元素的稳定汇集，那么至少第一个原因就有了对应的解决方案。

小阿尔瓦雷茨选择了意大利中部佩鲁贾（Perugia）的一个叫作古比奥（Gubbio）的小镇，因为他知道那里有几百米长的海相灰岩，根据微体化石测定其年代为白垩纪末期至古近纪早期。根据取样检测结果，岩层底部和顶部的铱元素含量基本一致，说明该处的岩石沉积过程非常稳

上图：路易斯（左）和沃尔特手扶意大利古比奥的岩层中的白垩纪–古近纪边界处。

右页图：铱元素含量的波动。

定。但是，在岩层中部，即白垩纪-古近纪边界（Cretaceous-Palaeogene boundary）处，铱元素含量出现了波动，用极其精密的仪器测量，结果为从正常的十亿分之零点六上升到十亿分之六，提高到正常水平的十倍。后来测得那一处的时间为6600万年前。

接下来的事情可谓峰回路转。首先是阿尔瓦雷茨父子对这一数据的解释出人意料，他们如果依照此前的假说，完全可以用沉积速度慢来解释，即边界处的那薄薄一层岩石的沉积速度是其他部位的十分之一，因此同样厚度的岩层中就有十倍于其上方和下方岩层的铱元素富集。但是他们提出了一个非常大胆的设想：陡然升高的铱元素来源于地外空间，也即发生了巨大的陨石撞击地球事件。

基于这一观测结果，老阿尔瓦雷茨和同事们在论文中提出了陨石撞击

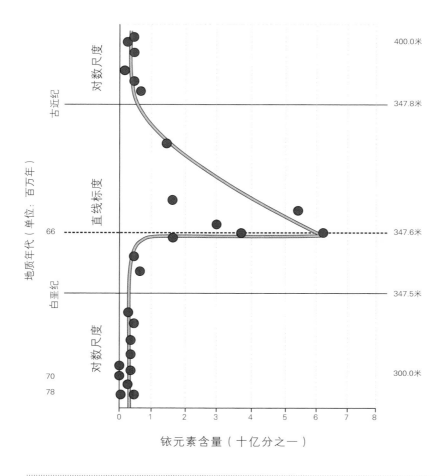

地球的假设，并且他们还用从丹麦的斯泰温斯克林特（Stevns Klint）的岩层获得的数据进行了交叉核对。按照他们的分析，如果一颗小行星，或是大型陨石，撞击地球并导致恐龙的灭绝，那么这次撞击必然要形成几乎覆盖整个地球的厚厚云层。基于这一假设，他们设计了一个公式进行反向计算，公式为：

$$M = 0.22f/sA$$

此处的"M"是陨石的质量，需要根据其他条件计算得出；其他几个条件都是已知的，其中"s"是撞击发生后地表物质中的铱元素含量（$8×10^{-9}$克/平方厘米），"A"是地球表面积，"f"是陨石中的铱元素含量（$0.5×10^{-6}$克/平方厘米），而0.22是计算出的1883年喀拉喀托火山（Krakatoa）喷发后进入大气层的物质占喷发物质总量的比例。最后计算出的结果是M等于340亿吨，进一步换算出撞击地球的陨石直径大约7千米，这一数字后来被证实与实际结果非常接近。而且他们还进一步推测，该撞击应该在地球上形成了一个陨石直径20倍，即约150千米直径的陨石坑。

直径约7千米的小行星撞击地球并气化，大量灰尘被抛入上层大气，飘散至全球上空，挡住了阳光，绿色植物的光合效应停止，陆地上和海洋中的生物随之大量灭绝。这就是小行星撞击地球理论及后续一些假设的由来。

这篇论文一发表就招致激烈声讨。首先是地质学家们很生气，这个搞物理的凭什么在我们的地盘指手画脚？众所周知从来没有小行星撞地球这回事，这是完全违背莱尔的均变论学说的。鲍勃·巴克尔嘲讽道："他们的傲慢令人震惊，因为他们对于真正的动物演化、生活和灭绝过程一无所知。但是尽管他们完全不懂古生物学，这些地球化学家居然认为通过捣鼓那些仪器就能带来科学革命。"不过，巴克尔确实是错了，但同时期的很多（很可能是绝大部分）古生物学家和地质学家都和巴克尔持一样的观点。现在我们知道，小行星撞地球确实发生过，因为后来发现了确凿的地质学证据，这一点我们很快还会提到。

# 周期性和核冬天

　　小行星撞击地球这一理论提出后立刻引出了一个甚至更令人震惊的猜测：如果6600万年前发生过一次撞击，那么会不会在其他的时期还发生过多次的撞击？这个猜测是大卫·罗普教授和同事杰克·赛普科斯基（Jack Sepkoski）在1984年提出的。他们对一些化石记录进行了初步分析，截取的时间段是从2亿5000万年前至今，在此基础上对生物灭绝的发生情况进行分析。结果他们很惊奇地发现，似乎存在一个周期性的灭绝高峰。从原始数据来看，大约每过2600万年就会出现一次大规模灭绝。罗普和赛普科斯基使用数学模型对数据进行了进一步测试，以确定这种周期性是否纯属偶然。测试结果是这种周期性存在高度的或然率（probability），即可能性很大。

　　罗普和赛普科斯基的发现让天文学家们激动万分，因为以2600万年为周期的这种重复现象，预示着背后很可能有一个来自外太空的驱动力。因此，天文学家作出了三种推测：第一种是整个太阳系如同一只在桌面上以一定角度倾斜旋转的盘子；第二种是太阳还有一个姐妹恒星，姑且称之为

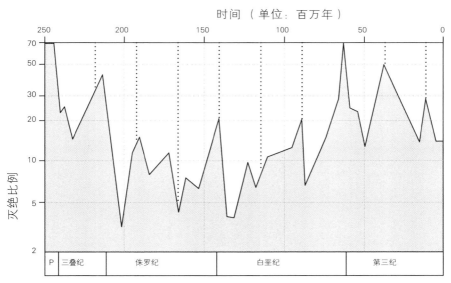

图中数据为罗普和赛普科斯基提出的大灭绝的2600万年周期性。

涅墨西斯（Nemesis）；第三种理论是在太阳系的边缘还存在一个未知的第九大行星，叫作X行星。

如果这个周期性是对的，那么下一波攻击的时间就可以预测了。最近的一次大灭绝发生在1400万年前，那么下一次小行星撞击地球的时间大致就是1200万年之后，要验证似乎不太容易。不知道其他古生物学家是怎么想的，但是我清楚地记得，在听到这个周期性大灭绝理论时我很惊讶，甚至有点自豪，因为我完全没有想到，根据化石记录形成的数据表居然能产生出地球和宇宙运行规律的奇妙推测！

不过，地质学家和古生物学家们从一开始也就指出了这个周期性理论中存在的一些问题，比如其发生标记完全基于地质学上的时间刻度，对于地质年代的任何细微修正都会打破其周期性。而且，最近一次的撞击事件几乎没有什么有力证据支撑，但是按常理来说这一次的化石证据应该最丰富才对。更重要的是，在侏罗纪和白垩纪期间，这样的周期性并不成立。争论仍在继续，2016年和2017年，又有一些相关的论文发表，但是整体上来讲，学界已经抛弃了这一周期性撞击的观点。

阿尔瓦雷茨论文发表的3年后，一些气象生物学家开始推测全面核战争可能给地球带来的后果。1983年，美国大气科学家理查德·图尔科（Richard P. Turco）提出了"核冬天"（nuclear winter）这个名词，用来形容全面核战争爆发之后的地球景象。根据他的描述，当无数核弹爆炸之后，巨量的烟尘进入地球大气层，遮住阳光，导致地球进入寒冷的冬天。很快，气候学家、模型分析专家、甚至是人文学科的专家学者们都接触到并很快接受了"核冬天"模型。关于周期性撞击的推测已经基本被抛弃，但是小行星撞击地球理论和由此衍生而来的"核冬天"理论已经被广为接受。很快，科学家发现了小行星撞击地球留下的陨石坑。


## 陨石坑的发现


小行星撞地球、周期性灭绝和核冬天等理论不仅是科学家研究的内容，也激起了公众的兴趣，因此BBC在1985年制作了一期《地平线》

（*Horizon*）节目，主要内容为白垩纪末期的小行星撞击地球事件。在节目中，主持人提出了一个大家都很关注的问题：撞击形成的陨石坑在哪里？那时候，地质学家掌握的证据非常有限，只能勉强回答陨石坑已经在数千万年的沧海变幻中消失了，很显然，这样的回答非常令人失望。但其实那时候已经发现了一些关于陨石坑位置的蛛丝马迹。

地质学家们发现，在墨西哥沿海和得克萨斯州的布拉索斯河（Brazos River）沿岸地区的白垩纪-古近纪边界岩层中存在奇怪的岩石扰动现象。具体来讲，就是本应该是有序、平整排列的石灰岩和泥岩岩层中有一层石灰岩杂乱无章，像是被撕扯过一样，这样的岩层被称为风暴岩（storm bed），或者海啸岩（tsunamite）。据推测，这些海啸岩的成因是当时发生过一起特殊的事件，这些岩石被撕碎并堆积到古加勒比海沿岸（proto-Caribbean），在现在的墨西哥到美国南部之间形成一道圆弧。如果这个推测是正确的，那么也就意味着曾经发生过一次剧烈的撞击，形成数十米高的巨大海啸，撕碎海岸边刚刚沉积的岩层，并堆积到海啸波及的边缘。

1991年时，又发现了新的线索。地质学家弗洛朗坦·莫拉西（Florentin Maurrasse）和高塔姆·森（Gautam Sen）仔细研究了加勒比地区的一处白垩纪-古近纪分界岩层，岩层地点位于海地的一个叫作贝洛克（Beloc）的小镇。他们发现此处的分界岩层厚达72.5厘米，而在欧洲的古比奥和斯泰

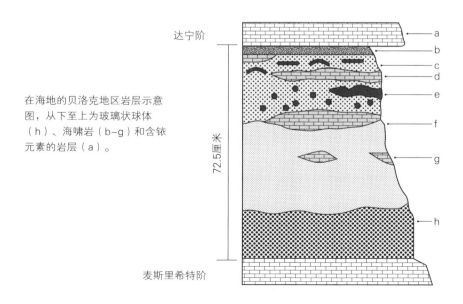

在海地的贝洛克地区岩层示意图，从下至上为玻璃状球体（h）、海啸岩（b–g）和含铱元素的岩层（a）。

温斯·克林特发现的同时期分界岩层的厚度只有1厘米。据此，地质学家们判断撞击的地点就在附近。在岩层的最下方有大量的玻璃状球体，其成分与正常的地球岩石和土壤成分明显不同，因此地质学家认为这些物质是在撞击时的高温高压下形成的。

这些玻璃状小球是在撞击中形成的，它们与其他撞击产生的灰尘一起飘浮在空中，散落到上千千米之外。通常情况下这些玻璃状小球是在火山爆发出的岩浆中形成的，因此具有和玄武岩和安山岩（andesite）等火成岩相似的属性。但是贝洛克的玻璃状小球的化学属性却和石灰岩和自然界的岩盐相似，这就说明其来源于这些物质的熔融物，从而为撞击地点的地质特点提供了直接线索。

在球状玻璃岩层的上方，研究人员发现了一层海啸岩，里面是杂乱堆积的石灰岩。然后在最顶层，就是1厘米厚的富含铱元素的尘土沉积层，这一层也被称为冲击层（impact layer）。在古比奥等其他远离撞击点的地方仅能发现冲击层，而没有球状玻璃层和海啸岩层。这两种特殊岩层代表两种前后衔接的自然现象，即先是大量球状玻璃从空中落向地面或是海洋，然后发生了巨大的海啸。也就是说，地球当时遭受过一次猛烈撞击，然后产生了两次冲击波，第一次携带着球状玻璃，从空中到达；第二次冲击沿着水中传递，速度稍慢一些。

实际上，当时地质学家艾伦·希尔德布兰德（Alan Hildebrand）和同事已经发现了撞击点，并在几个月以后发表论文公布了这一发现。希尔德布兰德是从墨西哥国家石油公司（Pemex）1960年代的一处钻孔记录中找到线索的。墨西哥国家石油公司当时在尤卡坦半岛靠近希克苏鲁伯（Chicxulub）的地方钻探，结果钻孔获得的岩石样本结构很特殊，是一种熔融的岩石，下方蕴藏石油的可能性极小，因此他们立即放弃了在希克苏鲁伯地区的钻探。希尔德布兰德发现这块岩石样本的特征与陨石撞击的后果非常吻合，即陨石坠入地壳时产生的高温高压不仅气化了陨石本身，也熔化了撞击点的基岩（bedrock）。

后续的勘探验证了希尔德布兰德的地质测量结果，熔岩年代的测定与白垩纪-古近纪分界年代很吻合。1997年、2002年和2016年的三次更加深入的钻探提供了更多的证据，证实陨石坑由晚白垩世的石灰岩和岩盐

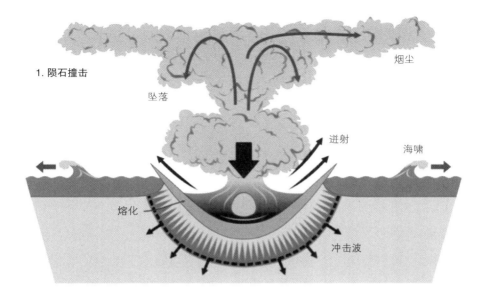

1. 陨石撞击

烟尘

坠落

迸射

海啸

熔化

冲击波

2. 希克苏鲁伯陨石坑

迸射物覆盖层

回落的各种迸射物

熔岩

被冲击波撕裂
的岩层

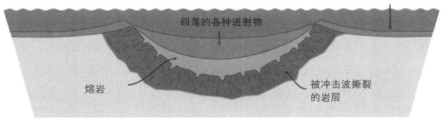

陨石撞击地球示意图。图1为撞击并气化的阶段；图2是冲击波
停止后形成的陨石坑和喷发物质回落沉积阶段。

熔融形成，进一步印证了此前的预测。地质勘探结果显示，陨石坑中心直径大约80千米，形成了一个圆形的峰环（peak ring），我们在其他星球上也经常会看到这样的环形隆起。沿着环形峰脊往外有斜坡和落石，向外伸展，整个陨石坑的边缘部分直径大约是130千米。更进一步探测发现，在直径195千米处还有一圈往地底伸展的斜坡，深度可达35千米，直达地幔（mantle）。这种双环形陨石坑在其他星球上经常看到，但是在地球上尚属首次。

根据希克苏鲁伯陨石坑和相关的地质学证据，以及阿尔瓦雷茨和同事1980年的预测，整个事件是这样的：直径约7千米的陨石撞击了地球，砸出很深的一个坑，并瞬间气化。在数秒钟之内，力量相等但方向相反的反作

图为典型的滴水回弹模型，从中可以看到水滴撞击液面之后的反作用力形成的回弹。

用力将巨大的能量向上空和四周散发，形成了巨大的圆形陨石坑。由于陨石坑直径很大，而且也很深，因此环形坑顶在重力作用下发生坍塌，形成内外的斜坡。最终形成的峰环就是反作用力的结果，就好像我们往水面上滴一滴水，会看到一圈水波向四周推起，然后又向内聚合，这与陨石坑的形成是一样的原理。

撞击给自然界带来的影响非常清晰，即阳光被遮挡，植物光合作用停止，全球气候变冷。虽然大量生物是如何灭绝的还没有很明确的答案，但是撞击带来的这些后果已经足以导致恐龙的灭绝。此外，在小行星撞击地球的50万年前，印度德干地盾（Deccan traps）发生了超级火山喷发，这些火山喷发至少造成了地区性的气温上升和酸雨影响。再往前推，撞击发生的3000万年前，全球气候开始变冷，或许这也为恐龙的生存施加了很大压力，因为恐龙比较适应温暖气候。但是这些事件的短期和长期影响能带来多严重的后果仍有较大争议。

不过，我们在本章开始的时候提到，可以确定小行星撞击地球的准确时间，可以精确到月份。

# 怎么确定小行星撞地球发生在6月？

杰克·沃尔夫（Jack Wolfe）是美国地质调查局（United States Geological Survey）的一名资深的古植物学家，多年来一直在研究晚白垩世的植物化石。在20世纪80年代，沃尔夫在怀俄明州的蒂波特山（Teapot Dome）发现了一处岩层，在他看来这片岩层像是用慢镜头一样讲述了那场晚白垩世的撞击事件。蒂波特山层跨度中包含了白垩纪-古近纪分界地层，只有约2厘米厚，但是这对沃尔夫来说不是问题，他能对岩层进行毫米级厚度的分析。凭借他在植物化石方面无与伦比的丰富经验，他能够确定整个事件发生过程中的温度变化。

蒂波特山层中记载了远古时代一个荷花池中发生的变迁。在晚白垩世期间，荷花四处盛开，因此在蒂波特山层中也有多处莲叶和根茎等化石。在白垩纪-古近纪分界地层处，沃尔夫先是发现了薄薄的一层球状玻璃和灰尘，这就是撞击之后第一批到达并落下的物质。再往上几毫米，是一层莲叶的残骸，根据显微镜观测结果，这些莲叶细胞都是破裂的。这是气温下降的确凿证据，植物中的水分迅速凝结成冰，而冰的体积比水大，因此冰晶刺破了植物的细胞膜。

在冰冻层的上方是另外一个泥土层，这一层中富含铱元素。再往上，沉积过程回归自然，莲花的生长一如既往，温度也回升到大约25℃。如果化石中的那些植物有现代的近亲植物，那么古植物学家就可以非常准确地推断当时的气温状况，因为植物对于温度和水的要求比较苛刻，而且亿万年来变化不大，所以可以推今及古。不过，虽说有比较准确的途径测量白垩纪的气候，但沃尔夫如何确定撞击发生在6月？

沃尔夫依据的就是莱尔的均变论，用化石中的植物和现代的植物进行比较。蒂波特山层中的睡莲恰好和当代的睡莲科中的黄睡莲（nuphar）亲缘关系很近，通过对黄睡莲的花、叶和茎等在各个生长阶段进行快速冰冻，并与化石中的睡莲进行比较，确定那次气温骤降发生在6月。这是科学家应用均变论对远古时代事件进行的一次简洁而完美的推断。

## 恐龙的灭绝是突然发生的还是长期的过程?

我们知道,除了鸟类,其他所有的恐龙都在6600万年前的那场大灾难之后灭绝了,但是我们还想知道的是,它们的灭绝是瞬间发生的,还是经历了一段较为漫长的过程?换句话说,在小行星撞击地球之前,恐龙们究竟是仍然处于一片繁盛祥和的状态,还是已经穷途末路,正走向灭绝?根据现有的一些晚白垩世的证据,如著名的蒙大拿州地狱溪组(Hell Creek

| 属: | 三角龙 |
|---|---|
| 种: | 恐怖三角龙 |

Formation）中发现的暴龙、三角龙和甲龙等（参见彩图3），并无明显濒临灭绝的迹象，而且也没有证据显示有其他哪一个单独物种已经失去演化能力，正走向灭亡。那么，关于恐龙的命运，除了突然灭绝和长期灭绝之外，是否还有第三种可能？

根据我们的研究，我们认为还有一种可能是前二者的综合。在第二章中我提到过，我的学生格雷姆·劳埃德在2008年时曾经主持过一项研究，我们的目标是在现有的恐龙种类数据基础上建立一个恐龙的"超级演化

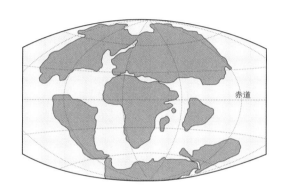

| 命名人： | 奥塞内尔·马什，1889年 |
| --- | --- |
| 年代： | 晚白垩世，6800万—6600万年前 |
| 化石发掘地： | 美国、加拿大 |
| 分类： | 恐龙类—鸟臀目—角龙类 |
| 体长： | 8米 |
| 体重： | 14吨 |
| 冷门小知识： | 三角龙是怀俄明州的"州恐龙"，其化石则是南达科他州的官方化石。 |

| 属： | 甲龙 |
|---|---|
| 种： | 大面甲龙 |

树"。在此过程中我们也发现了一些其他的线索。格雷姆对另外的200多种演化树数据进行运算，我们最终建立了一个包含了420种恐龙的演化树。然而，后面在计算恐龙的多样性发展情况时，我们惊奇地发现，在最初的6000万年时间里，恐龙已经完成了大部分的演化，在晚侏罗世和白垩纪期间几乎没有产生什么特殊的演化特征。因此我们认为，在恐龙灭绝前的最后5000万年时间里，除了鸭嘴龙和角龙这两种特殊的植食性恐龙之外，其他恐龙基本上都已经失去演化的动力。

　　2016年，我参与了一项关于恐龙灭绝的专题研究，其中再次用到了

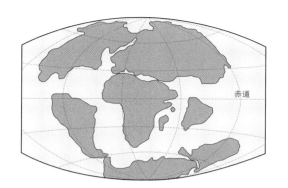

赤道

| | |
|---|---|
| 命名人： | 巴纳姆·布郎（Barnum Brown），1908年 |
| 年代： | 晚白垩世，6800万年—6600万年前 |
| 化石发掘地： | 美国、加拿大 |
| 分类： | 恐龙类—鸟臀目—覆盾甲龙类—甲龙科 |
| 体长： | 7米 |
| 体重： | 4.8吨 |
| 冷门小知识： | 角龙的尾锤重达20千克，打击力能达到2000牛顿，也就是大约200千克。 |

超级演化树。一起参与这项研究的还有来自雷丁大学的坂本学（Manabu Sakamoto）和克里斯·文迪蒂（Chris Venditti），我们希望找到恐龙在整个生存期间的深层次的演化动力。我们绘制了一棵包含所有已知恐龙的超级演化树，并且尽可能准确地标注其生存年代。然后我们开始对数据进行运算，根据物种分化和灭绝的情况绘制出整个中生代期间的恐龙发展曲线。曲线主要有三种趋势：上升、平衡以及下降。

我们使用了贝叶斯统计模型（bayesian statistical methods），先是依据基础性计算数据建立一个先验模型，然后对模型进行百万次甚至上

如图中显示，在白垩纪的最后4000万年间，所有的三大类恐龙：
蜥脚形类（上）、兽脚类（中）和鸟臀目（下）的
发展曲线都呈下降趋势。

亿次的运算，进一步检测模型与数据的符合度，将所有可能的源数据均纳入进来，并不断调整和优化统计模型。坂本学将岩石年代、记录完整性、系统发生树的准确性以及其他很多因素都纳入到了模型当中。最后得出的结果非常明确：整体上对于所有的恐龙，即兽脚类、蜥脚形类和鸟臀目这三大类，直到约1亿年前，它们的演化一直处于上升阶段，新的恐龙种类的形成速度大于灭绝速度。在其后约4000万年间，恐龙的生存进入下降区间。如我们前面提到的，只有鸭嘴龙和甲龙是例外，仍有大量新的种类分化出来。

我们在2016年发表的这篇论文引发了一些争议，有些学者认可我们的结论，但是也有一些人的理解角度产生了偏差。我们的结论并未否定在某些特定的地点会有例外，比如地狱溪地层中就是一派欣欣向荣；也没有认为整个恐龙种群的衰败如自由落体那样迅速，我们给出的下降曲线的区间跨度是4000万年。在一些特定的时间和特定的地点，由于自然环境的影响，演化的过程也会有反复。

此外还有一个更为大众化一点的"假如"式问题：假如没有发生那场小行星撞击地球事件，现在的地球会是什么样？对此，还真有一个加拿大的古生物学家设想过一种现代的"恐龙人"（dino-man），这是一种像人一样的恐龙，脑袋很大，没有尾巴，体态与现在的人类相似。不过，根据我们的研究结果，即便没有发生那场撞击，恐龙也不太可能生存到今天，气温下降、植被改变，以及大陆漂移等多种因素在5000万年前到4000万年前同样会导致恐龙灭绝。


# 全球性大灭绝


在本章一开始我们就讲到了陨石撞击地球的后果，我们无法确定灾难到达全球每个地点的准确时间，但是能够确定不同的地区遭受的打击是不同的。在小行星撞入地壳深处并气化时，撞击点周围的几百千米以内，首先会闪过一道耀眼的强光，几秒钟之后就会产生强烈的地震。紧接着，撞击点的冲击锥会迅速向四周蔓延，形成一个超大的环形。冲击波会将撞击点周围

500千米内的所有生物悉数毁灭，当然也包括暴龙、三角龙和甲龙在内的所有恐龙。爆炸卷起的大量巨石在落下时也杀死了大量的动物和植物，但是落石的袭击范围有限，冲击波的打击范围要远很多，可达数千千米。

在撞击点附近的大洋中形成了巨大的海啸，虽然海啸可能对远海中的生物形成不了多大威胁，但是浅海中的各种生物却在劫难逃。海啸形成的巨浪会先将浅海处的海水吸回深海，露出各种珊瑚礁、鱼类和水生爬行动物，紧接着巨浪就会汹涌而来，将这些生物卷上古加勒比海地区沿岸，往内陆推进，沿着墨西哥东部、德克萨斯直到美国南部的佛罗里达。沿岸的各种动物，包括恐龙在内，都会被淹死，巨浪之后，遍地只剩杂乱的岩石和各种动植物的残骸。

冲击波和从天而降的火球肆虐了北美的大部分地区，并且大量的动植物被摧毁。但是在欧洲、亚洲和非洲等更远一些的地方，首先可能会感觉到空中的一道闪光，几个小时以后，由于灰尘进入大气层导致天空的颜色改变。在开始的一两天里，这些地方的恐龙并未受到多大影响，但是当空中的灰尘开始聚集，白天变成黑夜，而且黑暗将持续很长时间。

没有光线，恐龙们陷入了一种迟钝的状态，它们和平常的夜晚一样，懒洋洋地躺在地上，只不过和往常不同的是，这一次阳光没有按时到来。于是很多恐龙就这样一直睡下去，大部分就这么在沉睡中死亡。持续的黑暗使得大部分动物走向灭绝，植物也因为无法进行光合作用而死亡。也有可能在最糟糕的那几个月中下过几场暴雨，冲刷掉了一些灰尘，给了少数动物一线生机，随后当光线穿透乌云，温度回升，它们终于重获新生。一些昆虫可以休眠，还有一些生活在水中的鱼类，它们都逃过了这场浩劫。

2018年，一项对突尼斯的埃尔克夫地区（El Kef）的白垩纪—古近纪岩层研究发现，在撞击发生之后的10万年间，气温较其他时段高了大约5摄氏度。测量的依据是该地区岩层中鱼骨化石的氧同位素变化情况和岩石沉积厚度，那一段提示气温较高的岩层厚达3米。温度升高的原因可能是撞击后的石灰岩熔化和森林大火产生了大量的二氧化碳。

在这场灾难之后的初期恢复阶段，几摄氏度的气温升高有可能会导致赤道地区一些物种的灭绝，但是从长期来看不会对其他生物造成大规模的生存影响。从现有证据来看，小行星撞击事件给地球上的生物带来的影响虽然残酷，但是也很短暂，撞击带来的生态环境改变却比较深远。撞击之后，地球上的环境和各种生物迅速恢复，当然，这里的迅速是从地质学意义上来衡量的，气温升高的那10万年在地球历史上只是短暂的一瞬间。有两个物种在这场灾难后胜出，值得我们仔细分析一番，它们就是鸟类和哺乳类动物。

## 鸟类是如何在大灭绝中生存下来的？

鸟类在6600万年前的那场撞击中生存了下来，有一篇2018年的论文对此进行了详细分析。鸟类和哺乳类在中生代早已出现，一直在演化，但是直到大约1亿5500万年前的晚侏罗世开始才有能够准确辨别的鸟类。这些鸟类中包括从德国南部索伦霍芬发现的始祖鸟（参见第111页），以及中国北方发现的更古老的一些鸟类。实际上，从长羽毛的小型兽脚类恐龙到真正的鸟类之间的过渡还比较牵强，从恐龙到鸟类这一条演化枝上，哪一种是最后的恐龙，哪一种是最初的鸟，目前都还只停留在字面的解读上，没有确切的证据。

曾经有人认为鸟类在那场大撞击中伤亡甚微，只有少数种类灭绝，大部分都生存了下来，然后迅速开枝散叶，最终达到今天的11000种之多。这一设想本意是要说明鸟类与它们已经灭绝的近亲恐龙相比具有极强的适应性，因此才获得后来的巨大成功，不过现在看来并非如此。

根据对鸟类化石的仔细研究，以及基于基因技术对现代鸟类的演化过程所作的分析，科学家们发现，经历白垩纪—古近纪分界而存活下来的鸟类只有五种！也就是说，这群种类繁多、叽叽喳喳扑腾着翅膀的小家伙们实际上也曾濒临灭绝。那么究竟发生了什么？

之前我们提到过，在中国的热河生物群地层中发现了数千件精美的白垩纪鸟类化石，为世人展示了鸟类演化过程中高度的多样性。有四类主要的鸟类种群在白垩纪末期的陨石撞击后灭绝。第一类是反鸟类（enantiornithines），包括大约80种不同的飞鸟，它们从水里和淤泥中寻找硬壳类食物，或者在树上捕捉一些小型的脊椎动物和节肢动物。第二类

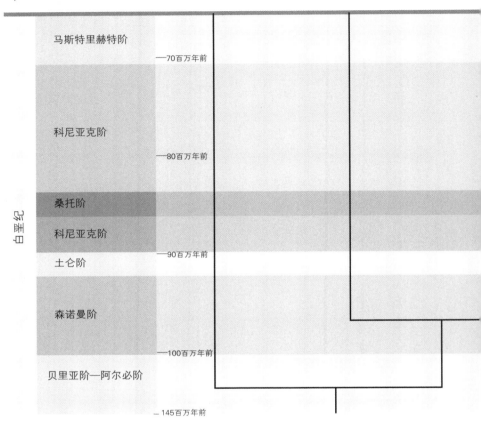

图为白垩纪—古近纪阶段的鸟类演化情况，
可见生存下来的主要为陆栖鸟类。

是后弯鸟类（palintropiforms），其中仅有在内蒙发现的两三种鸟。第三类是鱼鸟类（ichthyornithines），发现于北美的西部内陆海道，能够飞行，以鱼类为食，颌间有齿。第四类是黄昏鸟目（hesperornithiforms），同样主要生活在北美，体型较大，以鱼类为食，能潜水但是不能飞行。

　　生存下来的是一些类似鸡鸭的远古陆栖鸟类，有人认为它们能生存纯属运气，但是2018年发表的一篇论文提出了不同的观点。论文作者是丹·

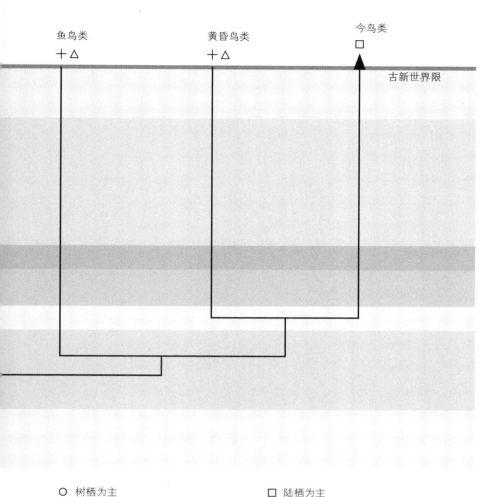

鱼鸟类　　　　　黄昏鸟类　　　　　今鸟类

＋△　　　　　　＋△

古新世界限

○ 树栖为主　　　　　　□ 陆栖为主

■ 未知　　　　　　　　＋ 灭绝分支图谱

△ 水栖

菲尔德（Dan　Field），他是一位激情洋溢的古鸟类学家。丹和同事们使用
演化树对现代鸟类进行了大规模的研究，他们将现代鸟类分为两大类，包
括知更鸟、猫头鹰、雨燕、鹦鹉等主要生活在树上的树栖鸟类，和鸵鸟、
鸡、鸭、秧鸡、各种涉禽和鸥类等居住在地面的陆栖鸟类。经过对这些鸟
类在演化枝上的追根溯源，他们发现所有现代鸟类的祖先都是在小行星撞
击地球时存活下来的陆栖鸟类。

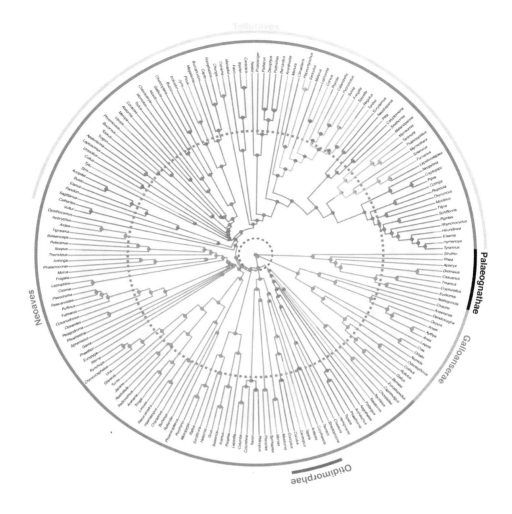

现代鸟类的演化树，显示它们的祖先
基本上都是陆栖鸟类。

　　所有的树栖鸟类，包括不走运的鱼鸟类和黄昏鸟类，全部灭绝了。丹·菲尔德和同事们将这一结论和小行星撞击地球后约1千年间的植物和花粉的化石记录进行了比对。由于没有了阳光，植物光合作用停止并大量死亡，酸雨和其他的撞击影响基本上毁灭了森林。以树木为中心的复杂生态系统被破坏殆尽，那些树栖鸟类失去了家园。

　　菲尔德等人发现，在古近纪出现的最早的现代意义的鸟类都是地栖的，它们追逐着陆地上的昆虫，或者在河岸边觅食。菲尔德等人研究了大量的鸟类化石，他们主要是通过鸟类腿部的相对长度来判断其主要生活在树上还是陆地上。树栖鸟类有较长的股骨，而陆栖鸟类股骨较短，膝盖下方的骨骼较长。过了相当长的一段时间才又产生树栖的鸟类，但是后来随着各种机会的出现，很多种鸟类都独立演化出了树栖的习性。

也就是说，在那场陨石撞击地球事件中，鸟类差一点就完全灭绝。那么，哺乳类动物又是如何生存下来的？

## 哺乳动物如何取代恐龙成为地球霸主？

现在大家都知道，6600万年前的小行星撞击地球事件导致了一场生物大灭绝，此后哺乳类动物成为地球霸主。撞击不仅导致了恐龙的灭绝，也将翼龙类、海生爬行类、菊石类（ammonites）、箭石类（belemnites）等其他很多物种从地球上抹去，但同时也为我们的祖先创造了机会，最终才有了人类的诞生。实际上，哺乳类动物和恐龙一样都起源于三叠纪，但是在整个中生代期间，绝大部分哺乳类动物都保持着较小的体型和夜间活动的习性。我们如何确定古近纪生态系统中哺乳类动物的繁盛是由于恐龙的缺失引起的呢？

这个答案来自于数值模拟。芝加哥大学的格雷厄姆·斯莱特（Graham Slater）于2013年发表了一篇论文。他首先编制了包含整个中生代和古近纪期间所有哺乳类动物的演化树，然后代入各种演化模型并测试，最终发现了一种能够对所有数据作出最合理解释和应用的模型。根据这个模型，哺乳类动物的演化一直受到恐龙的抑制，而当恐龙消失之后，哺乳类动物的演化能力被充分释放，因而得以快速演化出大量新的种群。格雷厄姆·斯莱特将这一模型称为"释放后爆发"（release and radiate）模型。其他还有各种随机模型、内在驱动模型和单纯的恐龙灭绝未对哺乳类动物造成任何生态影响的模型等。

那么，恐龙的存在压制了哺乳类动物的演化这一多年来的猜想终于被精巧设计的计算机模型证明。当主要在白天活动的庞大、凶猛的恐龙从地球上消失，哺乳类动物终于可以演化出白天活动的习性和较大的体型，并且开始占领所有可能的栖息地。与整个长达1亿7000万年的中生代期间的

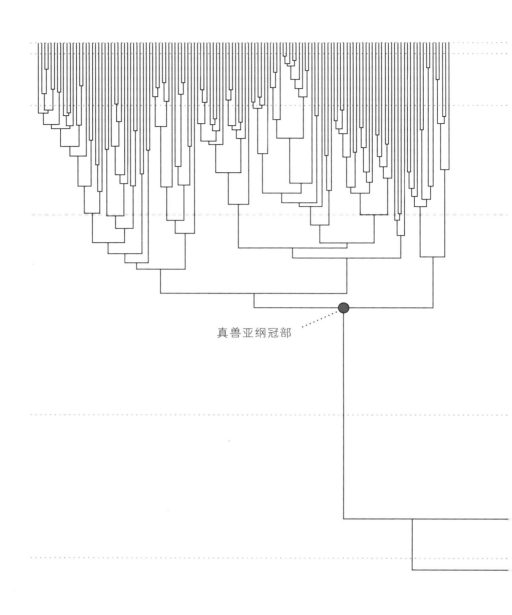

真兽亚纲冠部

从表中可见，6600万年前的白垩纪—古近纪大灭绝之后，
哺乳类动物的演化速度有了爆发式的增长。

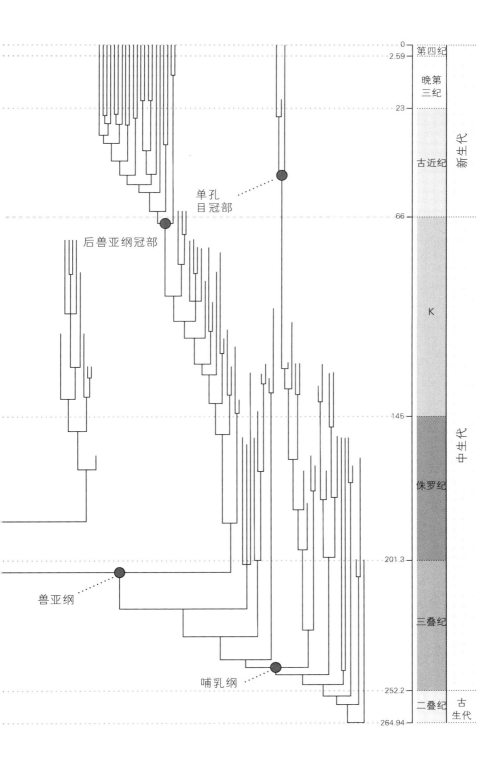

単孔
目冠部

后兽亚纲冠部

兽亚纲

哺乳纲

| | |
|---|---|
| 0 | 第四纪 |
| 2.59 | 晚第三纪 |
| 23 | 古近纪 |
| 66 | K |
| 145 | 侏罗纪 |
| 201.3 | 三叠纪 |
| 252.2 | 二叠纪 |
| 264.94 | |

新生代

中生代

古生代

大灭绝

演化速度相比，哺乳类动物在古近纪早期的演化可谓是突飞猛进。大灭绝之后的1000万年间，哺乳类动物已经演化出了几乎所有的现代种群，小到鼩鼱（shrew），大到鲸鱼，还有会飞的蝙蝠；有体型庞大、身披护甲的植食性动物，也有咬合力惊人的肉食动物，还有住在树上的类似猴子一样的家伙，其中就有我们人类的直系祖先。

经过6600万年的演化，哺乳类动物逐步占据了地球的每一个角落。地球温度有时上升有时下降，但是整体上呈现下降趋势。几千万年间的生态环境有了显著变化，最主要的是大约在3000万年前开始出现了大片的草原。随着气候变冷，降水量逐步减少，各个大陆的中心地带变得干燥，森林的范围缩小，北美和南美的大部分地区被草原覆盖，非洲中部和亚洲也出现了类似的情况。在那之前，哺乳类动物可能还是一直在森林中过着很隐蔽的生活，但是大量草地的出现为它们提供了新的机遇。马、牛、鹿和犀牛等动物的祖先都纷纷小心翼翼地从树林中探出头来，开始尝试寻找投自己胃口的野草。

野草是很粗糙的食物，因为大部分草叶中含有硅元素，这是植物用来保护自己的手段，但是植食性动物也纷纷演化出了宽阔而坚硬的牙齿来咀嚼和研磨食物。总体来说，早期的那些从树林里走出来的植食性动物还是比较脆弱的，因为它们通常体型都比较小，如果在森林里生活的话体型小是个优势，但是到了开阔地带就不同了。此后，它们中的很多成功地演化出了较高的身形，能够随时关注四周掠食者的动静，同时也演化出了细长有力的四肢，可以在遇到危险时迅速逃跑。比如我们今天看到的马，它们祖先的个头只有拉布拉多犬那么大，其他大部分植食性动物的体型演化也大抵如此。与植食性动物的演化之路相对应的是，掠食者们也将爬树置之一旁，纷纷演化出了迅捷的奔跑速度。

我们认为早期人类的习性也有从森林走向草原的类似改变。我们的近亲黑猩猩和大猩猩们至今仍然住在树上，但是我们的祖先在5000万年前勇敢地走出了非洲中部和东部的森林，走向广阔的草原。他们尝试着直立行走，从草丛中探出头来四处张望，警惕可能出现的狮子和猎豹，并用解放出来的双手抓取食物、制造工具。

对于晚白垩世的生物大灭绝事件的研究曾经众说纷纭，各种理论千奇百怪，但这整个过程却也是从猜测到科学的一个极佳例证。自1980年路易斯·阿尔瓦雷茨和他的团队提出了小行星撞击地球，及其导致生物大灭绝这一极具洞察力的模型以来，全球科学家数千次的各项研究纷纷证实了他们的推测。他们推测的撞击已经有了充分的地质学证据，在墨西哥的希克苏鲁伯发现了撞击形成的陨石坑，沿着古加勒比海地区也发现了海啸岩和熔融的球状玻璃，而且在全球范围内到处都能发现当时降落并沉积的富含铱元素的岩层，这些证据基本上也获得了科学界一致的认可。

古生物学研究为我们细致地还原了大灭绝事件的后果。虽然在此之前的4000万年间恐龙已经缓慢地步入生存的下降区间，但是小行星撞击地球及其带来的寒冷和黑暗给了它们致命一击。鸟类和哺乳类动物同样面临巨大考验，但是它们中的一小部分在残酷的环境中顽强地存活了下来，并在危机平复之后迅速开始爆发式的演化，奠定了我们今天的地球生态环境的基础。

对于小行星撞击地球事件还有很多更深入的研究需要完成，要对撞击之后的环境恶化过程建立完整的模型。而且，我们还无法将小行星撞击事件和印度德干地盾火山喷发的后果准确地区分。因此，从整体上来讲，科学界对于大灭绝事件爆发之前、期间和之后的环境因素的研究还远远不够。近年来关于恐龙的没落、物种选择性灭绝、鸟类和哺乳类的崛起等研究已经回答了一些长期以来一直悬而未决的问题，而6600万年前发生的事件对现代生态环境的影响也已把相关领域的研究继续向前推进。

# 后记

在过去的四十年里，我们目睹了古生物学向科学的转变。这个转变源于古生物学研究中能够科学验证的领域不断扩大，同时单纯猜测的部分在持续减少。但是也有人不这么认为，因为猜测没有极限，而且人们还会提出更多新的问题。不过在我看来，我所提到的关于恐龙的饮食习性、运动速度、身体颜色和生长速度等问题已经都能用可测试的手段进行解答。

## 科学是什么？

哲学家们一直在争论科学的定义，但可以肯定的是，科学不仅仅包含数学。数学理论是可以证明的，而对于其他的科学，证明从来都是不可能的，仅能证伪。这就带来了理解上的巨大偏差，尤其是有些人现在还认为地球是平的，否认气候变化，认为是神创造了世界，他们将科学和事实混为一谈，妄想只要能推翻一个事实，就推倒了整座科学殿堂。

在实际研究中，自然科学包含了很多假设和理论。我所知道的关于恐龙灭绝的假设就有很多种（参见附录），还有各种关于为什么蜥脚类恐龙体型会如此巨大的假设等。如果关于某种假设有了充分而清晰的证据，那么假设就变成了理论。比如说，阿尔瓦雷茨提出的晚白垩世的灾难性撞击模型和这次撞击与恐龙灭绝之间的关联就是一个有强有力证据支撑的理论。这个理论无法被证实，但是如果是错的，那么就很容易被证伪。

特别是当路易斯·阿尔瓦雷斯和他的团队在1980年建立这一理论时，他们实际掌握的证据并不充分，主要是来自古比奥和史蒂芬斯—克林特（Stevns Klint）两个地方的铱峰值。年复一年，积累起来的证据确定了他们的猜测，而且也没有找到能反驳他们的证据。如果能证明铱峰值都出自不同的地质年代，或者铱峰值只出现在这两个地方，这个理论就会被驳倒。然后，在1991年，科学家们发现了那个陨石坑，这为阿尔瓦雷斯的理论提供了有力的、确凿的证据。小行星撞击在恐龙灭绝中的确切作用，以及是撞击直接导致了这一切，还是气候变化和德干陷阱的喷发带来的额外压力造成这一后果，都还在辩论当中。但是这一理论是目前最可信的。

这就是卡尔·波普尔在1934年提出的科学中的假设演绎法的原理。他看出将来这种方法会延伸到历史科学领域，只是不知道会以什么样的方式开展。因为，无论是在考古学、古生物学还是地质学中，似乎永远都不可能以纯科学的方式来研究历史事件。但不管怎样，在本书中，我们还是结合一些具体的事件对此进行了探索和尝试。


# 理论和批评


科学家和公众经常会误解批评的作用。诚然，指出错误是所有旁观者的责任，因此一旦古生物学家们出了一点错误，比如搞错了化石年代、标本种类或者是标错了特殊解剖特征，那么无数虎视眈眈的评论者们一定会在第一时间发现并指出，使得研究人员可以迅速纠正错误。睿智的达尔文曾经说过这样一句话："从科学的发展来说，事实错误的危害非常大，因为错误的事实经常要花费很多年才能被纠正；但是基于正确的事实而得出的错误观点，其危害相对要小很多，因为所有人都乐于指出别人理论中的错误之处。"

对于假设和理论的批评与对事实的批评完全不同。虽然，如达尔文所说，科学家们在批评同行的理论时不会有所保留，但是他们通常不能只破不立。如果要驳斥别人的理论，他们必须要给出自己的、能够对数据作出更好解释的理论。做一个合格的科学家没那么简单，不仅要通盘考虑所有的数据，也要仔细权衡所有可能的假设。

我们首先得了解一下"理论"这个词，要知道在包括英语在内的很多种语言里，"理论"都是有两层含义的。第一层含义是在普通的交流时所说的"理论"，这时的"理论"只是一种想法，比如有人说："我的理论是，今晚的晚餐有香肠……还有，把我花园搞得一团糟的一定是邻居家的那条狗。"这些都属于小范围的推断，也是理论的一种。另一层含义就是在科学范畴里，理论是世界运行方式的模型。有一些理论跨度极大，意义深远，比如万有引力、演化论等；也有一些理论范围稍小一些，如晚白垩世小行星撞击地球、竞争释放（competitive release）导致哺乳动物代替恐龙等。随着越来越多证据的浮现，这些理论都经受住了广泛的检验，而且也没有能够取代它们的更好的理论。至于晚餐吃不吃香肠和在花园里搞破坏的是不是邻居家的狗，我们不知道，也不关心。

但是，对于那些神创论者和不承认气候变化的人，以及那些否认吸烟有害健康的人，他们最喜欢做的事情就是在"理论"这个词上胡搅蛮缠，在他们口中，这些"理论"都仅仅只是"理论"。比如，虽然他们提出的观点都经不起事实的检验，但是他们始终不承认恐龙的存在。他们否认万有引力，否认疾病与细菌之间的关联，但是我们却放心地乘坐飞机，也信任外科医生，因为我们知道这些理论已经得到了无数次的检验。


# 古生物学恐龙研究从猜测到科学的转变

本书的主要内容是从20世纪80年代到现在为止的古生物学恐龙研究进展，我重点讲述了一些有争议的地方，尤其是在一些特殊领域发生的转变。在那些领域里，科学家们以前只能进行单纯的猜测，但现在已经有了科学的研究方法。

从1984年起，因为演化枝分类法的应用，演化树和恐龙分类领域的研究取得了长足的进展。而在2017年，一种全新的恐龙演化树又引起了激烈的辩论。过去的这几十年间，演化树已经成为很多演化研究模型的基础，如演化速度的快慢，甚至演化的趋势，例如我们在2016年的一篇论文中提出，恐龙在小行星撞击地球很久以前就已经逐步走向灭绝。

不过，科学家们在1980年提出的小行星撞击地球导致恐龙灭绝的理论已经接受了严格的检验，并直接推动科学研究中的许多重要领域重获生机。

我们看到，发生变化的不仅仅是演化树和一些大事件，整个古生物学都一直在被重新审视。新的工程学技术为古生物学家研究恐龙的食性和运动方式提供了全新的方法，对于骨骼组织的精细分析也将恐龙的生长和生理机能研究推向深入。在我个人看来，最重大的发现当属2010年发现恐龙羽毛的颜色和图案，以及我们在该发现基础上推测的恐龙求偶习惯，乃至性选择在恐龙演化中的作用。


## 未来会怎样？

　　未来会发生什么？如果是10年前问这个问题，我应该会很肯定地说，永远不可能知道恐龙的颜色。但是现在我们确实做到了，虽然才刚刚确定几种恐龙的颜色，但是方法科学，逻辑严密，也因此建立了确定远古时代生物颜色的黑素体理论。虽然我们现在还不知道恐龙怎么发声，寻找恐龙的DNA或者克隆恐龙也遥遥无期，但是，谁还能截然答复"不可能"呢？

　　在化石形成过程中，有一些有机分子捱过了严酷的石化过程而幸存，新的化学分析方法和实验室仪器让古生物学家对这些有机分子有了更深的认识。能够幸存的包括黑色素和一些蛋白质，而蛋白质中的序列信息有助于确立演化树上的亲缘关系。CT扫描和工程分析等方法在化石研究中才刚刚被应用，关于恐龙的移动方式和进食习性等方面的新成果即将大量涌现。另一个有了长足进步的领域是以海量数据运算为基础的、关于演化方式和演化过程的超级演化树编制。我们相信，新技术将会带来新发现，比如关于骨骼化石的微观研究将为我们揭示恐龙生长和性别的更多奥秘，而牙齿磨损状况则会为饮食习性提供佐证。

　　科学家们和公众一样，都对恐龙的灭绝原因很感兴趣，同样引人关注的话题还有恐龙的起源，只是这个问题要难回答得多。我们看到，随着新化石的发现，恐龙的起源时间被从2亿3000万年前提早到2亿4500万年前，但是，谁知道将来会不会有更早的化石证据出现？关于恐龙的生存方式也有竞争模式和机会模式两种主流意见，前者认为恐龙用强大的攻击能力逼退了所有竞争对手，后者认为恐龙只是恰好在众多残酷的环境危机下生存下来的幸运儿。此外还有一些其他的重要问题，如气候变化对于生物演化的影响等，这些问题对于研究未来的生物多样性进展至关重要。

# 关于恐龙灭绝原因的其他假设

　　以下是关于恐龙灭绝原因的其他假设，我已尽可能地给出这些观点首次公开发表的时间。因为缺乏证据支持，这些假设中的绝大部分都被视为无稽之谈。我用灰底色将有部分证据支持的假设进行了标记，并将可信度较高的两种大灭绝假设标记为粗体。在我此前撰写的一篇论文中我曾对这些观点进行过较为详细的阐述。（参见Benton, M.J. 1990. Scientific methodologies in collision: *the history of the study of the extinction of the dinosaurs*. Evolutionary Biology, 24, 371–424）

## 1. 生物学上的原因

A.　　"身体问题"

A1.　新陈代谢失调
　　01. 椎间盘突出
　　02. 体内激素系统失调（失衡）
　　　　01. 脑垂体分泌异常导致骨骼和软骨组织的过度生长[1917]
　　　　02. 脑垂体功能异常引发顶角、脊椎和颈盾等过度生长，
　　　　　　从而导致身体机能下降[1910]
　　　　03. 催产加压素和雌激素水平不均衡导致蛋壳厚度病理性变薄[1979]
　　03. 交配行为减少
　　04. 白内障导致失明
　　05. 各种疾病，包括龋齿、关节炎、骨折，以及晚白垩世期间
　　　　在爬虫类动物中产生过传染病大流行 [1923]
　　06. 流行性疾病
　　07. 寄生虫
　　08. 交配混乱的加剧引发了获得性免疫缺乏综合症（AIDS），即艾滋病
　　09. DNA在细胞核中的含量比例发生了改变

A2.　精神障碍
　　01. 脑部变小导致更加蠢笨[1939]
　　02. 丧失了行为修正的意识和能力[1979]
　　03. 精神失常导致自杀性行为

04. .远古时代之痛（德语：Paleoweltschmerz）：
恐龙对自己生存的远古时代产生了厌倦

A3. 遗传疾病：高剂量的宇宙辐射和（或）紫外线照射导致大量的遗传突变，使得恐龙必须以较小的种群数量承担过高的遗传负荷，同时降低了其应对环境危机的能力[1987]

B. 种群衰老
01. 恐龙的演化陷入了导致衰退的过度特化，比如体型巨大和脊背上的各种尖刺等（还有牙齿退化消失和"体型退化"等）[1910]
02. 种群年龄过老 [1964年，美国讽刺作家威尔·卡皮（Will Cuppy）说："爬虫年代的终结是因为它们活得太久了，而且从一开始这就是个错误。"]

C. 不同生物之间的相互关系作用

C1. 与其他动物的竞争
01. 与哺乳类动物的竞争——**亚洲哺乳动物入侵北美** [1922]
02. 与毛毛虫的竞争——毛毛虫吃光了所有的植物[1962]

C2. 猎食
01. 捕食者的过度猎杀（兽脚类恐龙猎食过度，把自己吃到灭绝）
02. 一些 **哺乳类动物偷食恐龙蛋**，降低了恐龙的繁殖率[1925]

C3. 植物的改变
01. **开花植物产生和扩散**，松柏类、蕨类植物随之减少，相应地恐龙摄入的油脂减少，因此产生排便困难，导致死亡[1964]
02. 植物改变，沼泽地带植物死亡[1922]
03. 草类减少，森林大量增加[1981]
04. 整体上植物性食物来源减少
05. **出现含有单宁酸和生物碱等有毒物质的开花植物** [1976]
06. 植物中产生其他有毒物质
07. 植物中缺少钙质等必须的矿物元素
08. **开花植物繁盛**，花粉弥漫，恐龙因花粉病而灭绝[1983]

# 2. 物理环境因素

D. 与大陆相关的假设

D1. 气候改变

01. 空气中二氧化碳含量升高，产生温室效应，加剧气候变暖。气温过高和干旱因素[1946]能够导致多种后果，造成恐龙灭绝，如抑制精子形成[1945]、使孵化出的小恐龙雌雄比例失调[1982]、造成大量小恐龙夭折[1949]，以及使得夏季过于炎热，因为如果恐龙是温血的则更加无法适应炎热气候[1978]

02. 气候变冷带来的各种后果导致恐龙灭绝，包括恐龙蛋中的胚胎无法发育[1929]、冷血的恐龙无法通过从外界吸收热量来保持体温恒定[1965]、体型过大无法冬眠[1967]，以及假设恐龙是温血动物，它们直接因为捱不过寒冷的气候而灭绝[1973]

03. 气候变得过于干旱[1946]

04. 气候变得过于潮湿

05. **气候的一致性降低，季节性变化加剧** [1968]

## D2. 大气改变

01. 气压改变或大气成分改变（比如因光合作用加剧导致氧气过多）[1957]

02. 大气中氧气含量过多，导致地球在遭受陨石撞击后产生大火[1987]

03. 二氧化碳含量下降，导致恐龙的"呼吸刺激"功能丧失[1942]

04. 大气中二氧化碳含量过高，导致恐龙蛋中的胚胎因窒息而死亡[1978]

05. **火山喷发活动加剧，产生过量的火山灰**

06. 火山喷发出的岩浆和火山灰中的硒元素导致恐龙硒中毒[1967]

07. 可能是火山喷发等原因导致空气中有毒物质过多，
使得恐龙蛋的蛋壳变薄[1972]

## D3. 海洋和陆地等形状改变

01. 海平面下降与大范围内陆的产生[1964]

02. 恐龙是水生动物，全球海平面下降导致其灭绝[1949]

03. 洪水

04. **造山运动，如北美的拉腊米褶皱系（Laramides）** [1921]

05. **沼泽和湖泊等栖息地丧失**[1939]

06. 二氧化碳含量过高导致海洋生物灭绝[1983]

07. 海平面上升时海床处氧气含量下降[1984]

08. 原本处于相对封闭状态的北极地区海水溢出至其他大洋，
导致全球海水温度降低[1978]

09. 地形起伏程度趋缓，陆地生物种群数量减少[1968]

## D4. 其他陆地灾难

01. **德干地盾喷发**[1982]

02. 万有引力常数波动

03. 地球磁极翻转

04. 月球远离地球对太平洋盆地的引力变化和因此导致的对全球其他地区的影响

05. 恐龙吸收了土壤中的铀元素而导致中毒[1984]

E. 和地外因素相关的假设

01. 熵。宇宙的无序性上升，导致体型较大的有组织生命形态消失

02. 太阳黑子

03. 宇宙辐射和高剂量的紫外线照射[1928]

04. 太阳耀斑破坏臭氧层，导致紫外线辐射升高[1954]

05. 电离辐射[1968]

06. 和地球距离较近的宇宙空间内发生超新星爆发，
产生大量电磁辐射和高能宇宙辐射[1971]

07. 星际尘埃云[1984]

08. 陨石进入大气层造成大气温度急剧升高[1956]

09. 银道面振荡[1970]

10. **小行星、彗星或者是彗星雨撞击地球[路易斯·阿尔瓦雷茨（Luis Alvarez）及其同事于1980年提出]**

# 延伸阅读

## 作者注

　　文中所有以*号标记的出版物与本书内容相关且浅显易懂，建议阅读本书前参阅。

　　书中所引的一些重要期刊已在文末列明，供专业人士和有兴趣的读者参考。部分文章末尾亦有对一些细节问题的阐述和评论。

　　文中直接引用的他人文字，除文中另有说明外，均直接来自电子邮件交流内容。

　　另外我也列了一份书单，列举了几本我认为值得一读的恐龙书籍，供大家选读。．

## 前言
## 科学发现是怎么来的

Benton, M. J. 2015. *When Life Nearly Died*. 2nd edition. Thames & Hudson, London and New York

*Magee, B. 1974. *Popper*. Routledge, London
An excellent, short introduction to Karl Popper's writings on philosophy, including the hypothetico-deductive method in science and his thoughts on the historical sciences.

Popper, K. R. 1934. *Logik der Forschung*. Mohr Siebeck, Tübingen [First English-language edition, *The logic of scientific discovery*, published by Routledge, London.]

Rhodes, F. H. T., Zim, H. S., and Shaffer, P. R. 1962. *Fossils, a guide to prehistoric life*. Golden Nature Guides, Golden Press, New York; Hamlyn, London

Witmer, L. M. 1995. The extant phylogenetic bracket and the importance of reconstructing soft tissues in fossils. In J. J. Thomason (ed.), *Functional morphology in vertebrate paleontology*, Cambridge University Press, Cambridge and New York, pp. 19–33

Benton, M. J. 1983. Dinosaur success in the Triassic: A noncompetitive ecological model. *Quarterly Review of Biology* 58, 29–55
My original paper that challenged the Romer-Colbert-Charig model for dinosaur origins by competitive relay.

Benton, M. J., Bernardi, M., and Kinsella, C. 2018. The Carnian Pluvial Episode and the origin of dinosaurs. *Journal of the Geological Society* 175 (6), 1019

*Benton, M. J., Forth, J., and Langer, M. C. 2014. Models for the rise of the dinosaurs. *Current Biology* 24, R87–R95
A brief, but slightly technical, introduction to how we use numerical methods to explore the origin of dinosaurs.

Bernardi, M., Gianolla, P., Petti, F. M., Mietto, P., and Benton, M. J. 2018. Dinosaur diversification linked with the Carnian Pluvial Episode. *Nature Communications* 9, 1499: https://www.nature.com/articles/s41467-018-03996-1

Brusatte, S. L., Benton, M. J., Ruta, M., and Lloyd, G. T. 2008. Superiority, competition, and opportunism in the evolutionary radiation of dinosaurs. *Science* 321, 1485–88

*Brusatte, S. L., Nesbitt, S. J., Irmis, R. B., Butler, R. J., Benton, M. J., and Norell, M. A. 2010. The origin and early radiation of dinosaurs. *Earth-Science Reviews* 101, 68–100
A broad overview of all aspects of the Triassic and the origin of the dinosaurs.

Brusatte, S. L., Niedźwiedzki, G., and Butler, R. J. 2011. Footprints pull origin and diversification of dinosaur stem lineage deep into Early Triassic. *Proceedings of the Royal Society B* 278, 1107–13

Dal Corso, J. et al. 2012. Discovery of a major negative d$^{13}$C spike in the Carnian (Late Triassic) linked to the eruption of Wrangellia flood basalts. *Geology* 40, 79–82

Dzik, J. 2003. A beaked herbivorous archosaur with dinosaur affinities from the early Late Triassic of Poland. *Journal of Vertebrate Paleontology* 23, 556–74

Nesbitt, S. J., Sidor, C. A., Irmis, R. B., Angielczyk, K. D., Smith, R. M. H., and Tsuji, L. A. 2010. Ecologically distinct dinosaurian sister group shows early diversification of Ornithodira. *Nature* 464, 95–98
Announcement of the Middle Triassic silesaurid, which confirms an early date for dinosaur origins.

Simms, M. J., and Ruffell, A. H. 1989. Synchroneity of climatic change and extinctions in the late Triassic. *Geology* 17, 265–68

Sookias, R. B., Butler, R. J., and Benson, R. B. J. 2012. Rise of dinosaurs reveals major body-size transitions are driven by passive processes of trait evolution. *Proceedings of the Royal Society B* 279, 2180–87

第二章
编制演化树

Bakker, R. T., and Galton, P. M. 1974. Dinosaur monophyly and a new class of vertebrates. *Nature* 248, 168–72

Baron, M. G., Norman, D. B., and Barrett, P. M. 2017. A new hypothesis of dinosaur relationships and early dinosaur evolution. *Nature* 543, 501–6

Benton, M. J. 1984. The relationships and early evolution of the Diapsida. *Symposium of the Zoological Society of London* 52, 575–96

*Brusatte, S. L. 2012. *Dinosaur paleobiology*. Wiley, New York and Oxford
The best student textbook about dinosaurs.

Gauthier, J. 1986. Saurischian monophyly and the origin of birds. *Memoirs of the California Academy of Science* 8, 1–55

*Gee, H. 2008. *Deep time: Cladistics, the revolution in evolution*. Fourth Estate, London
A great introduction to cladistics and all the squabbles.

Hennig, W. 1950. *Grundzüge einer Theorie der phylogenetischen Systematik*. Deutscher Zentralverlag, Berlin

Hennig, W. 1966. *Phylogenetic systematics*, translated by D. Davis and R. Zangerl. University of Illinois Press, Urbana

Lloyd, G. T., Davis, K. E., Pisani, D., Tarver, J. E., Ruta, M., Sakamoto, M., Hone, D. W. E., Jennings, R., and Benton, M. J. 2008. Dinosaurs and the Cretaceous Terrestrial Revolution. *Proceedings of the Royal Society, Series B* 275, 2483–90
Our second dinosaur supertree.

*Naish, D., and Barrett, P. 2016. *Dinosaurs: How they lived and evolved*. Natural History Museum, London; Smithsonian Books, Washington DC
An excellent and colourful introduction to the latest dinosaur finds.

Norman, D. B. 1984. A systematic reappraisal of the reptile order Ornithischia. In W.-E. Reif and F. Westphal (eds), *Third Symposium on Mesozoic terrestrial ecosystems, short papers*, Attempto Verlag, Tübingen, pp. 157–62

Owen, R. 1842. Report on British fossil reptiles. Part II. *Report of the Eleventh Meeting of the British Association for the Advancement of Science; held at Plymouth in July 1841* 60–204
The classic paper in which Richard Owen named the Dinosauria (see p. 103).

Pisani, D., Yates, A. M., Langer, M. C., and Benton, M. J. 2002. A genus-level supertree of the Dinosauria. *Proceedings of the Royal Society B* 269, 915–21
Our first dinosaur supertree.

Seeley, H. G. 1887. On the classification of the fossil animals commonly named Dinosauria. *Proceedings of the Royal Society, London* 43, 165–71

Sereno, P. C. 1986. Phylogeny of the bird-hipped dinosaurs (order Ornithischia). *National Geographic Research* 2, 234–56

Sweetman, S. C. 2016. A comparison of Barremian–early Aptian vertebrate assemblages from the Jehol Group, north-east China and the Wealden Group, southern Britain: The value of microvertebrate studies in adverse preservational settings. *Palaeobiodiversity and Palaeoenvironments* 96, 149–68

第三章
## 恐龙化石的发掘

*Benton, M. J., Schouten, R., Drewitt, E. J. A., and Viegas, P. 2012. The Bristol Dinosaur Project. *Proceedings of the Geologists' Association* 123, 210–25
The full story of *Thecodontosaurus* and how we have built an educational and engagement programme around this dinosaur.

*Currie, P. J., and Koppelhus, E. B. (eds). 2005. *Dinosaur Provincial Park: A spectacular ancient ecosystem revealed*. Indiana University Press, Bloomington
The whole story – everything about the Dinosaur Park Formation: its geology, plants, animals, and dinosaurs.

Bakker, R. T. 1972. Anatomical and ecological evidence of endothermy in dinosaurs. *Nature* 238, 81–85
The paper that kicked off the 'warm-blooded dinosaurs' debate.

*Bakker, R. T. 1986. *The dinosaur heresies: New theories unlocking the mystery of the dinosaurs and their extinction.* W. Morrow, New York; Longman, Harlow
The title says it all.

Bakker, R. T., and Galton, P. M. 1974. Dinosaur monophyly and a new class of vertebrates. *Nature* 248, 168–72

Benton, M. J. 1979. Ectothermy and the success of the dinosaurs. *Evolution* 33, 983–97
My paper about the 'warm-blooded dinosaurs' controversy.

*Benton, M. J., Zhou, Z., Orr, P. J., Zhang F., and Kearns, S. L. 2008. The remarkable fossils from the Early Cretaceous Jehol Biota of China and how they have changed our knowledge of Mesozoic life. *Proceedings of the Geologists' Association* 119, 209–28
An overview of the Chinese feathered dinosaur fossils and their occurrence.

Chen, P., Dong, Z., and Zhen, S. 1998. An exceptionally well-preserved theropod dinosaur from the Yixian Formation of China. *Nature* 391, 147–52
The first description of a feathered dinosaur, in English, presenting *Sinosauropteryx* to the world.

*Chiappe, L. M., and Meng, Q. J. 2016. *Birds of stone: Chinese avian fossils from the age of dinosaurs.* Johns Hopkins University Press, Pittsburgh
All the amazing fossil birds.

Colbert, E. H., Cowles, R. B., and Bogert, C. M. 1946. Temperature tolerances in the American alligator and their bearing on the habits, evolution, and extinction of the dinosaurs. *Bulletin of the American Museum of Natural History* 86, 327–74
Those great experiments where Colbert and colleagues found that being large can help you keep a more or less constant body temperature.

Huxley, T. H. 1870. Further evidence of the affinity between the dinosaurian reptiles and birds. *Quarterly Journal of the Geological Society of London* 26, 12–31
Huxley shows that dinosaurs and birds share much of their anatomy.

Jerison, H. J. 1969. Brain evolution and dinosaur brains. *American Naturalist* 103, 575–88

Knell, R. J., and Sampson, S. 2011. Bizarre structures in dinosaurs: Species recognition or sexual selection? A response to Padian and Horner. *Journal of Zoology* 283, 18–22
Argues that horns and crests are for sexual display, not species recognition.

Li, Q., Gao, K.-Q., Vinther, J., Shawkey, M. D., Clarke, J. A., D'Alba, L., Meng, Q., Briggs, D. E. G., Miao, L., and Prum, R. O. 2010. Plumage color patterns of an extinct dinosaur. *Science* 327, 1369–72
The Yale group show the colours and patterns of feathers in the Jurassic dinosaur *Anchiornis*.

*Long, J., and Schouten, P. 2009. *Feathered dinosaurs: The origin of birds*. Oxford University Press, Oxford and New York
Spectacular illustrations and the importance of the new fossils from China.

Ostrom, J. H. 1969. Osteology of *Deinonychus antirrhopus*, an unusual theropod from the Lower Cretaceous of Montana. *Bulletin, Peabody Museum of Natural History* 30, 1–165
The classic description of *Deinonychus*, and the paper that showed birds evolved from dinosaurs.

Padian, K., and Horner, J. 2011. The evolution of 'bizarre structures' in dinosaurs: Biomechanics, sexual selection, social selection, or species recognition? *Journal of Zoology* 283, 3–17
Argues that horns and crests are for species recognition, not sexual display.

Vinther, J., Briggs, D. E. G., Prum, R. O., and Saranathan, V. 2008. The colour of fossil feathers. *Biology Letters* 4, 522–25
The case for melanosomes in fossil feathers.

Xing, L., McKellar, R. C., Xu, X., Li, G., Bai, M., Persons, W. S. IV, Miyashita, T., Benton, M. J., Zhang, J. P., Wolfe, A. P., Yi, Q. R., Tseng, K. W., Ran, H., and Currie, P. J. 2016. A feathered dinosaur tail with primitive plumage trapped in mid-Cretaceous amber. *Current Biology* 26, 3352–60

Zhang, F., Kearns, S. L, Orr, P. J., Benton, M. J., Zhou, Z., Johnson, D., Xu, X., and Wang, X. 2010. Fossilized melanosomes and the colour of Cretaceous dinosaurs and birds. *Nature* 463, 1075–78
Our paper in which we show *Sinosauropteryx* had a ginger and white stripy tail.

第五章
## 侏罗纪公园能成为现实吗？

Quotations from Mary Schweitzer come from M. Schweitzer and T. Staedter, The real Jurassic Park. *Earth* June 1997, 55–57

*Briggs, D. E. G., and Summons, R. E. 2014. Ancient biomolecules: Their origins, fossilization, and role in revealing the history of life. *BioEssays* 36, 482–90
A clear account of which biological molecules are likely to survive for millions of years, and which are not.

Buckley, M., Warwood, S., van Dongen, B., Kitchener, A. C., and Manning, P. L. 2017. A fossil protein chimera: Difficulties in discriminating dinosaur peptide sequences from modern cross-contamination. *Proceedings of the Royal Society B* 284, 20170544
Rejection of reported blood vessels in dinosaur bone as bacterial biofilms.

Burroughs, E. R. 1918. *The Land that Time Forgot.* A. C. McClurg, Chicago

Cano, R. J., Poinar, H. N., Pieniazek, N. J., Acra, A., and Poinar, G. O., Jr. 1993. Amplification and sequencing of DNA from a 120–135-million-year-old weevil. *Nature* 363, 536–38

Cano, R. J., Poinar, H. N., Roubik, D. W., and Poinar, G. O., Jr. 1992. Enzymatic amplification and nucleotide sequencing of portions of the 18s rRNA gene of the bee *Proplebeia dominicana* (Apidae: Hymenoptera) isolated from 25–40-million-year-old Dominican amber. *Medical Science Research* 20, 619–22

Chinsamy, A., Chiappe, L. M., Marugan-Lobon, J., Gao, C. L., and Zhang, F. J. 2013. Gender identification of the Mesozoic bird *Confuciusornis sanctus. Nature Communications* 4, 1381
Medullary bone identifies a female fossil bird.

*Crichton, M. 1990. *Jurassic Park.* Alfred A. Knopf, New York
The book that started it all.

Doyle, A. C. 1912. *The Lost World.* Hodder & Stoughton, London

Kaye, T. G., Gaugler, G., and Sawlowicz, Z. 2008. Dinosaurian soft tissues interpreted as bacterial biofilms. *PLoS ONE* 3, e2808
Rejection of reported blood vessels in dinosaur bone as bacterial biofilms.

Kupferschmidt, K. 2014. Can cloning revive Spain's extinct mountain goat? *Science* 344, 137–38

Lindahl, T. 1993. Instability and decay of the primary structure of DNA. *Nature* 362, 709–15
Evidence, from the start, that ancient DNA was unlikely to survive for millions of years.

Muyzer, G., Sandberg, P., Knapen, M. H. J., Vermeer, C., Collins, M., and Westbroek, P. 1992. Preservation of the bone protein osteocalcin in dinosaurs. *Geology* 20, 871–74

O'Connor, R. E., Romanov, M. N., Kiazim, L. G., Barrett, P. M., Farré, M., Damas, J., Ferguson-Smith, M., Valenzuela, N., Larkin, D. M., and Griffin, D. K. 2018. Reconstruction of the diapsid ancestral genome permits chromosome evolution tracing in avian and non-avian dinosaurs. *Nature Communications* 9, 1883
Reconstructing the dinosaur genome.

Prondvai, E. 2017. Medullary bone in fossils: Function, evolution and significance in growth curve reconstructions of extinct vertebrates. *Journal of Evolutionary Biology* 30, 440–60.
Where medullary bone occurs, and where it does not occur.

Schweitzer, M., Marshall, M., Carron, K., Bohle, D. S., Busse, S. C., Arnold, E. V., Barnard, D., Horner, J. R., and Starkley, J. R. 1997. Heme compounds in dinosaur trabecular bone. *Proceedings of the National Academy of Sciences, U.S.A.* 94, 6291–96
The first report of dinosaur blood.

Schweitzer, M. H., Wittmeyer, J. L., and Horner, J. R. 2005. Gender-specific reproductive tissue in ratites and *Tyrannosaurus rex*. *Nature* 308, 1456–60
Report of medullary bone in a giant dinosaur.

Schweitzer, M. H., Wittmeyer, J. L., Horner, J. R., and Toporski, J. K. 2005. Soft-tissue vessels and cellular preservation in *Tyrannosaurus rex*. *Science* 307, 1952–55

*Shapiro, B. 2015. *How to clone a mammoth: The science of de-extinction*. Princeton University Press, Princeton
A great overview of the whole topic, from Dolly to cloning, and future plans with mammoths.

*Thomas, M., Gilbert, M. T. P., Bandlet, H.-J., Hofreiter, M., and Barnes, I. 2005. Assessing ancient DNA studies. *Trends in Ecology and Evolution* 20, 541–44
A practical overview of the topic.

Wiemann, J., Fabbri, M., Yang, T.-R., Stein, K., Sander, P. M., Norell, M. A., and Briggs, D. E. G. 2018. Fossilization transforms vertebrate hard tissue proteins into N-heterocyclic polymers. *Nature Communications* 9, 4741

Woodward, S. R., Weyand, N. J., and Bunnell, M. 1994. DNA sequence from Cretaceous period bone fragments. *Science* 266, 1229–32
The report of supposed dinosaur DNA.

Benton, M. J., Csiki, Z., Grigorescu, D., Redelstorff, R., Sander, P. M., Stein, K., and Weishampel, D. B. 2010. Dinosaurs and the island rule: The dwarfed dinosaurs from Haţeg Island. *Palaeogeography, Palaeoclimatology, Palaeoecology* 293, 438–54
The dwarf dinosaurs of Transylvania.

*Carpenter, K., Hirsch, K. F., and Horner, J. R. (eds). 1996. *Dinosaur eggs and babies*. Indiana University Press, Bloomington; Cambridge University Press, Cambridge
A series of articles on different examples of dinosaur eggs and babies.

Chapelle, K., and Choiniere, J. N. 2018. A revised cranial description of *Massospondylus carinatus* Owen (Dinosauria: Sauropodomorpha) based on computed tomographic scans and a review of cranial characters for basal Sauropodomorpha. *PeerJ* 6, e4224

*Erickson, G. M. 2005. Assessing dinosaur growth patterns: a microscopic revolution. *Trends in Ecology and Evolution* 20, 677–84
A review of the whole topic.

Erickson, G. M., Curry Rogers, K., and Yerby, S. A. 2001. Dinosaurian growth patterns and rapid avian growth rates. *Nature* 412, 429–33

Erickson, G. M., Makovicky, P. J., Currie, P. J., Norell, M. A., Yerby, S. A., and Brochu, C. A. 2004. Gigantism and comparative life history of *Tyrannosaurus rex*. *Nature* 430, 772–75

Erickson, G. M., Rauhut, O. W. M., Zhou, Z., Turner, A. H., Inouye, B. D., Hu, D., and Norell, M. A. 2009. Was dinosaurian physiology inherited by birds? Reconciling slow growth in *Archaeopteryx*. *PLoS ONE* 4, e7390

Norell, M. A., Clark, J. M., Chiappe, L. M., and Dashzeveg, D. 1995. A nesting dinosaur. *Nature* 378, 774–76
Evidence that *Oviraptor* was the mummy, and that she incubated her eggs.

Reisz, R. R., Scott, D., Sues, H.-D., Evans, D. C., and Raath, M. A. 2005. Embryos of an Early Jurassic prosauropod dinosaur and their evolutionary significance. *Science* 309, 761–64
The *Massospondylus* embryos.

Sander, P. M., Christian, A., Clauss, M., Fechner, R., Gee, C. T., Griebeler, E.-M., Gunga, H.-C., Hummel, J., Mallison, H., Perry, S. F., Preuschoft, H., Rauhut, O. W. M., Remes, K., Tutken, T., Wings, O., and Witzel, U. 2010. Biology of the sauropod dinosaurs: the evolution of gigantism. *Biological Reviews* 86, 117–55

Zhao, Q., Benton, M. J., Sullivan, C., Sander, P. M., and Xu, X. 2013. Histology and postural change during the growth of the ceratopsian dinosaur *Psittacosaurus lujiatunensis*. *Nature Communications* 4, 2079

第七章
恐龙怎样进食?

*Barrett, P. M., and Rayfield, E. J. 2006. Ecological and evolutionary implications of dinosaur feeding behaviour. *Trends in Ecology and Evolution* 21, 217–24
A review of how palaeontologists determine dinosaur feeding behaviour.

Bates, K. T., and Falkingham, P. L. 2012. Estimating maximum bite performance in *Tyrannosaurus rex* using multi-body dynamics. *Biology Letters* 8, 660–64

Button, D. J., Rayfield, E. J., and Barrett, P. M. 2014. Cranial biomechanics underpins high sauropod diversity in resource-poor environments. *Proceedings of the Royal Society B* 281, 20142114
Resource partitioning among the Morrison sauropods.

Chin, K., and Gill, B. D. 1996. Dinosaurs, dung beetles, and conifers: Participants in a Cretaceous food web. *Palaios* 11, 280–85

Chin, K., Tokaryk, T. T., Erickson, G. M., and Calk, L. 1998. A king-sized theropod coprolite. *Nature* 393, 680–82

Erickson, G. M., Krick, B. A., Hamilton, M., Bourne, G. R., Norell, M. A., Lilleodden, E., et al. 2012. Complex dental structure and wear biomechanics in hadrosaurid dinosaurs. *Science* 338, 98–101

Gill, P. G., Purnell, M. A., Crumpton, N., Brown, K. R., Gostling, N. J., Stampanoni, M., and Rayfield, E. J. 2014. Dietary specializations and diversity in feeding ecology of the earliest stem mammals. *Nature* 591, 303–5

Godoy, P. L., Montefeltro, F. C., Norell, M. A., and Langer, M. C. 2014. An additional baurusuchid from the Cretaceous of Brazil with evidence of interspecific predation among Crocodyliformes. *PLoS ONE* 9(5), e97138
The crocodilian-dominated foodweb of the Adamantina Formation.

Mitchell, J. S., Roopnarine, P. D., and Angielczyk, K. D. 2012. Late Cretaceous restructuring of terrestrial communities facilitated the end-Cretaceous mass extinction in North America. *Proceedings of the National Academy of Sciences, U.S.A.* 109, 18857–61

Rayfield, E. J. 2004. Cranial mechanics and feeding in *Tyrannosaurus rex*. *Proceedings of the Royal Society B* 271, 1451–59

Rayfield, E. J. 2005. Aspects of comparative cranial mechanics in the theropod dinosaurs *Coelophysis*, *Allosaurus* and *Tyrannosaurus*. *Zoological Journal of the Linnean Society* 144, 309–16

*Rayfield, E. J. 2007. Finite element analysis and understanding the biomechanics and evolution of living and fossil organisms. *Annual Review of Earth and Planetary Sciences* 35, 541–76
A review of the FEA method as applied to dinosaurs and other fossil animals.

Rayfield, E. J., Milner, A. C., Xuan, V. B., and Young, P. G. 2007. Functional morphology of spinosaur 'crocodile-mimic' dinosaurs. *Journal of Vertebrate Paleontology* 27, 892–901

Rayfield, E. J., Norman, D. B., Horner, C. C., Horner, J. R., May Smith, P., et al. 2001. Cranial design and function in a large theropod dinosaur. *Nature* 409, 1033–37

## 第八章
## 恐龙的行走和奔跑

Alexander, R. McN. 1976. Estimates of speeds of dinosaurs. *Nature* 261, 129–30

*Alexander, R. McN. 1989. *Dynamics of dinosaurs and other extinct giants.* Columbia University Press, New York
Still an excellent introduction.

*Alexander, R. McN. 2006. Dinosaur biomechanics. *Proceedings of the Royal Society B* 273, 1849–55
The master speaks.

Bishop, P. J., Graham, D. F., Lamas, L. P., Hutchinson, J. R., Rubenson, J., Hancock, J. A., Wilson, R. S., Hocknull, S. A., Barrett, R. S., Lloyd, D. G., et al. 2018. The influence of speed and size on avian terrestrial locomotor biomechanics: Predicting locomotion in extinct theropod dinosaurs. *PLoS ONE* 13, 0192172

Coombs, W. P., Jr. 1980. Swimming ability of carnivorous dinosaurs. *Science* 207, 1198–1200

Falkingham, P. L., and Gatesy, S. M. 2014. The birth of a dinosaur footprint: Subsurface 3D motion reconstruction and discrete element simulation reveal track ontogeny. *Proceedings of the National Academy of Sciences, U.S.A.* 111, 18279–84

Galton, P. M. 1970. The posture of hadrosaurian dinosaurs. *Journal of Paleontology* 44, 464–73

Gatesy, S. M., Middleton, K. M., Jenkins, F. A., and Shubin, N. H. 1999. Three-dimensional preservation of foot movements in Triassic theropod dinosaurs. *Nature* 399, 141–44

*Gillette, G. G., and Lockley, M. G. (eds). 1989. *Dinosaur tracks and traces.* Indiana University Press, Bloomington; Cambridge University Press, Cambridge
An overview and many case studies.

*Haines, T. 1999. *Walking with dinosaurs: A natural history*. BBC Books, London; DK, New York
The producer of the series talks about animation methods and ensuring accuracy.

Heers, A. M., and Dial, K. P. 2015. Wings versus legs in the avian bauplan: Development and evolution of alternative locomotor strategies. *Evolution* 69, 305–20

Henderson, D. M. 2006. Burly gaits: Centers of mass, stability, and the trackways of sauropod dinosaurs. *Journal of Vertebrate Paleontology* 26, 907–21

Hutchinson, J. R., and Garcia, M. 2002. *Tyrannosaurus* was not a fast runner. *Nature* 415, 1018–21

Hutchinson, J. R., and Gatesy, S. M. 2006. Dinosaur locomotion: Beyond the bones. *Nature* 440, 292–94

Kubo, T., and Benton, M. J. 2009. Tetrapod postural shift estimated from Permian and Triassic trackways. *Palaeontology* 52, 1029–37
The switch from sprawlers to upright walkers across the Permian–Triassic mass extinction.

Lockley, M. G., Houck, K., and Prince, N. K. 1986. North America's largest dinosaur tracksite: Implications for Morrison Formation paleoecology. *Geological Society of America, Bulletin* 97, 1163–76

Mickelson, D., King, M., Getty, P., and Mickelson, K. 2006. Subaqueous tetrapod swim tracks from the middle Jurassic Bighorn Canyon National Recreation Area (BCNRA), Wyoming, USA. *New Mexico Museum of Natural History and Science Bulletin* 34
Summary only: the full paper has not been published.

*Ostrom, J. H. 1979. Bird flight: How did it begin? *American Scientist* 67, 46–56
The classic 'ground up' view for the origin of bird flight.

Palmer, C. 2014. The aerodynamics of gliding flight and its application to the arboreal flight of the Chinese feathered dinosaur *Microraptor*. *Biological Journal of the Linnean Society* 113, 828–35

*Xu, X., Zhou, Z., Dudley, R., et al. 2014. An integrative approach to understanding bird origins. *Science* 346, 1253293
A current review of bird origins and the 'trees down' model for the origin of flight.

*Alvarez, L. W., Alvarez, W., Asaro, F., and Michel, H. V. 1980. Extraterrestrial cause for the Cretaceous–Tertiary extinction. *Science* 208, 1095–1108
The original proposal of impact.

*Alvarez, W. 2008. *T. rex and the crater of doom*, 2nd edition. Princeton University Press, Princeton
Arguably the best title ever for a popular science book – Walter Alvarez tells the whole story.

Benton, M. J. 1990. Scientific methodologies in collision: The history of the study of the extinction of the dinosaurs. *Evolutionary Biology* 24, 371–424
The 100 top reasons for dinosaur extinction.

Field, D. J., Bercovici, A., Berv, J. S., Dunn, R. E., Fastovsky, D. E., Lyson, T. R., Vajda, V., and Gauthier, J. A. 2018. Early evolution of modern birds structured by global forest collapse at the end-Cretaceous mass extinction. *Current Biology* 28, 1825–31

Hildebrand, A. R., Penfield, G. T., Kring, D. A., Pilkington, M., Camargo, A., Jacobsen, S. B., and Boyton, W. V. 1991. Chicxulub crater – a possible Cretaceous/Tertiary boundary impact crater on the Yucatán Peninsula, Mexico. *Geology* 19, 867–71

Lyell, C. 1830–33. *Principles of geology, being an attempt to explain the former changes of the Earth's surface, by reference to causes now in operation*, 3 vols. John Murray, London
The classic expression of uniformitarianism.

MacLeod, K. G., Quinton, P. C., Sepúlveda, J., and Negra, M. H. 2018. Postimpact earliest Paleogene warming shown by fish debris oxygen isotopes (El Kef, Tunisia). *Science* 24, eaap8525

Maurrasse, F. J.-M. R., and Sen, G. 1991. Impacts, tsunamis, and the Haitian Cretaceous-Tertiary boundary layer. *Science* 252, 1690–93

Morgan, J., Warner, M., Brittan, J., Buffler, R., Camargo, A., Christeson, G., Dentons, P., Hildebrand, A., Hobbs, R., MacIntyre, H., Mackenzie, G., Maguires, P., Marin, L., Nakamura, Y., Pilkington, M., Sharpton, V., and Snyders, D. 1997. Size and morphology of the Chicxulub impact crater. *Nature* 390, 472–76

Raup, D. M., and Sepkoski, J. J., Jr. 1984. Periodicity of extinctions in the geologic past. *Proceedings of the National Academy of Sciences, U.S.A.* 81, 801–05

Sakamoto, M., Benton, M. J., and Venditti, C. 2016. Dinosaurs in decline tens of millions of years before their final extinction. *Proceedings of the National Academy of Sciences, U.S.A.* 113, 5036–40

Slater, G. J. 201. Phylogenetic evidence for a shift in the mode of mammalian body size evolution at the Cretaceous–Palaeogene boundary. *Methods in Ecology and Evolution* 4, 734–44

Wolfe, J. A. 1991. Palaeobotanical evidence for a June 'impact' at the Cretaceous/Tertiary boundary. *Nature* 352, 420–23

## 后记

Maddox, J. 1998. *What remains to be discovered*. The Free Press, New York; Macmillan, London

Oreskes, N., and Conway, E. M. 2010. *Merchants of doubt*. Bloomsbury, London and New York
The misuse of science by scientists to make political points, especially by the former pro-smoking lobby, and currently by the climate-change deniers.

Benton, M. J. 2015. *Vertebrate palaeontology*, 4th edition. Wiley, New York and Oxford
The standard textbook on the subject, putting dinosaurs in context of all other vertebrates.

Brett-Surman, M., Holtz, T., Jr., and Farlow, J. O. (eds). 2012. *The complete dinosaur*, 2nd edition. Indiana University Press, Bloomington
Over 1000 pages of articles on every subject to do with dinosaurian discovery, evolution, and biology.

Brusatte, S. L. 2012. *Dinosaur paleobiology*. Wiley, New York and Oxford
An excellent serious introduction to dinosaurs.

Brusatte, S. L. 2018. *The rise and fall of the dinosaurs: the untold story of a lost world*. Macmillan, New York and London
The best recent narrative of the life of a dinosaur hunter.

Fastovsky, D. E., and Weishampel, D. B. 2016. *Dinosaurs: a concise natural history*, 3rd edition. Cambridge University Press, Cambridge
The best standard textbook on dinosaurs.

Klein, N., Remes, K., Gee, C., and Sander, P. M. (eds). 2011. *Biology of the sauropod dinosaurs: understanding the life of giants*. Indiana University Press, Bloomington
The most thorough consideration of the biology of the largest dinosaurs.

Naish, D., and Barrett, P. M. 2018. *Dinosaurs: how they lived and evolved*. Natural History Museum, London
Dinosaurs in full colour – history, diversity, and palaeobiology.

Norell, M. A. 2019. *The world of dinosaurs: the ultimate illustrated reference*. University of Chicago Press, Chicago
Collecting and studying dinosaurs, and with insights from the great work at the AMNH.

Weishampel, D. B., Dodson, P., and Osmolska, H. (eds). 2004. *Dinosauria*, 2nd edition. University of California Press, Berkeley
A few years old now, but the most comprehensive account of the diversity of dinosaurs.

White, S. 2012. *Dinosaur art: the world's greatest paleoart*. Titan Books, New York
An introduction to the amazing efforts of artists to reconstruct the dinosaurs.

# 图片版权

# 索引